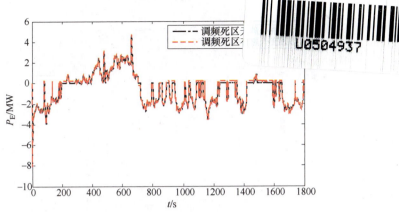

图 4-9 储能的功率指令曲线

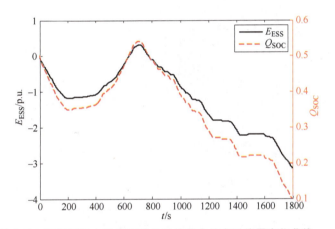

图 4-10 调频死区内储能不动作时的荷电状态及能量变化曲线

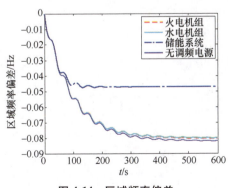

图 4-14 区域频率偏差

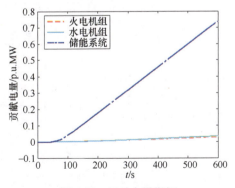

图 4-15 贡献电量指标

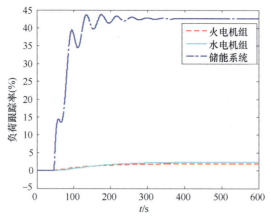

图 4-16　负荷跟踪率指标

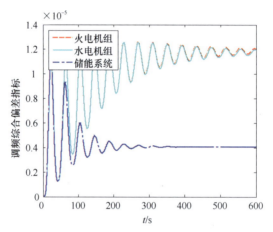

图 4-17　调频综合偏差指标

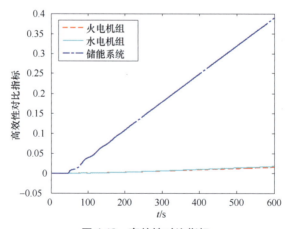

图 4-18　高效性对比指标

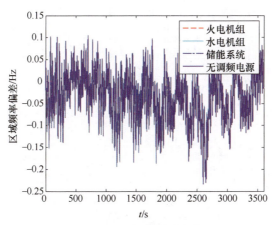

图 4-20　区域频率偏差

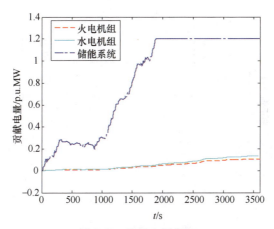

图 4-21　贡献电量指标

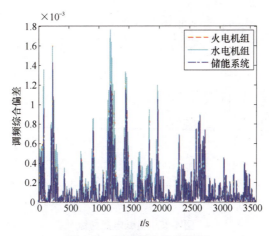

图 4-22　调频综合偏差指标

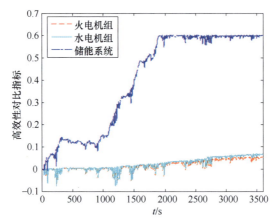

图 4-23　高效性对比指标

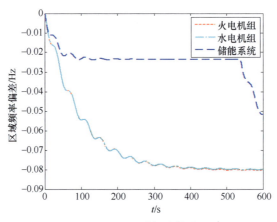

图 4-24　区域频率偏差

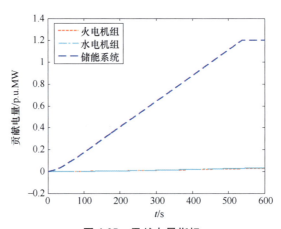

图 4-25　贡献电量指标

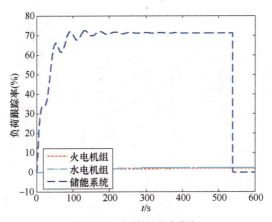

图 4-26 负荷跟踪率指标

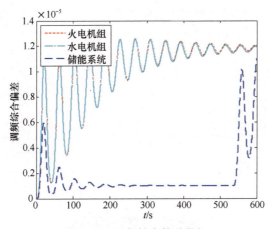

图 4-27 调频综合偏差指标

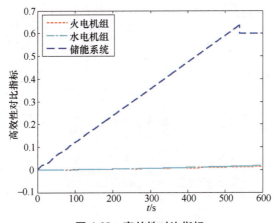

图 4-28 高效性对比指标

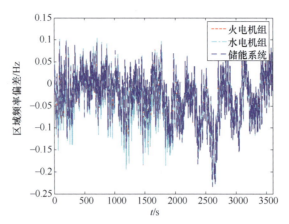

图 4-29　区域频率偏差

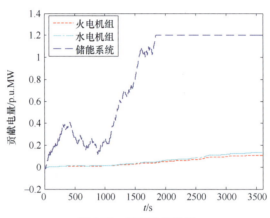

图 4-30　贡献电量指标

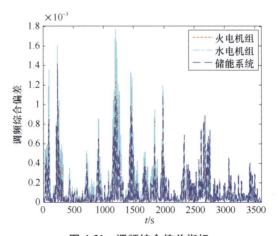

图 4-31　调频综合偏差指标

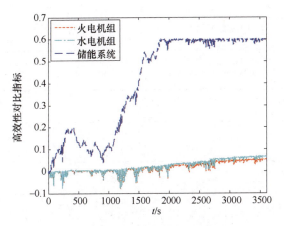

图 4-32 高效性对比指标

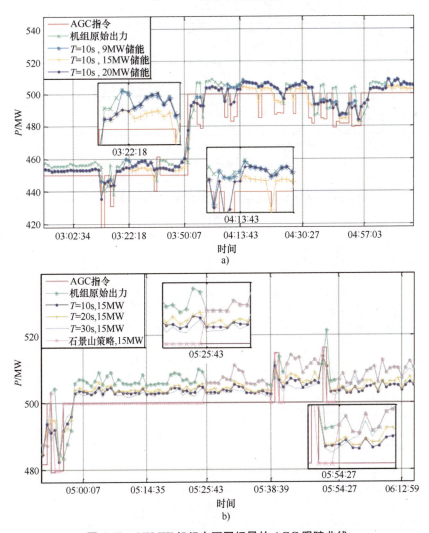

图 6-15 660MW 机组在不同场景的 AGC 跟踪曲线

a) T=10s 时 3 种储能配置下 AGC 跟踪曲线（局部） b) 15MW/22.5MW·h 储能不同策略 AGC 跟踪曲线

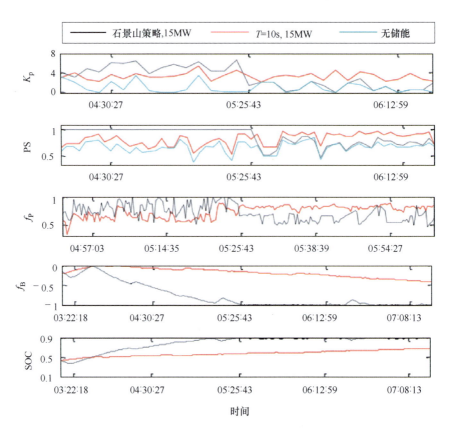

图 6-16 660MW 机组在两种策略配置 15MW/22.5MW·h 储能时指标对比

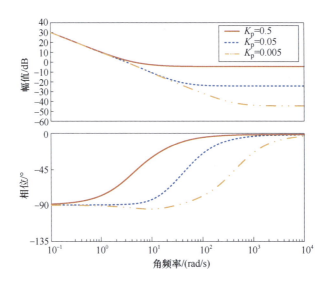

图 6-25 级联 PI-(P+PD) 控制器下改变参数 K_p 的伯德图

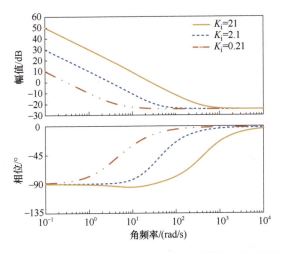

图 6-26   级联 PI-（P+PD）控制器下改变参数 K_i 的伯德图

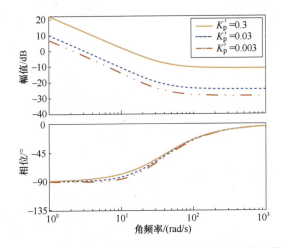

图 6-27   级联 PI-（P+PD）控制器下改变参数 $K_{p'}$ 的伯德图

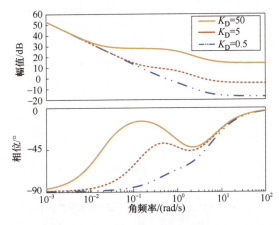

图 6-28   级联 PI-（P+PD）控制器下改变参数 K_D 的伯德图

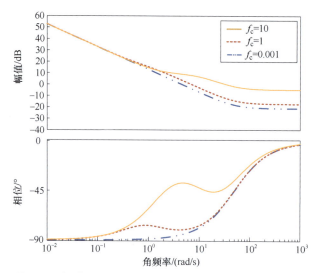

图 6-29　级联 PI-（P+PD）控制器下改变参数 f_c 的伯德图

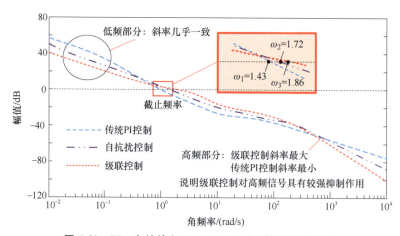

图 6-30　PI、自抗扰和 PI-（1+PD）级联控制的伯德图

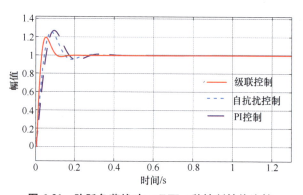

图 6-31　阶跃负荷扰动工况下三种控制性能比较

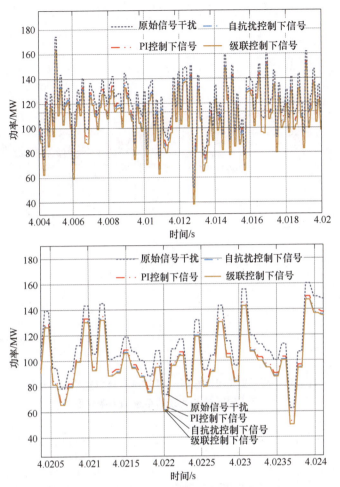

图 6-32 连续负荷扰动工况下三种控制性能比较

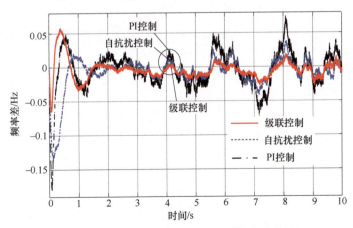

图 6-33 连续负荷扰动工况下系统频率变化图

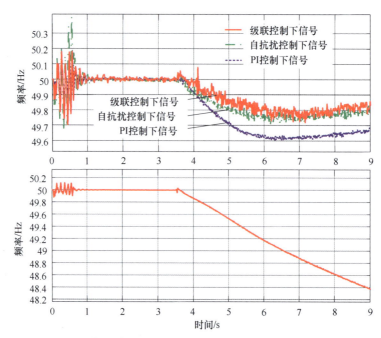

图 6-34　低需求工况下级联、PI 控制与自抗扰控制方法和
有无 BESS 参与调频的系统频率变化图

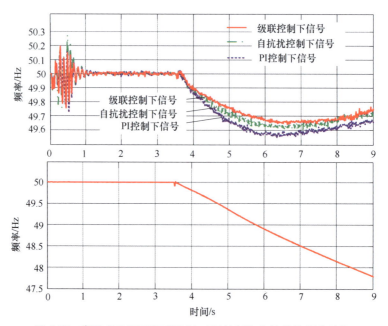

图 6-35　高需求工况下级联控制、PI 控制与自抗扰控制方法和
有无 BESS 参与调频的系统频率变化图

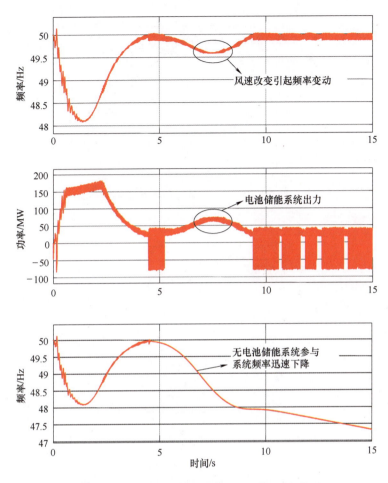

图 6-37　有电池储能系统参与调频的系统频率和
电池储能系统功率出力图

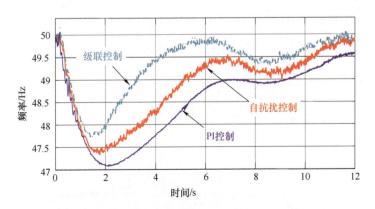

图 6-38　电池储能系统参与调频时级联控制、PI 控制与
自抗扰控制方法下的系统频率图

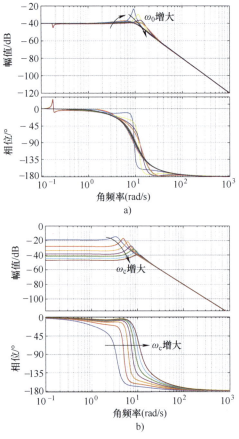

a)

b)

图 6-45 LADRC 系统伯德图

a) ω_0 增大时控制系统伯德图　b) ω_c 增大时控制系统伯德图

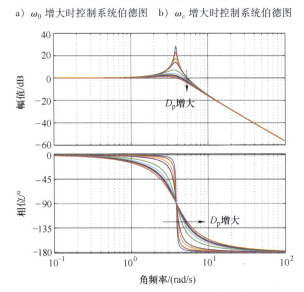

图 6-46 传统构网型储能控制系统伯德图

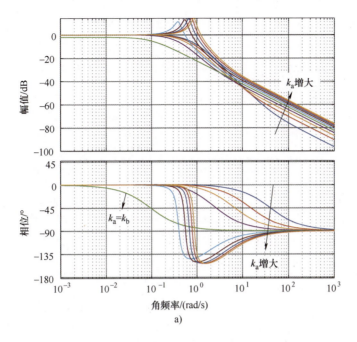

a)

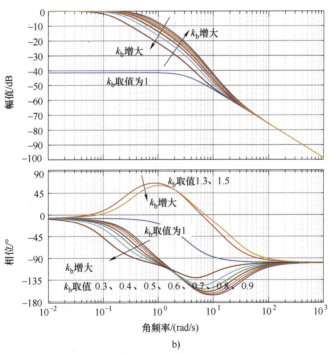

b)

图 6-47 改进型 LADRC 系统伯德图

a）k_a 变化时改进型 LADRC 控制系统伯德图

b）k_b 变化时改进型 LADRC 控制系统伯德图

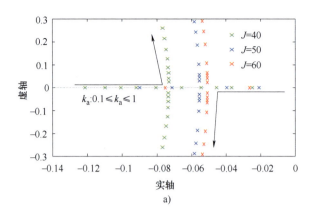

a)

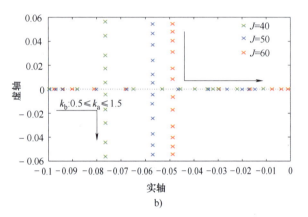

b)

图 6-48　改进型 LADRC 系统根轨迹图

a）k_a 变化时改进型 LADRC 系统根轨迹图

b）k_b 变化时改进型 LADRC 系统根轨迹图

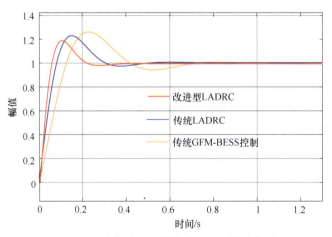

图 6-49　系统在阶跃负荷扰动工况下的动态响应

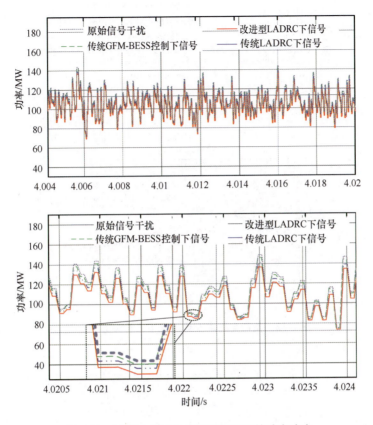

图 6-50　系统在连续负荷扰动工况下的动态响应

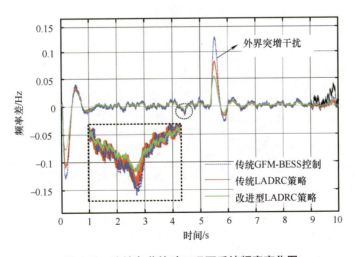

图 6-51　连续负荷扰动工况下系统频率变化图

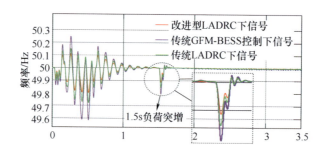

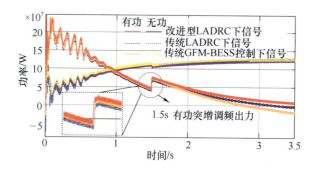

图 6-52　负荷突需求变化工况下系统频率变化图

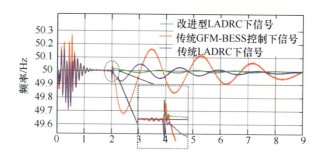

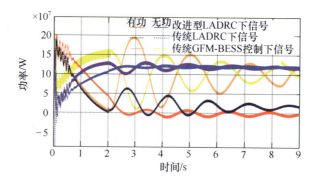

图 6-53　有负荷需求时大电网断开工况下系统频率变化图

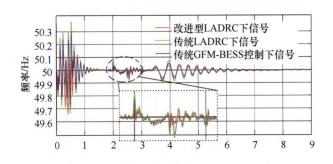

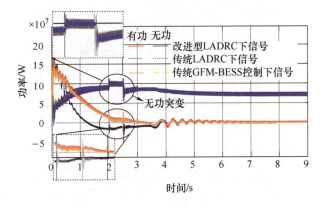

图 6-54　电压变化工况下系统频率变化图

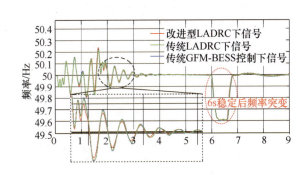

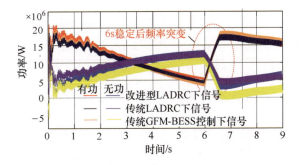

图 6-55　频率变化工况下系统频率变化图

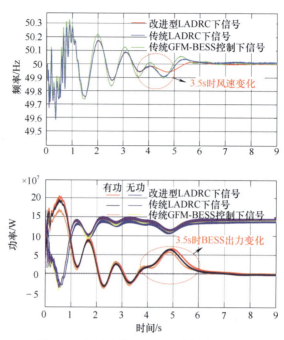

图 6-56 风速变化工况下系统频率变化图

"十四五"时期国家重点出版物出版专项规划项目

中国能源革命与先进技术丛书

储能科学与技术丛书

新型电力系统储能调频关键技术

李建林　王　茜　尹　翔　姜晓霞　袁晓冬　彭禹宸

张剑辉　张伟骏　梁忠豪　李智诚　戚旭鹏　李雅欣　　　著

李　明　白　宁　梅岩竹　惠　东　杨照光　高志刚

石泽林　靳文涛　杨水丽　李笑竹　段　玉

机械工业出版社

本书的主题是研究电池储能系统参与电力调频的协调控制问题和电池储能系统参与调频的容量配置方法。本书结合电池储能系统在新型电力系统背景下参与调频的典型应用，通过储能-火电系统参与电力调频、储能-风电系统参与电力调频及构网型储能参与电力调频三个典型场景的理论分析及算例仿真，对电池储能参与电力调频进行了深入的探讨，展示了电池储能系统在电网调频中的实际应用，提出了电池储能系统替代某传统调频机组参与电力系统调频的方案设计，为电池储能系统应用于调频领域的方向、规划与建设提供了有力的支撑。

本书适合电力系统工程领域的技术人员阅读，也适合作为储能与电力相关专业的教师和学生的参考书。

图书在版编目（CIP）数据

新型电力系统储能调频关键技术 / 李建林等著.
北京：机械工业出版社，2025.7. --（中国能源革命与先进技术丛书）（储能科学与技术丛书）. -- ISBN 978–7–111–78537–8

Ⅰ. TM715

中国国家版本馆 CIP 数据核字第 2025P68Z99 号

机械工业出版社（北京市百万庄大街22号　邮政编码100037）
策划编辑：吕　潇　　　　　　责任编辑：吕　潇
责任校对：梁　园　陈　越　　封面设计：马精明
责任印制：张　博
北京铭成印刷有限公司印刷
2025年8月第1版第1次印刷
169mm × 239mm · 15印张 · 10插页 · 292千字
标准书号：ISBN 978-7-111-78537-8
定价：99.00元

电话服务　　　　　　　　　　网络服务
客服电话：010-88361066　　机　工　官　网：www.cmpbook.com
　　　　　010-88379833　　机　工　官　博：weibo.com/cmp1952
　　　　　010-68326294　　金　书　网：www.golden-book.com
封底无防伪标均为盗版　　机工教育服务网：www.cmpedu.com

前　言

2021 年 3 月 15 日的中央财经委员会第九次会议指出"要构建清洁低碳安全高效的能源体系，控制化石能源总量，着力提高利用效能，实施可再生能源替代行动，深化电力体制改革，构建以新能源为主体的新型电力系统。"随着电力系统低碳化转型的进程加速，我国电网正向着以"高比例新能源"和"高比例电力电子设备"为特征的新型电力系统转型。相较于传统电力系统，新能源占比提升和电力电子设备的大规模接入使新型电力系统供需两侧的随机性和不可预测性更强，为电网安全稳定运行和电力电量平衡带来了严峻挑战。

我国的调频电源主要为火电机组，通过调整机组有功出力，跟踪系统频率变化。但是火电机组响应时滞长、机组爬坡速率低，不能准确跟踪电网调度的调频指令，存在调节延迟、调节偏差和调节反向等现象。并且，火电机组频繁变换功率运行，会加重机组设备疲劳和磨损，影响机组的运行寿命。比较而言，水电机组响应较快，可以在几秒内达到满功率输出。但水电机组的建设受地理条件的限制，整体可提供的调频容量较为有限，亟需新的调频手段以满足电网调频要求。

电池储能系统响应速度快，短时功率吞吐能力强，调节灵活，可在毫秒至秒内实现满功率输出，在额定功率内的任何功率点实现精准控制。电池储能系统与常规调频电源相结合，可有效提升电力系统调频能力，也可独立作为调频电源参与电网的调频服务，弥补大量可再生能源接入电网带来的频率偏差问题，提高电网的电能质量和系统稳定性，同时降低排放。

考虑到电池储能辅助参与电力调频需求较为迫切，但专题介绍电池储能调频技术的书籍较少，作者团队在2018 年出版了《电池储能系统调频技术》。该书较为全面地介绍了电池储能系统参与电力调频的可行性与应用价值，明确了电池储能系统在电力调频领域的重要意义，研究了电池储能系统辅助传统机组调频的协调控制策略，提出了电池储能系统参与调频的容量配置方法，并针对典型的储能调频示范案例，探讨了电池储能系统辅助传统调频机组参与电力调频的典型设计方案，为储能参与电力调频的商业化应用与示范提供了理论依据与技术保障。自该书出版以来，受到读者广泛好评。结合新形势下对电池储能系统参与电力调频提出的新要求，同时为了改进该书内容的不足，拓展使用范围，更好地适应读者学习的需求，作者团队认真听取了专家和读者的建议，决定写作本书。

本书延续了《电池储能系统调频技术》的理论体系和写作特点，增加了电池储能典型收益模型分析，电池储能参与电力一次调频、二次调频的机理分析等内容，结合电池储能系统在新型电力系统背景下参与调频的典型应用，通过储能-火电系统参与电力调频、储能-风电系统参与电力调频及构网型储能参与电力调频三个典型场景的理论分析及算例仿真，对电池储能参与电力调频进行了深入的探讨，展示了电池储能系统在电网调频中的实际应用。电池储能系统的运行经济性是除电池储能系统的技术性能外决定其是否能够成功应用于为电力系统提供调频服务的重要考量因素，因此在本书中新增了电池储能系统参与电力调频的经济性评估，并对比分析了电池储能系统与常规调频电源参与电力一次调频时的高效性。

本书共9章，主要内容从以下9个方面展开：

1）电池储能系统参与辅助调频的意义；

2）电池储能系统参与电力系统调频的可行性分析；

3）国内外电池储能系统参与电网调频的典型示范工程介绍；

4）电池储能系统参与电力系统调频服务的规划配置技术；

5）电池储能系统参与电网调频的运行控制技术；

6）电池储能参与电网调频的典型场景应用案例；

7）电池储能参与电力调频的经济性评估；

8）电池储能系统替代某传统调频机组参与电力系统调频的方案设计；

9）电池储能调频运行评估技术。

本书得到了国家自然科学基金面上项目（No. 52277211）、国家重点研发计划课题（No. 2024YFB4007400）、北京市自然科学基金（No. L242008）、青岛市重大科技专项项目（No. 25-1-1-gjgg-4-gx）和国家能源用户侧储能创新研发中心建设专项（No. 126001JX0120240479）的大力资助，在此深表谢意。机械工业出版社的付承桂编审和诸多同志也为出版本书付出了辛勤的努力，在此表示诚挚的感谢。

电池储能辅助电力系统调频技术涉及多学科、多领域的专业知识，尽管作者竭力求实，但受到水平和专业领域所限，本书难免存在错误和不妥之处，恳请读者不吝赐正。

作者

2025 年 5 月

目　录

第1章

绪论

1.1 背景及意义

近年来，在国家"双碳"战略的驱动下，能源结构绿色转型加速，以风电、光伏等新能源为主体的新兴电力系统蓬勃发展，新能源发电装机维持高增速，装机规模占比不断提升。截至 2024 年 6 月底，全国累计发电装机容量约 30.7 亿 kW，其中，新能源发电装机容量约 11.8 亿 kW，占总装机容量的 38%。预计到 2060 年，新能源装机总量将达到 50 亿 kW，渗透率超过 60%，我国正在加速形成含高比例新能源的新型电力系统。然而，由于风、光等新能源发电存在随机性、波动性、间歇性强等特点，含高比例新能源的电力系统具有惯量水平低、调频能力差、抗扰性能弱等特征，对电网频率稳定带来了全新挑战。风电日波动最大幅度可达装机容量的 80%，且呈现一定的反调峰特性；光伏发电受昼夜、天气、移动云层变化的影响，同样存在间歇性和波动性[1]。随着风电/光伏并网比例提升，常规电源装机容量占比相应降低，新能源调峰容量需求激增与常规电源调峰容量下降之间的矛盾凸显，给电网带来较大挑战。2015 年 9 月 19 日，我国锦苏特高压直流发生双极闭锁，导致华东电网发生 0.41Hz 的频率偏移，华东电网损失 3.55% 的负荷[2]；2016 年 9 月 28 日，极端天气下风电机组大规模脱网使得 48.36% 新能源渗透率的南澳电网频率跌落至 47Hz 以下，供电恢复时间长达 50h[3]；2019 年 8 月 9 日，因雷击引发分布式电源退出、频率变化率保护动作等连锁故障的英国电网频率最低跌至 48.8Hz 并触发低频减负荷，造成大规模停电事故，英国包括伦敦等重要城市停电，损失负荷约 3.2%[4]。为了促进新能源的消纳，提高电网的安全稳定性，国家能源局先后印发了《电力并网运行管理规定》《电力辅助服务管理办法》，各地区监管局也相应制定了"两个细则"，进一步提高了并网运行机组一次调频考核标准，明确了参与二次调频辅助服务的补偿办法，鼓励各发电单位积极参与电网调频，持续提升机组调频能力。在行业转型、技

1

术升级和政策推动等多重因素的叠加下，"储能+火电"联合调频技术诞生了。

集中发电、远距离输电和大电网互联的电力系统供电量占全世界总量的90%，是目前电能生产、输送和分配的主要方式。为应对日益紧迫的能源安全和环境恶化问题，我国政府确立了"加快推进包括水电、核电等非化石能源发展，积极有序做好风电、太阳能、生物质能等可再生能源的转化利用"的思路。到2019年，我国单位GDP二氧化碳排放比2015年和2005年分别下降约18.2%和48.1%，此外，非化石能源占一次能源消费比重从2005年的7.4%提高到2019年的15.3%，已提前达了我国对国际社会承诺的2020年完成目标，基本扭转了温室气体排放快速增长的局面，为此，我国带头于2020年9月提出"到2030年非化石能源占一次能源需求25%左右和单位GDP二氧化碳排放较2005年降低65%以上"。同时，环境污染与能源紧张问题使传统火电机组的化石燃料供应面临着巨大压力，为应对这些危机，越来越多的非传统能源进入发电领域，包括风力发电、光伏发电、光热发电等。然而，因风电和光伏等可再生能源出力的波动性和不确定性，其大规模并网会给系统的安全稳定运行带来重大挑战。这些能源通常具有间歇性、可变性等特点，功率输出变化剧烈，当装机容量增加至一定规模时，其功率波动或者因故整体退出运行，会导致系统有功出力和负荷之间的动态不平衡，造成系统频率偏差，引发电网的频率稳定性问题。如何确保电力系统频率稳定以及安全性、可靠性是当今电网亟待解决的问题之一。间歇式能源发电不但会导致调节容量需求增加，而其自身又不具备参与频率调节的功能，原有传统机组必须承担起这些新能源机组带来的频率调节任务。

目前，在我国各大区域电网中，大型水电与火电机组为主要的调频电源，通过不断地调整调频电源出力来响应系统频率变化，但是，它们各自具有一定的限制与不足，影响着电网频率的安全与品质。例如，火电机组响应时滞长、机组爬坡速率慢，不适合参与较短周期的调频，有时甚至会造成对区域控制误差的反方向调节；参与一次调频的机组受蓄热制约而存在调频量明显不足甚至远未达到一次调频调节量理论值的问题；参与二次调频的机组爬坡速率慢，不能精确跟踪调度自动发电控制（Automatic Generation Control，AGC）指令；一、二次调频的协联配合也尚需加强；同时，提供调频服务不仅加剧了机组设备磨损，而且增加了燃料使用、运营成本、废物排放和系统的热备用容量等，调频的质量和灵活性也不能满足电力系统对提高电能质量的要求；各火电机组性能不同则其响应速率不同，造成调节效果千差万别，因此若需增加系统调节容量，也并非大量增加调频火电机组为好。水电机组虽然响应较快，可以在几秒钟内达到满功率输出，但是水电机组受到地理条件和季节变化的限制，水电集中在我国西南多山多水地区及沿海地区，水电机组增减出力受到河流状况的影响，这意味着水电机组整体可提供的调频容量极为受限，也会影响到机组对控制信号的响应。

随着风电和光伏的大规模并网，现有调频容量不足的问题日益突出，亟需新的调频手段出现。要提高电网的频率稳定性，就必须提高区域的 AGC 性能，即要提高机组对 AGC 信号的响应能力，包括响应时间、调节速率和调节精度等指标。在新能源大量接入以及传统机组存在发展局限性的情况下，电池储能技术以其快速、精确的功率响应能力成为新型调频辅助手段的关注热点[5]。研究表明[6-7]，电池储能系统（Battery Energy Storage System，BESS）可在 1s 之内完成 AGC 调度指令，几乎是火电机组响应速度的 60 倍；同时，少量的储能可有效提升以火电为主的电力系统整体调频能力。大规模电池储能系统响应速度快，短时功率吞吐能力强，且易改变调节方向，与常规调频电源相结合，可作为辅助传统机组调频的有效手段。电池储能系统的快速响应与精确跟踪能力使得其比常规调频方式高效，可显著减少电网所需旋转备用容量；因电池储能系统参与调频而节省的旋转备用容量可用于电网调峰、事故备用等，能够进一步提高电网运行的安全性与可靠性。除了技术上的优势外，电池储能系统在参与电网调频的应用中，不仅能够节省电力系统的投资和运行费用，降低煤耗，提高静态效益，且由于其响应快速、运行灵活，能满足系统运行的调频需求而产生动态效益[8-9]。

2016 年 6 月，能源局发布了《关于促进电储能参与"三北"地区电力辅助服务补偿（市场）机制试点工作的通知》（下面简称《通知》），确立了储能参与调峰调频辅助服务的主体地位，提出在按效果补偿的原则下，加快调整储能参与调峰调频辅助服务的计量公式，提高补偿力度。《通知》从效用角度综合考量储能的容量与质量，在政策设定上更具合理性和可持续性，标志储能发展正式进入快车道。储能系统参与调频的形式主要包括直接参与调频、辅助传统机组调频、联合风光等新能源调频等。在实际工况条件下，"传统机组+储能"是目前的常用组合，储能系统配合传统机组参与辅助调频服务，其中储能系统一般从发电厂低压侧接入。结合中国现行市场规则，电池储能系统辅助传统电源调频常采用锂离子电池、液流电池、铅炭电池等新型储能，其中磷酸铁锂电池以高能量、高功率密度、循环寿命长，且技术成熟、成本相对较低等优势，常作为储能调频首选。目前我国已有大批磷酸铁锂电池储能电站项目投入运行，如湖南椰梨 24MW/48MW·h、芙蓉 26MW/52MW·h、延农 10MW/20MW·h 储能电站，莱城发电厂 9MW/4.5MW·h 储能联合机组，广泛应用于新能源消纳、平滑波动、电力系统调度等领域。

在调频应用领域，电池储能系统将比传统的火电调频电厂、抽水蓄能电站具有更大的优势。从长期来看，储能系统在响应频率波动，实现功率上下调节过程中所需系统容量较小，且储能系统参与成本整体相对较低。大规模电池储能系统容量配置灵活，根据系统的不同需求可实现故障调频（毫秒级）、一次调频（秒级）、二次调频（分钟级）和三次调频（小时级）的多时间尺度调频应用，其中一次调频主要面对变化速度快且幅度较小的负荷随机扰动,二次调频主要面对分钟级或更长周期的负荷扰动,三次调频也称为经济调度,主要面向电厂。在面对电力系统发生较大扰动过程中相辅相成,满足系统在不同运行方式下对频率调整的要求。

未来,电池储能技术将在以新能源为主体的新型电力系统中发挥重要作用,它可保证在用电需求高峰时电能的可利用性,提高电网的可靠性,并且有效地平衡供求波动。电池储能技术的"快速响应"特性作为电网调峰与调频等辅助服务手段,能够满足电网的稳定性和可靠性要求。近年来,利用大规模电池储能系统取代常规发电机组进行调频,已受到业界的关注。对电池储能系统参与电力系统调频技术的研究具有重要的意义,这也是对电池储能系统参与电力系统调频进行容量配置和设计控制策略的基础。在建设新型电力系统背景下,面对风光等新能源的大规模接入对电网频率的影响,亟需充分挖掘电池储能技术在电力系统中的支撑潜能,探索符合我国电网特点的储能参与电力调频技术,加大储能在我国调频辅助领域中的必要性与价值分析、基础理论研究以及示范研究的力度,利用储能更好地服务于电力调频,提升电力系统的灵活调节能力,为电力系统长期可持续发展奠定坚实的基础,促进我国能源结构的绿色转型和能源的高效利用[10]。

1.2 电池储能技术的发展现状

据不完全统计,截至 2024 年底,我国电池储能累计装机规模首次突破100GW,达到 137.9GW,同比增长 59.9%。其中,新型储能累计装机规模达到78.3GW/184.2GW·h,功率和能量规模同比分别增长 126.5% 和 147.5%,首次超过抽水蓄能,成为储能市场的主导力量。在 2024 年,我国新型储能新增投运装机规模达 43.7GW/109.8GW·h,同比增长 103%/136%,从 2011 年到 2024 年国内新型储能市场累计装机规模变化趋势如图 1-1 所示。此外,从应用技术类型来看,截至 2024 年底的储能项目统计情况,锂离子电池已成为最主要的技术类型,约占所有项目的 97.2%,其次是压缩空气储能,约占 1.1%,铅蓄电池(铅炭)和液流电池均占 0.7%,飞轮储能和超级电容器储能均占 0.1%,其他储能占 0.1%,如图 1-2 所示。

根据国际可再生能源署(IRENA)发布的《电力储存与可再生能源:2030 年的成本与市场》(2017)报告,到 2030 年,抽水蓄能装机规模将达到 2.3 亿 kW;国际能源署(IEA)《2050 净零排放:全球能源路线图》(2021)预计到 2030年,只考虑抽水蓄能和电化学储能增长的情景下,储能总装机容量将达8.2 亿 kW。根据我国对储能行业的规划和预期,我国作为全球最大的储能市场之一,其发展速度和规模将对全球储能行业产生深远影响。预计到 2030 年,我国抽水蓄能和电化学储能装机规模将分别达到 1 亿 kW，进一步推动能源结构的绿色转型。

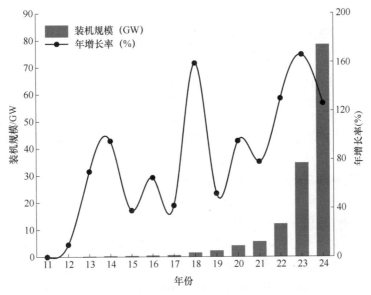

图 1-1 截至 2024 年国内新型储能市场累计装机规模变化趋势

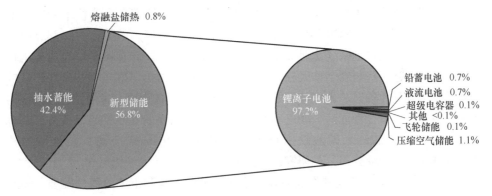

图 1-2 我国电力市场累计装机规模（截至 2024 年 12 月底）

　　电池储能作为电能存储的重要方式，其特点在于应用灵活，响应速度快，不受地理条件限制，适合大规模应用和批量化生产。蓄电池种类众多且各具优点，因此在电网中的应用较其他储能更为灵活。各类蓄电池虽在运行机理和技术成熟度都存在差异，但一般较易实现大规模储能，储能效率约为 60%～90%，这取决于相应的电化学性质和服务周期。目前，实际应用于电力领域的电池储能技术，除了传统铅酸电池，还有几种新兴电池，诸如锂离子电池、全钒氧化还原液流电池以及钠硫电池等。

21 世纪以来，以钠硫电池、液流电池、锂离子电池和铅炭电池为代表的电化学储能技术相继取得关键突破，以上述电池作为储能载体至今在全世界范围内一共实施了 200 多个兆瓦级以上示范工程，展示了巨大的应用潜力。由于化学储能具有能量转换效率高、系统设计灵活、充放电转换迅速、选址自由等诸多优势，被公认是未来大规模储能技术发展的主要方向。

1.2.1　锂离子电池

锂离子电池（Lithium-ion Battery）在充电时，锂离子从正极脱嵌，穿过电解质和隔膜，嵌入到负极材料之中，放电时则相反。锂离子电池具有单体电压水平高、比能量大、比功率大、效率高、自放电率低、无记忆效应、对环境友好等特点，是具有实现规模化储能应用潜力的二次电池。

在应用领域方面，近年来，锂离子电池各项关键技术尤其是安全性能方面的突破以及资源和环保方面的优势，使得锂离子电池产业发展速度极快，在新能源汽车、新能源发电、智能电网、国防军工等领域的应用越来越受到关注。大规模锂离子电池可用于改善可再生能源功率输出、辅助削峰填谷、调节电能质量以及用作备用电源等。随着锂离子电池制造技术的完善和成本的不断降低，锂离子电池储能将具有良好的应用前景。

在技术成熟度方面，对电极新型化学材料的研究是锂离子电池技术的研究重点，国际上锂离子电池重要部分（如电极、电解液和隔膜）的关键材料都有很大程度的改进和提高。锂离子电池负极材料主要是石墨，电解液和隔膜的选择比较单一，主要通过正极材料名称区分锂离子电池类型。其中，正极的改进经历了从较昂贵的钴酸锂到较便宜、也较稳定的磷酸铁锂和锰酸锂的变化。磷酸铁锂以其结构稳定、成本低、安全性能好、绿色环保等优势成为近年来研究的热点。此外，具有较高充放电速率的纳米磷酸铁锂技术（美国 A123 Systems 公司）及钛酸锂技术（美国Altair Nano 公司）的研究已获得突破，并实现了商业化运作。

国内锂离子电池产业的发展得益于手机、笔记本电脑市场的蓬勃发展，随着新材料技术的突破与制造工艺技术的进步，以及电动交通运输工具的兴起与推广，推动了锂离子电池技术的商业化发展。

在产业化进程方面，目前已实现产业化的锂离子电池包括钴酸锂电池、锰酸锂电池、磷酸铁锂电池和三元材料电池等，主要参数见表 1-1。

表 1-1　产业化锂离子电池参数

	钴酸锂电池	锰酸锂电池	磷酸铁锂电池	三元材料电池
比能量/（W·h/kg）	130~150	80~100	90~130	120~200
比功率/（W/kg）	1300~2500	1200~2000	900~1300	1200~3000

（续）

	钴酸锂电池	锰酸锂电池	磷酸铁锂电池	三元材料电池
循环次数	500	1000	3000	3000
安全性	差	良	优	良
单体一致性	优	优	差	优
效率（%）	≥95	≥95	≥95	≥95
支持放电倍率/C	10～15	15～20	10	10～15
成本/(元/kW·h)	3000～3500	2000	2500～3000	3000～3500

当前已趋于成熟的小型锂离子电池产业，多服务于小型电器、电动工具以及电动交通工具，而规模化储能型锂离子电池的研发规模距离产业化还有一定距离，正逐渐成为当前电池产业领域关注的焦点。目前，中国、美国、日本等国家均已建成兆瓦级锂离子电池储能应用示范项目。

1.2.2 全钒氧化还原液流电池

氧化还原液流电池（Redox Flow Battery）简称液流电池，最早由美国航空航天局（NASA）资助设计，1974 年由 Thaller H. L. 公开发表并申请了专利。五十多年来，多国学者通过变换氧化-还原电对，提出了多种不同的液流电池体系，如铈钒体系、全铬体系、溴体系、全铀体系、全钒体系等。

在众多液流电池体系中，由于全钒氧化还原液流电池（Vanadium Redox Flow Battery，VRB）系统的正、负极活性物质为价态不同的钒离子，可避免正、负极活性物质通过离子交换膜扩散造成的元素交叉污染，优势明显，是目前主要的液流电池产业化发展方向。

正、负极活性物质均为液态的全钒电池，具有其他固相化学电池所不具备的特性与优势，但因全钒电池仍存在环境温度适用范围窄、能量转换效率不高等问题而尚未普及推广。其特点简述如下：

1）能量与功率独立设计，输出功率取决于电堆体积，储能容量取决于电解液储量和浓度，易扩容、易维护；

2）活性物质存放于电堆之外的液罐中，自放电率低，理论储存寿命长；

3）响应速度快，支持充放电频繁切换以及深度放电；

4）安全系数稳定，支持正、负极电解液混合，且电解液可重复循环使用；

5）特有液路管道结构，导致支路电流损耗显著，影响储能系统效率。

据全钒液流电池运行特性，其应用领域多涉及辅助调峰、改善新能源功率输出、不间断电源（UPS）及分布式电源等场合。现举例介绍如下。

1）调峰，如图 1-3 所示。

2）改善新能源功率输出，如图 1-4 所示。

图 1-3　大连 100MW/400MW·h
液流电池储能调峰电站

图 1-4　日本 SEI 北海道 Tomari
170kW×6h 储能系统

3）不间断电源（UPS），如图 1-5 所示。

4）分布式电源，如图 1-6 所示。

图 1-5　美国南卡罗来纳州空军基地
30kW×2h 雷达 UPS

图 1-6　奥地利 Cellstrom 10kW×10h
光伏-全钒电池储能电站

1.2.3　钠硫电池

钠硫电池（Sodium Sulfur battery）简称 NaS 电池，是一种以金属钠为负极、硫为正极、陶瓷管 $\beta'\text{-Al}_2\text{O}_3$ 为电解质隔膜的二次电池。在一定工作条件下，钠离子透过电解质隔膜与硫之间发生的可逆反应，形成能量的释放和储存。钠硫电池原材料丰富，能量密度和转换效率高；但因钠和硫两种元素的大量聚集将存在安全隐患，且其运行温度高达 280~350℃，启停周期较长，同时因垄断造成成本高且降价空间小，因此尚未普及推广。图 1-7 所示为容量 180A·h 的 NaS 单体电池实物照片。

目前钠硫电池储能系统已经成功应用于平滑可再生能源发电功率输出、削峰填谷、应急电源等领域。

1）平滑可再生能源发电功率输出，如图 1-8 所示。

2）削峰填谷：通过在用电需求小于发电量时储存多余电能，而在用电需求大于供给时释放已储存电能的手段，钠硫电池储能系统可以有效解决因供需不平衡而造成的电力紧张现象，从而实现削峰填谷，提高现有设备利用率。

图 1-7　180A·h NaS 单体电池　图 1-8　日本 Wakkanai 1.5MW 钠硫电池/5MW 光伏电站

1.2.4　铅酸电池

铅酸电池的电极主要由铅及其氧化物制成，电解液是硫酸溶液。铅酸电池在负荷状态下，正极主要成分为二氧化铅，负极主要成分为铅；放电状态下正负极的主要成分均为硫酸铅。铅酸电池存储容量一般为数千瓦小时到百兆瓦小时，铅酸电池的标称电压为 2.0V，比能量为 25~30W·h/kg，比功率为 150W/kg，工作温度为 -20~40℃，最大放电电流 200A，每月自放电率为 4%~5%，铅酸电池在放电深度为 80% 时的循环次数约为 2000 次，使用年数为 3~20 年，电池原理为氧化还原反应，充放电方法为恒流，最佳工作温度 -20~60℃。可用于容量备用电源、输配电/电网支持/削峰填谷、黑启动。铅酸电池原材料丰富、廉价、技术成熟，但是存在铅污染，电池成本高且循环使用寿命短的问题。

技术特点：

1）较低的比能量和比功率；

2）可平抑几分钟至几小时内的中频波动部分；

3）成本高且循环使用寿命短。

应用场合：

1）电能质量；

2）频率控制；

3）电站备用；

4）黑启动；

5）可再生储能。

1.2.5　镍氢电池

镍氢电池属于密封免维护型电池，但相较镍镉电池其不含有毒成分，使用时不必担心环境污染。镍氢电池的能量密度高，是镍镉电池的 1.5~2 倍，充放电速率快，具有较好的低温运行性能，安全性高，无记忆效应，循环寿命长。但镍氢电池的自放电率要明显大于镍镉电池，定期的全充电不可避免，成本也较高。

几种主要电池储能系统的技术参数对比见表 1-2。

表 1-2　常见电池储能技术关键技术指标

储能技术类型	安全性	可集成功率等级/MW	储能时长	响应速度	循环寿命/次	能量转换效率（%）	设备占地（考虑能量密度、功率密度）	受地理条件限制程度	产业化进程
锂离子电池	中	100	数 h 级	ms 级	10000	95	小	弱	商用
液流电池	中	100	数 h 级	ms 级	13000	65～75	中	弱	示范
钠硫电池	低	300	数 h 级	ms 级	2500	90	小	弱	示范
铅酸电池	中	100	数 h 级	ms 级	2000	70	中	弱	示范

1.3　电池储能典型收益模式

电池储能作为保障电网安全运行的关键技术之一，在发-输-配-变-用各环节均有应用。在实际工程中，电池储能系统根据与电网连接点的不同分为三类应用场景，分别为用户侧储能、电源侧储能和电网侧储能。我国储能产业的发展目前主要依赖于政策的推动，研究储能系统的收益模式对于拓展应用场景、推动政策落地具有重要意义。

1.3.1　共享租赁

共享租赁储能是由第三方或厂商负责投资、运维，并作为出租方将储能系统的功率和容量以商品形式租赁给目标用户的一种商业运营模式，秉承"谁受益、谁付费"的原则向承租方收取租金。用户可以在服务时限内享有储能充放电权力来满足自身供能需求，无需自主建设储能电站，大幅减低原始资金投入，如图 1-9 所示。

对共享租赁储能投资商而言，容量租赁费用是稳定的收入来源，国内一般在 250～350 元/（kWh·年）之间，对于一座 100MWh 的共享租赁储能电站而言，容量租赁费用可达 2500 万～3500 万元/年。

租赁费用按储能电站功率计算，但山东省的政策并未在文件中明确规定租赁价格，目前 250～350 元/（kWh·年）的价格为实际商谈中形成。随着共享租赁储能模式的推广，先后也有其他省份制定更加详细的租赁价格指导。

如河南 2022 年 8 月印发的《河南省"十四五"新型储能实施方案》中，规定储能租赁指导价为 200 元/(kW·h·年)⊖，为储能电池容量定价而非功率定价，更能反映储能提供能量时移的本质；而广西 2022 年 9 月印发的《推进广西集中共享新型储能示范项目的通知》中表述则为"服务费用以不高于核定的市场化并网新能源项目规定比例储能建设综合成本且保障储能建设企业合理收益为前提，由市场化并网新能源项目投资主体与储能运营商协商"，总的来看充分考虑了储能建设的成本和合理收益。图 1-10 所示为共享租赁储能集中调度管理示意图。

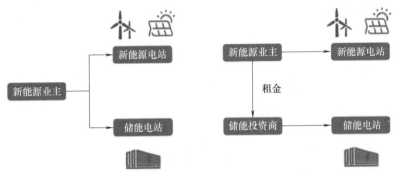

图 1-9　共享租赁储能使新能源业主免于一次性资本开支

	传统储能电站	共享储能电站
电站类型	自建电站	共享电站
服务对象	单一新能源场站	所有存在弃电的场站
商业模式	提高自身发电量	辅助服务

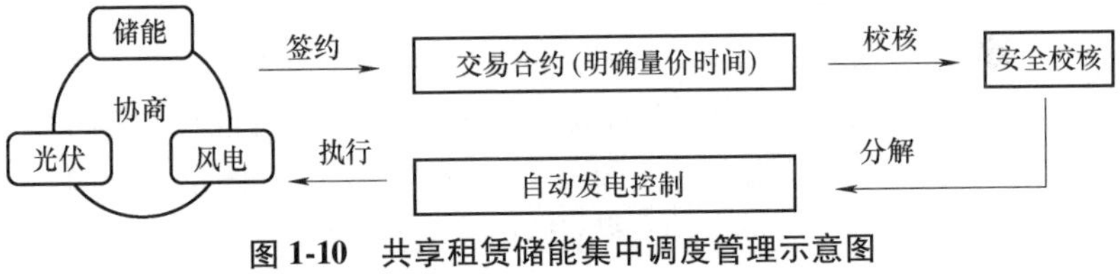

图 1-10　共享租赁储能集中调度管理示意图

1.3.2　现货套利

国家发展改革委、能源局《关于进一步推动新型储能参与电力市场和调度运用的通知》同时明确指出独立储能电站向电网送电的，其相应充电电量不承担输配电价和政府性基金及附加，减少储能电站度电成本 0.1~0.2 元/kW·h。

山东是第一个独立储能进入电力现货市场的省份。根据《山东省电力现货市场交易规则（试行）》，独立储能电站（见表 1-3）可以自主选择参与调频市场或者电能量市场。

⊖　再次征求意见稿中价格为 260 元/(kW·h·年)。

在电能量市场中，储能电站"报量不报价"，在满足电网安全稳定运行和新能源消纳的条件下优先出清。在调频市场，储能电站须与发电机组同台竞价。2022 年 2 月，山东电力交易中心发布了省内 3 家储能设施注册生效信息，分别是海阳国电投储能科技、华电滕州新源热电、三峡新能源（庆云），随后 3 月 10 日，华能济南黄台发电有限公司又具备了自主参与电力现货交易的资格。7 月 11 日，山东第六个进入电力现货市场的储能电站，由中储国能（山东）电力能源有限公司建设的 10MW/100MW·h 肥城中储储能电站在山东电力交易中心的注册手续自动生效。

表 1-3　参与现货市场的独立储能电站

市场主体名称	电站名称	最大充放电功率	调节容量
华电滕州新源热电有限公司	滕源华电储能电站	101MW	202MW·h
三峡新能源（庆云）有限公司	三峡能源庆云储能示范项目	100MW	200MW·h
海阳国电投储能科技有限责任公司	国家电投海阳储能电站	101MW	202MW·h
华能济南黄台发电有限公司	华能山东公司黄台储能电站	100MW	200MW·h
济南诺能新能源有限公司	孟家诺能储能电站	100MW	200MW·h
中储国能（山东）电力能源有限公司	肥城中储储能电站	10MW	100MW·h

山东电力现货市场峰谷价差大，为独立储能电站创造了更大盈利空间。以 2022 年 4 月结算试运行工作日报数据为例，山东实时电力现货市场平均价差为 932.15 元/MW·h，其中最高价差为 1380 元/MW·h；最低价差为 4 月 4 日的 439.93 元/MW·h。高价差的现象为储能创造了更大收益空间。以最低价差的 4 月 4 日为例，最高电价出现在 6 时、18 时、24 时的三个时间点附近，而光伏出力高峰的 9~15 时之间，大约维持在 −80 元/MW·h。这意味着 4 月最低价差的 4 月 4 日，独立储能电站在光伏出力高峰（9~15 时）储存电力，在 17~19 时之间释放电力，可以获得超 300 元/MW·h 的收益。

1.3.3　辅助服务

2021 年 8 月，国家能源局正式印发新版《并网主体并网运行管理规定》和《电力系统辅助服务管理办法》（简称新版"两个细则"），正式承认了新型储能（包括电化学、压缩空气、飞轮、液流等）拥有独立的并网主体地位，需要遵守安全稳定运行相关规定的同时，也能参与辅助服务市场获取收益。

2022 年 6 月，国家能源局南方监管局印发南方区域新版《两个细则》，将独立储能电站作为新主体纳入南方区域"两个细则"管理，进一步提升独立储能补偿标准，完善独立储能盈利机制，提高了独立储能电站准入门槛，见表1-4。

表 1-4 南方区域"两个细则"定义的 13 种有偿辅助服务类型

准入门槛	地级市以上调度直调的 5MW/h 及以上的独立电化学储能电站（飞轮、压缩空气参照执行）鼓励配建形式的新型储能项目，通过技术改造转为独立储能电站参与系统运行		
	辅助服务品种	描述	补偿计算方式
有偿辅助服务	有功平衡服务		
	有偿一次调频	通过快速频率响应，调整有功出力减少频率偏差所提供的服务，对超过理论动作积分电量70%的部分进行补偿	超过理论动作积分电量70%的部分（MW·h）×0.5×R1（MW·h）
	二次调频（AGC、APC）	通过自动功率控制技术（AGC、APC）跟踪调度机构指令，实时调整发用电功率	调节容纳量服务供应量×R2（元/MW·h）
	有偿调峰	为跟踪系统负荷峰谷变化及可再生能源出力变化，根据调度指令进行发用电功率调整或设备启停服务	对充电电量补偿，标准为8×R5（元/MW·h）
	旋转备用	为保证可靠供电，发电侧并网主体通过预留发电容量所提供的服务	按系统旋备下限容量和补偿标准 R6（元/MW·h）
	冷备用	并网火电、核电从停运到再次启动前保持备用状态所提供的服务	按照机组额定容量与冷备用时间×R2（元/MW·h）补偿
	转动惯量	系统经受扰动时，并网主体根据自身阻尼阻止系统频率突变所提供的服务	计算复杂，储能暂不列入该补偿
	爬坡	应对系统净负荷短时大幅变化，根据调度指令调整出力，以维持系统功率平衡	暂不启动
	无功平衡服务		
	有偿无功调节	通过迟相、进相运行相电力系统注入、吸收无功功率所提供的服务	注入无功按R11，吸收无功按5×R11（元/Mvarh）
	AVC	自动闭环控制无功和电压调节设备，实现合理的无功电压分布	容量补偿 R9 万元/月/台，另有效果补偿
	调相运行	发电机不发出有功功率，只向电网输送感性无功功率	按 2×R11（元/Mvarh）补偿

13

（续）

	辅助服务品种		描述	补偿计算方式
有偿辅助服务	事故应急及恢复服务	稳定切机	电力系统发生故障时，发电机组自动与电网解列提供的服务	能力费 R12，使用费 R13
		稳定切负荷	电网发生故障时，安全自动装置正确动作切除部分用户负荷	能力费 R14，使用费 R15
		黑启动	大面积停电后，由具备自启动能力发电机组恢复系统供电的服务	能力费 R16，使用费 R17
基本辅助服务	基本一次调频		发电机组自动反应调整有功出力且实际动作积分电量低于理论值 70% 的部分	
	基本调峰		机组在额定容量至基本调峰范围内的出力变化	
	基本无功调节		发电机组在迟相功率因数 0.9~1 范围内注入无功，或进相功率因数在 0.97~1 范围内吸收无功所提供的服务	

目前，新型储能常见的辅助服务形式主要有调峰、调频（包括一次调频、二次调频）两类，具体收益额度各省不同，但调峰多为按调峰电量给予充电补偿，价格从 0.15 元/kW·h（山东）~0.8 元/kW·h（宁夏）不等。而调频多为按调频里程基于补偿，根据机组（PCS）响应 AGC 调频指令的多少，补偿 0.1~15 元/MW。

值得注意的是，作为新能源装机大省，山西近年来火电机组一次调频次数已上升至每日数百次之多。因此山西推出了一次调频补偿，目前为各省独有，补偿额度为 5 元/MW。

1.3.4 容量电价

储能与备用火电在系统中的作用类似，利用小时有很大的不确定性，仅靠电量电价难以维持经济性，因此需要容量电价予以"兜底"。但与抽水蓄能、火电不同的是，电化学储能电站建设便捷，调节性能优异，国家政策方向是将电化学储能尽可能推向电力市场去获利，容量电价仅为电化学储能收益"保底"手段。

山东电化学储能容量电价政策在现货市场试运行后几经变迁，起先按 300 元/(kW·年) 的容量补偿电价，参照火电给予全额补偿。但过高的容量电价不利于储能电站寻求市场化收益路径。因此其后根据储能时长（多为 2h）修改为火电容量电价的 1/12，容量补偿大大下降。考虑到现货市场初期需要鼓励储能电站建设的积极性，目前容量补偿电价水平为火电的 1/6，对一座 100MW/200MW·h 的独立储能电站，约 600 万元/年。

1.4 电池储能调频应用研究

虽然电化学储能以其优越的性能在电力系统中应用前景广阔，但由于目前造价相对较高，在电力需求量较大的电网中没有得到大规模地使用。相比而言，电网调频领域对调频电源的爬坡率要求高、电量需求少，更适宜于储能的应用与盈利（美国纽约州的研究表明，调频服务是所有辅助服务中收益潜能最大的）。

1.4.1 电池储能调频应用现状

我国的宏观能源战略已经多次指出并强调了在新型电力系统下储能技术是当前国家电力产业发展的重点方向。《"十四五"新型储能发展实施方案》同样明确了，储能是构建新型电力系统的重要技术和基础装备，是实现碳达峰碳中和目标的重要支撑，也是催生国内能源新业态、抢占国际战略新高地的重要领域。因此储能行业的发展是否能够高质量、快速度且健康地发展下去，成为决定我国在新能源资源大量并网现状下实现电网安全运行的必要条件。国外各个国家同样对储能行业的发展给了高度重视，相对于国内而言起步更早，规模更大，并且技术更加完善健全。而在储能类型方面，考虑到能量转换效率、循环使用寿命、经济性、污染性等因素，国内外大都是以锂离子电池与铅酸电池为主。

在国外，储能技术的各方面已经逐步成熟，尤其是美国、智利、巴西和芬兰，针对大规模储能系统参与电力调频已开展理论研究与示范验证。相关研究主要侧重于以下几方面：一是探讨风光等新能源大规模并网对电网安全稳定运行的影响，以及此时应用储能系统参与电力调频的优势及其可行性[11]；二是从调频电源的技术对比角度切入[12]，研究储能系统与常规调频电源在调节精度和调节速率等调频能力上的区别；三是建立复杂的储能系统模型[13-15]，探究储能系统出力的机理，通过小负荷扰动分析，研究储能系统参与调频对抑制频率波动和联络线交换功率的影响；四是从储能系统经济角度切入[16-17]，结合不同类型储能系统的特性、限制及其参与调频所带来的各项效益，对储能系统参与电力调频进行经济性评估。

在我国，从目前投建的储能示范工程来看，电池储能系统参与电力调频已逐渐得到业界重视。随着电力市场深化改革，储能参与调频辅助服务逐步转变为市场化运营模式。现行调频交易规则多采用边际出清、两部制电价结算方式，通常按照调频资源的实际调频效果进行付费，较少考虑系统调频需求和不同储能的差异化补偿等问题。在储能参与深度调峰辅助服务方面，我国已有十多个省市陆续出台了允许储能作为独立主体参与市场运营的规则。以南方电网为例，自《南方区域电力市场实施方案》实施至今，南方区域已建成"区域调频+省级调峰"的电力辅助服务市场。

表 1-5 列出了近年来部分国内外典型电池类型的储能调频项目，表格内容包括了项目来源国家、项目名称、储能规模、储能类型以及项目状态。

表 1-5　国内外近年来典型调频项目

国家	项目名称	储能规模	储能类型	项目状态
澳大利亚	Tesla 锂电池储能电站	100MW/129MW·h	锂电池	2017 年 12 月 1 日投产
美国	莫斯兰汀电池储能系统	300MW/1200MW·h	锂电池	2020 年 12 月投产
中国	广东广州恒运企业集团电源侧储能调频项目	12MW/6MW·h	磷酸铁锂电池	2021 年 9 月投产
英国	英国门迪电池储能项目	44.9MW/99.8MW·h	锂电池	2021 年 12 月开工
中国	江苏沙洲储能辅助调频项目	17.5MW/17.5MW·h	磷酸铁锂电池	2022 年 7 月 5 日开工
中国	浙能乐清电厂电化学储能调频项目	20MW/20MW·h	磷酸铁锂电池	2022 年 8 月 15 日试验成功
中国	华能玉环电厂 3、4 号机组电化学储能调频项目	30MW/30MW·h	锂电池	2022 年 9 月 20 日投产
美国	马萨诸塞州 15MW/32MW·h 储能项目	15MW/32MW·h	锂电池	2023 年 6 月中标
中国	大唐滨州发电公司：电化学储能调频项目	10MW/10MW·h	磷酸铁锂电池	2023 年 11 月投产

近年来，在诸多储能技术中，电池储能凭借其在容量规模、使用寿命以及造价等方面的优势，已经在多个领域得到广泛应用。与此同时，电网调频需求刚性不断增强，是电力辅助服务的第三大细分市场且二次调频是目前市场化调频的主要调节环节。

目前储能参与调频的运行模式主要包括：辅助传统电源调频、依托新能源调频、输配环节并网调频、需求侧分布式储能集群调频。表 1-6 所列为不同运行模式下的典型储能调频工程。

表 1-6　不同运行模式下的典型储能调频项目

运行模式	典型示范项目
辅助火电机组调频	1）德国 STEAG GmbH 项目 15MW/22.5MW·h 锂离子电池与装机容量 507MW 的 Lünen 热电联产燃煤电厂联合调频 2）英国 Kilroot 燃煤电厂 10MW/5MW·h 锂离子电池为北爱尔兰电力系统提供调频服务 3）中国山西同达电厂 9MW/4.478MW·h 锂离子电池辅助机组 AGC 调频 4）中国山西晋能长治热电公司 9MW/4.5MW·h 储能 AGC·调频工程 5）中国山西平朔电厂 9MW/4.478MW·h 储能 AGC 调频示范项目
依托大规模新能源参与调频	1）荷兰 4MW/4MW·h 锂离子电池依托阿姆斯特丹球场光伏站，空闲时段为荷兰、德国提供调频辅助服务 2）美国 NextEra-Lee DeKalb 项目 20MW/10MW·h 位于装机容量 217.5MW 的 LeeDeKalb 风电场，为 PJM 电网调节频率
输配环节独立并网调频	1）加拿大 North York 项目 5MW/0.5MW·h 飞轮储能，从输电系统并网为 IESO 安大略电网公司提供调频辅助服务 2）韩国电力公司 KEPCO 与 Kokam 合作，计划 2014～2017 年间投建共 500MW 电池辅助电网调频，目前已有 236MW 从 9 个变电站并网
需求侧分布式储能集群调频	1）德国 Caterva SWARM 项目对 65 户分布式电池储能集控调频，集群储能系统容量为 1.3MW/1.729MW·h，改善了输电系统稳定性，并为每个家庭用户提供自我消纳电量 2）美国宾夕法尼亚州 ATLAS 项目对 134 户家庭总计 2.01MW/10.05MW·h 热储能集群控制，为 PJM 提供频率响应

1）辅助火电机组调频：储能系统装设在发电厂以辅助单台或多台火电机组参与 AGC 调频，执行不同充放电策略改善目标机组 AGC 性能。二者动作时机整定配合应避免能量对冲[18]，技术实现则基于调节效果及补偿机制设计的指令分配方法和能量管理策略。

2）依托大规模新能源参与调频：大规模风光并网辅设储能进行波动平抑实现高比例消纳，储能系统通常可多功能切换，包括响应调度指令跟踪参与调频[19]，实现能量就地存储周转，提高能源系统运行效率和可靠性。

3）输配环节独立并网调频：储能作为独立主体不依托于其他能源，从输配环节特别是配电网络独立并网，减少调节区域控制偏差时供受区域联络线损耗，并缓解拥塞。该模式下先行拟定储能并网技术标准、规范拓扑结构尤为重要，各级调度机构需对区域网络功率流及可能的运行方式变化预想决策并及时调整。

4）需求侧分布式储能集群调频：分布式储能集群协调控制以用户-调控中心之间交互信息流为基础，连接多个户用储能集成虚拟储能系统参与频率控制服务[20]，通过家庭能量管理策略提高运行效率及虚拟集容量储能系统的调频可用率。

目前我国已经开展除需求侧的各运行模式下兆瓦级储能调频项目，探究适合国内 AGC 辅助服务需求及符合市场规则的运行模式。国内现行市场规则下，容量受限型储能独立主体的调频服务计量和补偿方法处于借鉴试行阶段，储能辅助火电机组调频，在"双细则"考核/补偿方式[21-22]下增加收益，不涉及对储能的服务评价计量；电厂控制器接收 AGC 指令后，储能配合机组响应可自主设计运行策略，不改变调度机构工作流程，因而成为国内储能调频商用的主要运行模式。

储能系统与常规调频电源的协调控制研究主要集中在控制策略优化、经济性与可靠性评估以及动态特性与稳定性分析三个方面。这些研究都需要先利用区域等效模型和一阶惯性环节来分别描述区域电网和储能系统：其一是以传统的滞后控制来控制常规调频电源和储能系统以参与调频，侧重于优化控制器以提高控制性能[23-28]；其二，采用超前的预测控制来完成常规调频电源和储能系统的协调控制[29-34]；其三，从常规调频电源的一、二次调频协调问题出发[35-39]，侧重于解决一、二次调频的衔接及反调问题。

容量配置是储能技术应用于电网调频领域的首要问题，不仅为控制策略研究提供借鉴，同时，合理的储能容量配置对于满足电网调频要求至关重要。目前，针对储能技术辅助参与电网调频的容量配置研究尚处于探索阶段。参考文献[40]在计及收益和成本的基础上，考虑了系统的频率波动曲线和电池储能的充/放电特性，以电池储能产生的年收益最大为目标，建立了电网中用于一次调频的电池储能系统的经济模型，采用充电限制可调和应用耗能电阻的新型控制算法进行仿真，求得系统的最佳储能容量配置。参考文献[41]基于一个包含水、火电厂以及风电的孤岛网络，利用电池储能系统的等效模型，研究其参与电力一次调频，在此基础上，通过动态调整荷电状态（State of Charge，SOC）上下限，提出了电池储能系统的容量和运行方式优化方案，并给出确定 SOC 上下限的动态取值范围的方法。

电力系统运行时，对系统频率调节必须进行有效的控制，而这项任务主要由二次调频完成。尽管电力系统技术不断进步，但二次调频依然面临许多挑战。由于电力系统负荷的动态和惯性特性，系统检测，原动机、发电机出力控制、调节环节总会有不同程度的误差。上述问题在风电、光伏等新能源并网之后将变得更加显著。储能系统参与电力系统调频进一步丰富了系统调频的选择，因此，如何合理协调各调频电源，以控制和调节各发电机和储能系统的输出功率使系统频率达到电网要求，也给国内外的调频控制研究提出了新的课题。参考文献[42]通过使用一阶惯性环节模拟电池储能出力特性，并将系统频率偏差协方差作为评价指标，量化分析了 30MW 电池储能系统对于孤岛网络一次调频能力的影响，结果发现其能够显著减少瞬时负荷波动引起的频率偏差。参考文献［43］提出采用离散傅里叶变换分析高频和低频调频需求的方法，并对实际系统的全天和每小时内高频分量的占比进行了定量分析。根据储能资源的快速响应特点，提出了储能资源参与调频的两种策略：一是基于区域调节需求所处的区间灵活分配储能资源承担的调节量；二是将调频需求的高频分量指派给储能资源承担。所提方法和研究结果对于实际应用具有重要的指导意义和参考价值。

针对集中式电池储能系统，参考文献［45］考虑混合储能系统的全生命周期成本，计及风电消纳和一次调频需求，构建了层次化容量配置模型，在平抑风电功率的基础上，储能系统拥有一定的备用功率响应一次调频指令，整体经济性更好，可有效提升储能-风电联合系统的全生命周期净收益。参考文献［46］通过动态建模与经济性优化，提出了一种适用于孤岛网络的电池储能系统容量配置方法与运行策略。首次将电池储能系统纳入频率控制的闭环反馈，提出基于预测的动态 SOC 调整方法，平衡能量出售与充电需求，既显著提升了频率稳定性，又获得了高经济收益。参考文献［47］以适应电网调度运行计划的风电场输出功率时段参考值为依据，以储能系统投资成本和风电场运行成本最小化为目标，构建了计及风电场弃风能量和储能系统损失能量的风电场储能容量优化计算模型。该模型可充分保障风电场储能系统运行的经济性，实现指定调度运行计划下风电场输出功率的不波动或极小概率波动。

针对分散式电池储能系统，如电动汽车的电池，参考文献［48］在考虑高渗透率间歇性风电接入孤岛电网的基础上，针对电动汽车参与电力一次调频与否，评估了其对电网频率的影响程度，但是该文献没有考虑电池的 SOC，并且采用固定的单位调节功率，没有提出其最佳控制方法。参考文献［49］在参考文献［48］的基础上进一步考虑了电池 SOC 的限制，但仍使用固定的单位调节功率。参考文献［50］针对电动汽车，提出了一种单位调节功率优化策略，该策略考虑了分布式 V2G 的充电需求和电池的 SOC，并使用基于能斯特方程的锂离子电池模型和经典两区域电网模型，对该策略的用户满意度和一次调频效果进行了评估。而参考文献［51］在参考文献［50］的基础上，提出了一种智能充电的策略，该策略根据电池预计所需能量计算出智能充电所需时间，并假设电动汽车每次提前设置下一次离线持续时间，当智能充电所需时间超出离线持续时间时，V2G 控制转入智能充电控制，这样既可在离线前达到计划充电，又可在连线空闲时间使用 V2G 控制，从而同时满足电力调频需求和用户便利性。参考文献［52］在综合前面两篇文献的基础上，提出了一种自适应单位调节功率控制策略，该策略可以基于 SOC 初始状态，维持电池能量在适当范围，若 SOC 水平不足以满足充电需求，该参考文献又基于实际充电时间和 SOC 期望水平，提出了一种智能充电策略——频率调节充电（Charging with Frequency Regulation, CFR），该策略既灵活满足了用户充电需求，又在一定程度上改善了一次调频效果。

1.4.2　电池储能调频研究现状

电力系统调频总是在大系统全局实施的，储能系统的充放电能力对电力系统频率的作用显然无法与传统调频电源相比。但是，在电网频率波动的时候，储能系统能够快速做出响应，对电力系统的频率控制和频率质量同样具有重要意义，主要表现在以下几个方面。

1）储能系统在响应频率波动时，可以在受控状态下实现上调功率和下调功率。长期来看上调功率与下调功率趋于平衡，所需配置的储能系统容量较小，即调频备用更多的是要求电力备用，而不是电能备用。

2）储能系统可以不受限制实现上调和下调的交替。传统的调频电厂在机组控制中要考虑对响应功率幅值与极性改变速度的限制，根据机组允许的响应速率计算出每个自动调频周期允许机组上升或下降的最大功率。为使机组安全运行，功率变化信号不能超过允许的最大上升或下降功率。功率变化信号可能有增减，为了减少功率信号的上升和下降频繁交替对机组物理性能的损害，于是对同一方向的功率信号持续时间规定了一个限值，在这个时间段内封锁反向功率信号。而储能系统在响应频率波动过程中不存在这样的限制。

3）储能系统在响应频率波动过程中处于浮充电状态，相对于平抑地区电网峰谷负荷需要储能系统深度充放电来说，对储能系统的寿命影响较小，因此其参与频率响应的成本较低廉。当然，长期的频繁充放电对储能系统寿命影响的量化问题仍有待进一步研究。

4）响应功率储备裕度小。传统调频对 AGC 信号的不准确响应，要求电网调度有更大的响应功率储备裕度，而储能系统对充放电命令响应快速准确，可以减少功率储备裕度。

国内外研究机构及学者针对如何利用储能资源提高互联系统调频能力、辅助火电机组改善 AGC 性能进行了大量研究，包括前期可行性验证、联合调频系统结构及模型、储能运行控制策略等。

1. 储能参与调频的可行性验证

储能调频前期验证阶段，国内外主要基于实际运行数据，考虑新能源渗透影响，研究储能提供调频服务的技术可行性及经济性。

对于技术可行性，参考文献［53］研究储能对系统容量不同占比和不同运行策略下，仿真分析电力系统动态特性、以区域控制偏差绝对值均值及功率信号谱密度衡量的系统 AGC 性能及储能 SOC 情况，研究表明合适配置下储能较传统电源调节效果更好，可有效降低系统调频容量，验证其参与系统调频的可行性，且储能设计 SOC 回归策略时有较高的可用率。

对于运行经济性，参考文献［54］设置不同的新能源渗透率，仿真评估储能利用率、钠硫电池放电深度对区域偏差量控制效果影响，并对比储能调频成本及收益，计算储能 AGC 服务按容量或电量付费的实时市场出清价格。参考文献［55］评估电池储能一定利用率下的净现值，参考文献［56］则基于美国 NYISO 和 PJM 两大电力市场规则环境，分析评估钠硫电池和飞轮储能参与调频的经济性，参考文献［57］建立辅助服务市场模型并分析成本，求取储能进入调频市场的盈亏平衡点。

2. 联合调频系统结构及模型

为改善系统或机组调频效果，有学者将储能并入传统互联电力系统 AGC 调频结构，或并入电厂控制器改善机组 AGC 性能，分别构建含储能的区域 AGC 模型或辅助电厂机组的 AGC 控制结构。

对于互联系统的储能-火电联合 AGC 模型，参考文献［58］在智能电网框架基础上，考虑大规模新能源并网的背景，引入含分布式储能、虚拟发电厂、动态响应负荷等调频响应对象在内的新型 AGC 调频结构，借助含融合节点服务器的通信网络架构，使各类调频源和能量管理中心即时通信，实时平衡区域电量。参考文献［59］在瑞士电力系统的 AGC 信号输出端引入三阶切比雪夫 I 型和一阶指数权重滑动平均滤波器滤波，利用调频源不同响应特性平衡各类信号分量。参考文献［60］基于经典 kundur 两区域四机系统和所构建的考虑衰减效应、测量设备时间常数的储能电池模型，基于联络线偏差控制，通过积分控制器在传统 AGC 结构引入储能。

对于改善机组性能的储能-火电联合 AGC 模型，参考文献［61］在机组集散控制系统和电池储能之间增设协调控制器，实时弥补机组出力和 AGC 指令的偏差值。

3. 储能-火电联合 AGC 调频的运行策略

目前对储能-火电联合的运行策略研究包括两类：其一，不同调频源的 AGC 信号分配策略，波动剧烈、容量需求小的高频分量由可迅速反应的储能执行跟踪，波动较缓、容量需求较大的低频分量由响应较慢的火电机组执行；其二，储能对机组出力和 AGC 指令之间偏差量的实时补偿策略，提高了机组跟踪性能。

对于第一类策略，参考文献［62］将功率波动按不同时间尺度分解；参考文献［63］基于累积密度函数对总调节信号进行标准化，利用电池储能系统（BESS）去响应标准化后的信号分量；参考文献［64-65］分别设计了静态比例分配及动态比例分配策略，其中静态策略无法反应调节信号的实时变化，动态策略则需烦琐地对比例系数进行调节；参考文献［66］按响应速度对不同调频源的调频优先级排序，以此确定储能与传统调频源间的调节信号分配权重。参考文献［67］提出两种策略，一是在现有 AGC 机组指令优化结构上，根据电网调节需求的变化灵活分配储能调节指令；二是更改目前的优化结构，将调频需求的高频和低频部分分别指派给储能资源和传统机组承担。参考文献［68］提出了基于储能系统和常规机组最大可用调频容量的动态分配系数确定方法，构建考虑电网调频效果和储能系统荷电状态持续能力的综合评价指标。

对于第二类策略，参考文献［69］根据两种储能不同特性，设计基于单台机组超调、反调、储能 SOC 越限等情况的控制策略，提高机组调频综合指标 K_p 和补偿收益；参考文献［61］介绍了石景山 2MW/0.5MWh 锂离子电池调频工程，储能采取恒定充放时间及满补偿出力，减少机组出力与 AGC 指令的偏差，该策略将运行日的机组 K_p 提高了 24%。

上述研究中，将 AGC 指令按某种规则或算法设定给储能和传统机组，提高区域调频性能，并未弥补机组响应延时和跟踪性能劣势。辅助火电机组跟踪 AGC 指令的储能根据实时偏差采取满功率补偿，缺乏电量管理，长时间尺度下工况难以为继，不利于整体性能改善。因此，实时量化储能出力影响，研究导向性的调频性能指标和储能工况指标，寻求调节性能与储能持续性的相对平衡，对于弥补机组调节固有缺陷具有现实意义。

通过归纳总结，储能参与电力调频的研究现状如下。

基础理论研究方面包括对储能系统与燃气轮机的调频性能与效果的分析比较，对加入储能系统可减少因新能源大规模并网比例增加而急剧上升的调频容量需求进行了定量分析研究，对不同类型储能系统参与电力调频的容量配置、控制方法与经济性评估等方面的研究，以及对促进储能系统参与电力调频广泛应用的政策进行了提议等。

1）美国加利福尼亚州针对储能系统参与电力调频辅助服务的必要性进行了分析，其研究表明，随着日益增加的可再生能源比例，电网可靠性面临严峻的挑战。在 2010 年，加利福尼亚州能源委员会针对 20% 和 33% 的可再生能源接入比例进行了系统可靠性和性能的模拟，得出加利福尼亚州电网在 20% 的可再生能源接入比例下，系统性能严重下降，在 33% 的接入比例下系统面临崩溃。

2）为了说明储能在辅助调频领域的价值，美国加利福尼亚州储能联盟对飞轮储能和传统的复合循环汽轮机的性能进行了比较，得出具有快速响应能力的大规模储能系统的调频效果是传统调频手段（即燃气轮机）的 2~3 倍。

3）芬兰的 Fingrid Oyj 公司通过分析芬兰输电系统运营公司测量了一年多的分散在 11 个不同星期的电网频率测量数据，对参与电网一次调频的电池储能系统功率与容量进行了设计，并利用频率死区和 SOC 控制回路以保证电池在一个合理的 SOC 值，以减轻循环操作对电池寿命的影响。其仿真结果表明，电池储能是用于一次调频的一种有效装置，频率死区和 SOC 控制回路的设置保证了电池处于一个合理的 SOC 区间，最大限度地降低了循环作业对电池寿命的影响。

4）针对在大规模电力系统互联的情况下如何准确、快速控制系统负荷频率的问题，大致可分为经典控制方法、自适应和变结构控制方法等，从国内外已有的技术和实施方案看，针对调频应用需求，多类型储能的协调控制策略研究还处于起步阶段。

5）在经济性评估方面，美国加利福尼亚州储能联盟对传统循环燃气轮机和飞轮储能系统进行了建模仿真，目的是比较循环燃气轮机和飞轮系统的商业经济回报与温室气体排放造成的影响。其建模结果表明，飞轮储能系统显著提高了经济回报并且降低了温室气体排放，储能系统具有 26% 的内部收益率和 69975t 的终生碳排放量，而循环燃气轮机具有 7% 的内部收益率和 986595t 的终生碳排放量。

6）以推动能量存储进入市场的政策提议：美国加利福尼亚州储能联盟建议在调频市场建立起合适的价格机制，按"业绩付费"，即评估设备对调频控制信号反应的速度和精度。

在储能系统参与电力调频的工程应用方面，自 2008 年开始，A123 Systems 公司、Xtreme Power、Altairnano 公司等公司已投建多处示范项目，涉及锂离子电池等多种储能技术类型，系统容量从 1.1MW/0.5MW·h 到 20MW/5MW·h 不等，并取得一定成果。

1.4.3 电池储能调频政策分析

早在 2016 年 6 月，国家能源局发文《关于促进电储能参与"三北"地区电力辅助服务补偿（市场）机制试点工作的通知》（下文简称《通知》），首次明确了储能在辅助服务市场主体地位。提出在按效果补偿原则下，加快调整储能参与调峰调频辅助服务的计量公式，提高补偿力度，重点内容如下：

1）"三北"地区各省原则上可选取不超过 5 个电储能设施参与电力调峰调频辅助服务补偿（市场）机制试点，已有工作经验的地区可以适当提高试点数量；

2）在发电侧建设的储能设备，可与机组联合参与调峰调频，或作为独立主体参与辅助服务市场交易；

3）在用户侧建设一定规模电储能设施，可作为独立市场主体或与发电企业联合参与调频、深度调峰和启停调峰等辅助服务。

《通知》从效用角度综合考量储能的容量与质量，在政策设定上更具合理性和可持续性，标志储能发展正式进入快车道。

2017年11月国家能源局为进一步完善和深化电力辅助服务补偿机制，推进电力辅助服务市场化，又发布了《完善电力辅助服务补偿（市场）机制工作方案》，强调全面实施跨省跨区电力辅助服务补偿，重点内容如下：

1）强调实现电力辅助服务补偿项目全覆盖；

2）提出按需扩大电力辅助服务提供主体，鼓励储能设备、需求侧资源参与提供电力辅助服务，允许第三方参与提供电力辅助服务；

3）强调部分地区自动发电控制、调峰等服务未进行补偿的，要补充完善区域并网发电厂辅助服务管理实施细则相关规则条款，并切实落实到生产运行中。

近年来，政府又陆续出台了一系列关于储能参与调频辅助服务的政策，其中包括国家政策、区域政策和地市政策，以鼓励各侧储能设施参与电网的调频辅助服务，见表1-7。

表1-7　我国部分储能参与调频辅助服务政策

类别	序号	时间	发布单位	政策名称	调频内容
省市政策	1	2022.5	山西能源监管办	《山西电力一次调频市场交易实施细则（试行）》	市场主体需履行基本一次调频义务，基本义务以外的一次调频能力方可参与一次调频市场交易
	2	2022.8	上海市发展改革委	《上海市能源电力领域碳达峰实施方案》	发挥储能调峰调频、应急备用、容量支撑等多元功能
	3	2022.6	浙江省财政厅	《关于支持碳达峰碳中和工作的实施意见》	鼓励新型储能发展，加快形成以储能和调峰能力为基础支撑的电力发展机制
	4	2022.4	北京市人民政府	《北京市"十四五"时期能源发展规划》	加快环京调峰电源点建设，推动新型储能项目建设
	5	2023.3	广东省能源局、国家能源局南方监管局	《广东省新型储能参与电力市场交易实施方案》	推动储能产业高质量发展，建立健全新型储能参与电力市场机制
	6	2024.6	山西能源监管办	《关于完善山西电力辅助服务市场有关事项的通知》	鼓励独立储能参与二次调频市场，对二次调频性能指标计算方法进行明确和细化

（续）

类别	序号	时间	发布单位	政策名称	调频内容
国家政策	1	2021.12	国家能源局	《电力辅助服务管理办法》	推动构建新型电力系统,规范电力服务管理,深化电力辅助服务市场机制建设
	2	2022.5	国家发展改革委、国家能源局	《关于促进新时代新能源高质量发展实施方案的通知》	完善调峰调频电源补偿机制
	3	2022.5	国家发展改革委	《关于进一步推动新型储能参与电力市场和调度运用的通知》	加强对独立储能调度运行监管,保障社会化资本投资的储能电站得到公平调度
	4	2023.6	国务院办公厅	《关于进一步构建高质量充电基础设施体系的指导意见》	提高电网调峰调频、安全应急等响应能力
	5	2024.2	国家发展改革委、国家能源局	《关于建立健全电力辅助服务市场价格机制的通知》	优化调峰辅助服务交易和价格机制,健全调频辅助服务交易和价格机制
	6	2024.1	国家发展改革委、国家能源局	《关于加强电网调峰储能和智能化调度能力建设的指导意见》	统筹优化布局建设和用好电力系统调峰资源,推动电源侧、电网侧、负荷侧储能规模化高质量发展,建设灵活智能的电网调度体系,形成与新能源发展相适应的电力系统调节能力

　　这些相关政策旨在明确储能参与调频辅助服务时的角色,并且完善相关市场运行机制,探索并建立行之有效的储能建设引导方案。为发电侧储能参与电力辅助服务赋予平等的市场主体地位,通过相关政策补贴激励各侧储能参与电网调频,降低电网对传统机组的调频依赖性,并提高电网的调频能力。与此同时鼓励市场化的储能项目投资及建设,加速推动储能产业的可持续发展,形成全国范围内储能项目建设健康发展的态势。进一步推动电力系统的转型升级,为我国实现碳中和、碳达峰做出重要贡献。

　　而随着电力市场改革的进一步深化,电力辅助服务市场成为改革的热点和重点。电化学储能作为重要的灵活性资源,凭借快速的响应和灵活的布置方式已率先在 AGC 调频领域取得商业化突破,目前的市场从山西、蒙西、京津唐、广东正在向江苏、浙江、江西等地蔓延。

虽然储能-火电联合调频为我国储能的商业化积累了宝贵的经验，但其瓶颈已开始显现。现阶段我国电力辅助服务费用仍是在发电商之间的"零和博弈"，还未过渡到由电力用户分摊的阶段。

为应对大规模储能进入市场的需求，各地不得不调整政策补偿标准（见表1-8）以降低资金使用风险，2020年，广东、蒙西先后出台文件，基本上是对调频领域踩了刹车；青海、湖南下调储能调峰价格，让储能参与调峰辅助服务的空间大幅缩小。一方面，频繁的政策变动无法给投资者稳定预期，引发业界争议；另一方面，在国家降电价服务实体经济的大背景下，如果增加调节电源，按效果付费必将引发辅助服务费用和终端电费上涨，这也是目前政策制定者推动辅助服务机制"进退两难"的原因所在。

表1-8　部分省份调峰调频辅助服务政策

序号	时间	发布单位	政策名称	调频政策描述
1	2020.6	华北能源监管局	《蒙西电力市场调频、备用两个辅助服务交易实施细则》	调频辅助服务市场采用"日前报价、日内集中出清"的组织方式开展；申报调频里程价格范围为6~15元/MW
2	2020.7	甘肃能源监管办	《甘肃省电力辅助服务市场运营暂行规则》（2020年修订版）	明确储能新能源及虚拟电厂参与电网调峰辅助服务市场交易模式和调用次序，修改申报价格范围为0.1~0.5元/MW
3	2023.5	湖南能源监管办	《湖南电力辅助服务市场交易规则（2023版）》	优化储能参与深度调峰交易方式，修改启停调峰交易限价
4	2023.12	江苏能源监管办	《江苏电力辅助服务（调频）市场交易规则（征求意见稿）》	电力调频辅助服务市场成员包括市场运营机构和交易主体两类。交易主体为满足准入条件且具备UGC/AGC调节能力的各类调度发电企业、电网侧独立储能电站和虚拟电厂
5	2022.4	福建能源监管办	《福建省电力辅助服务（调频）市场交易规则（试行）（2022年修订版）》	常规机组参与调频服务里程补偿报价上限提高25%；满足深度调峰市场、启停调峰市场参与标准时，可获得相应调峰补偿

（续）

序号	时间	发布单位	政策名称	调频政策描述
6	2024.6	山西能源监管办	《关于完善山西电力辅助服务市场有关事项的通知》	加快引导独立储能参与二次调频市场，明确独立储能提供二次调频服务性能评价指标及储能应急调用补偿原则
7	2020.10	华中能源监管局 江西省能源句	《江西省电力辅助服务市场运营规则（试行）》	调频辅助服务分为基本义务调峰辅助服务和有偿调峰辅助服务；深度调峰交易采用"日前报价，按需调用，边际出清"；启停调峰交易采用"日前报价，按需调用，按额定容量等级边际出清"
8	2020.12	四川能源监管办	《四川自动发电控制辅助服务市场交易细则（试行）（2020年修订版)》	ACG调频辅助服务市场采用日前挂牌交易；发电企业以发电单元为单位参与AGC辅助服务市场，申报价格范围为 0.1~100 元/MW·h
9	2020.12	西北能源监管局	《青海省电力辅助服务市场运营规则》（征求意见稿）	调频辅助服务提供方可同时参与调频辅助服务市场和调峰辅助服务市场，调峰辅助服务市场优先于调频辅助服务市场出清，调峰市场中标的发电机组和共享储能电站，不再参与相应时段的调频市场集中出清
10	2021.4	云南能源监管办	《云南调频辅助服务市场运营规则（试行）》	调频补偿分为里程补偿和容量补偿两部分；调频综合性能由调节速率、调节精度和响应时间三个指标决定；申报价格最小单位为 0.1 元/MW
11	2021.9	山东能源监管办	《山东电力辅助服务市场运营规则（试行）(2020年修订版)》	储能设施参与有偿调峰交易，试运行初期报价上限为 400 元/MW·h。储能示范项目报量不报价，按 200 元/MW·h 给予补偿

（续）

序号	时间	发布单位	政策名称	调频政策描述
12	2018.9	南方能源监管局	《广东调频辅助服务市场交易规则》	调频补偿费用由调频里程、调频结算价格和综合调频性能（K 值）决定。K 值越高，补偿收益越大；调频里程报价为 5.5~15 元/MW；容量补偿标准从 12 元/MW·h 降至 3.56 元/MW·h
13	2020.5	新疆发展改革委	《新疆电网发电侧储能管理暂行规则》	鼓励发电企业、售电企业、电力用户、独立辅助服务提供商等企业投资建设电储能设施。规定对根据电力调度机构指令进入充电状态的电储能设施所充的电量进行补偿，补偿标准为 0.55 元/kW·h
14	2020.9	东北能源监管局	《东北电力辅助服务市场运营规则》	储能深度调峰：0.4~1 元/kW·h，用户侧储能双边交易：0.1~0.2 元/kW·h

1.5 电力系统频率调节

1.5.1 电力系统一次调频

电力系统频率的一次调节（一次调频）是指利用系统固有的负荷频率特性，以及发电机组调速器的作用，来阻止系统频率偏离标准的调节方式。

电力系统负荷的一次调频作用为：当电力系统中原动机功率或负荷功率发生变化时，必然引起电力系统频率的变化，此时，存储在系统负荷（如电动机等）的电磁场和旋转质量中的能量会发生变化，以阻止系统频率的变化，即当系统频率下降时，系统负荷会减少；当系统频率上升时，系统负荷会增加。

发电机组的一次调频作用为：当电力系统频率发生变化时，系统中所有的发电机组的转速即发生变化，如转速的变化超出发电机组规定的不灵敏区，该发电机组的调速器就会动作，改变其原动机的阀门位置，调整原动机的功率，力求改善原动机功率或负荷功率的不平衡状况。亦即当系统频率下降时，汽轮机的进汽阀门或水轮机的进水阀门的开度就会增大，增加原动机的功率；当系统频率上升时，汽轮机的进汽阀门或水轮机的进水阀门的开度就会减小，减少原动机的功率。

系统一次调频的特点：

1）系统一次调频由原动机的调速系统实施，对系统频率变化的响应快，电力系统综合的一次调频特性时间常数一般在 10~30s。

2）由于火力发电机组的一次调频仅作用于原动机的进汽阀门位置，而未作用于火力发电机组的燃烧系统。当阀门开度增大时，使锅炉中的蓄热暂时改变了原动的功率，由于燃烧系统中的化学能量没有发生变化，随着蓄热量的减少，原动机的功率又会回到原来的水平。因而，火力发电机组参与系统一次调频的作用时间是短暂的。由于蓄热量的不同，一次调频的作用时间为 0.5~2min 不等。

3）发电机组参与系统一次调频采用的调整方法是有差特性法，它不能实现对系统频率的无差调整。即各机组有多少力出多少，没法精确出力的大小。

进行系统一次调频的意义：

1）自动平衡电力系统的第一种负荷分量，即那些快速的、幅值较小的负荷随机波动。

2）一次调频是控制系统频率的一种重要方式，但由于它的调节作用的衰减性和调整的有差性，因此不能单独依靠它来调节系统频率。要实现频率的无差调整，必须依靠频率的二次调节（二次调频）。

3）对异常情况下的负荷突变，系统的一次调频可以起某种缓冲作用。

综合系统一次调频的原理如图 1-11 所示，其流程为

- 初始状态：运行于 $L_1(f)$ 与 $G(f)$ 的交点 a，确定频率为 f_0；
- 负荷功率增加 ΔP_1，负荷功频特性变为 $L_2(f)$，发电机进行一次调频，发出功率 ΔP_g，$L_2(f)$ 与 $G(f)$ 相交于 c 点，确定频率 f_1；
- 此时，频率的偏差为 Δf，一次调频结束；

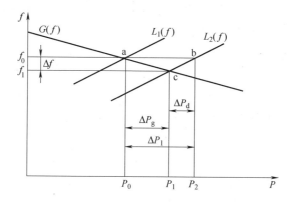

图 1-11　综合系统一次调频原理图

- 若为瞬间的波负荷，ΔP_1 消失，频率回归；
- 若不为瞬间的波负荷，要频率回到 f_0，需进行二次调频，发电机增发 ΔP_d 的功率。

1.5.2 电力系统二次调频

电力系统的二次调频就是移动发电机组的频率特性曲线，改变机组有功功率与负荷变化相平衡，从而使系统的频率恢复到正常范围。

各控制区采用集中的计算机控制，控制发电机组调速系统的同步电机，改变发电机组的调差特性曲线的位置，实现频率的无差调节，调整原动机功率的基准值，达到改变原动机功率的目的。

系统二次调频特点：

1）对系统频率实现无差调整。

2）在区域控制的火力发电机组中，由于受能量转换过程的时间限制，频率二次调节对系统负荷变化的响应比一次调节要慢，它的响应时间一般需要 $1\sim2\min$。

3）在频率的二次调节中，对机组功率往往采用简单的比例分配方式，常使发电机组偏离经济运行点。

系统二次调频的作用：

1）由于系统二次调频的响应时间较慢，因而不能调整那些快速变化的负荷随机波动，但它能有效地调整分钟级和更长周期的负荷波动。

2）二次调频可以实现电力系统频率的无差调节。

3）由于响应时间的不同，二次调频不能代替一次调频的作用；而二次调频的作用开始发挥的时间，与一次调频作用开始逐步失去的时间基本相当，因此两者基在时间上配合好，对系统发生较大扰动时快速恢复系统频率相当重要。

4）二次调频带来的使发电机组偏离经济运行点的问题，需要由三次调频来解决；同时，集中的计算机控制也为三次调频提供了有效的闭环控制手段。

二次调频原理如图 1-12 所示，其流程为

- 发电与负荷的起始点为 a 点，频率为 f_1；
- 负荷增大，负荷特性曲线由 P_{la} 变化至 P_{lb}，发电机组特

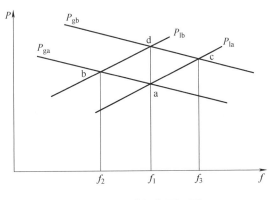

图 1-12　二次调频原理图

性曲线为 P_{ga}，则发电与负荷的交点由 a 点移至 b 点，频率由 f_1 降至 f_2 点；

- 增加系统发电，发电机组的频率特性曲线从 P_{ga} 改变到 P_{gb}，发电与负荷的交点由 b 点移至 d 点，系统频率保持在原来的 f_1 点；
- 负荷减小，原理类似。

1.5.3　储能参与一次调频

常规一次调频是电网利用固有的负荷频率特性和带一次调频功能的发电机组共同作用完成，一般为旋转惯性的机械器件，但能源转换过程较为复杂。储能参与一次调频常通过模拟常规机组的下垂特性与惯性控制，如图 1-13 所示，储能系统依据频率偏差值及死区限制，设定储能系统出力时间及动作幅度。其控制功能由多个储能变流器（Power Conversion System，PCS）就地实现[70]，当频率偏差值超出调频动作死区时，储能系统动作并与电网进行功率交换；当频率偏差值未超出死区范围时，储能系统停止动作，以此来主动参与电网频率稳定进而实现以此调频控制。

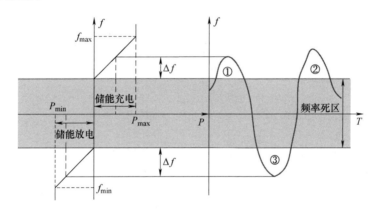

图 1-13　储能系统下垂特性

死区是指系统在额定转速附近对转速的不灵敏区域。当储能系统频率超出预先设定的频率死区范围，如图 1-13 中①②区域所示，PCS 充电模式吸收有功功率，储能系统充电吸收电网电能，③区域 PCS 释放有功功率，储能系统放电为电网提供电能。不难看出下垂特性中传统电源按照设定的单位调节功率来改变运行功率，从而自动响应频率的变化，与之不同的是，储能虚拟惯性控制是传统电源旋转惯量中存储的动能能够给电网提供惯性支撑，对比如图 1-14 所示。

图 1-14a 中，$-K_E$ 是储能系统的虚拟单位调节功率，图 1-14b 中，$-M_E$ 是储能系统的虚拟惯性系数；参数 M 是电网惯性时间常数；D 是负荷阻尼系数；$G(s)$ 和 K_G 分别是传统电源的传递函数和单位调节功率；$N(s)$ 是储能系统的传

递函数；s 为复频域变量。总的来看，虚拟下垂控制与惯性控制均可使储能系统改善频率偏差，下垂控制对稳态频率偏差作用较大，而惯性控制相反，利用自身快速响应特性对初始频差变换率影响较大。所以需要对储能系统提出兼具虚拟下垂控制与虚拟惯性控制的综合控制模式，充分利用储能系统的快速精准特性改善电网调频效果。储能参与电网一次调频原理图如图 1-15 所示，其中曲线 P_{L1}、P_{L2} 是负荷侧不同功率下的工频特性曲线，P_G 是发电侧的静态工频特性曲线。

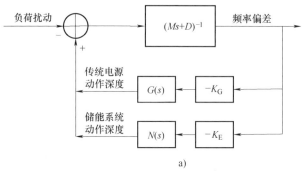

a)

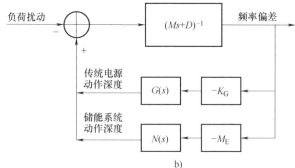

b)

图 1-14 储能系统参与一次调频动态模型

a）虚拟下垂控制 b）虚拟惯性控制

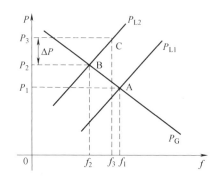

图 1-15 储能参与一次调频原理图

假定发电侧与负荷侧的起始频率均为 f_1，相交于 A 点，若负荷侧扰动突然增大，而发电机的有功功率输出不能突然改变，导致转子转速突然下降，系统频率也相应下降，即负荷曲线 P_{L1} 上移至 P_{L2}，运行稳定点由 A 点移动至 B 点，而额定频率下降至 f_2，根据储能下垂特性曲线，此时储能释放有功功率 ΔP，运行点由 B 点移动至 C 点，频率回升至 f_3，频率偏差减少，实现储能调频功能。但在实际应用场景中，储能更多用于辅助传统机组调频[71]，即考虑调频死区等因素，电池储能系统实时监测电网的频率信号，当频率变化超过死区时，利用电池储能系统的准确快速调节特性与传统机组一次调频性能，二者共同作用使频率快速恢复到系统的正常允许范围内。如图 1-16 所示，同样发电侧工频曲线 P_G 与负荷曲线 P_{L1} 初始相交于 A 点，后负荷增大，P_{L1} 移动至 P_{L2}，交点位置由 A 移动至 B，储能系统释放功率，出力为 ΔP，频率回升至 f_3。

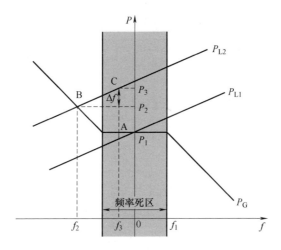

图 1-16 储能系统辅助传统机组一次调频

电池储能系统辅助传统机组一次调频的原理见式（1-1）：
$$K_S = K_G + K_L + K_B \tag{1-1}$$
式中，K_G 为传统机组的频率调节系数；K_L 为负荷频率调节系数；K_B 为电池储能系统的频率调节系数。

电池储能系统辅助传统机组一次调频（流程图见图 1-17）能够有效减少传统机组的频繁动作，降低设备磨损，弥补传统机组响应延时带来的频率持续变动。但在此控制策略下，电网小波动导致储能系统频繁放电，影响电池的使用寿命，缩短使用年限。因此，在研究一次调频的同时，考虑电池 SOC，并采用分时分段控制原则，具体如表 1-9 和图 1-18 所示。

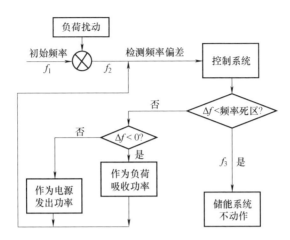

图 1-17　储能系统辅助传统机组一次调频流程图

表 1-9　频率调节功率与荷电状态函数关系

区段	充放电状态	功率函数
$[S_1, S_2]$	充电为主，适当减少放电功率	$K_c = K_{max}$ $K_f = K_{max}\left(\dfrac{S-S_1}{S_2-S_1}\right)^n$
$[S_2, S_3]$	最大单位功率调节	$K_f = K_c = K_{max}$
$[S_3, S_4]$	放电为主，适当减少充电功率	$K_c = K_{max}$ $K_c = K_{max}\left(\dfrac{S-S_3}{S_4-S_3}\right)^n$

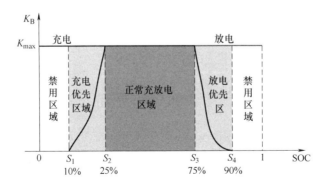

图 1-18　储能系统频率调节功率系数曲线

表 1-9 和图 1-18 中，K_c 代表充电调节功率；K_f 代表电池放电调节功率；S 表示电池 SOC。此外，n 值与调频效果相关，n 值越大，调频效果越弱[72]。结合表 1-9 和图 1-18 来看，当 SOC 值较小，处于 $[S_1, S_2]$ 范围内，即电池电量较低，需要充电；$[S_2, S_3]$ 范围内，电池状态最佳，电量充足，可实现较大功率充放电；$[S_3, S_4]$ 范围内，电池电量趋于饱和，继而可实现在保证电池储能系统调频效果的同时保障电池的使用寿命趋于最大。

当电网对暂态频率要求较高且传统电源难以满足调频需求，或电网处于峰荷状态、传统电源满发且难以满足容量需求时，经一次调频后，可能存在不能将频率恢复至正常范围等问题，需要进一步利用同步器或调频器作用，即利用二次调频的无差特性[73]，改变机组出力，平移工频特性曲线。此外，相对于发电机组本身调速装置固有的一次调频特性，引入电池储能系统参与二次调频具备一定的优势，能够实现通过电网频率偏差的精确调整。

1.5.4　储能参与二次调频

现阶段储能系统辅助传统机组二次调频一般是指通过计算机监控系统[74-77]，调整 AGC 自动给定，主要分为分布式与集中式，以保证电力系统频率的无差控制与稳定性。其中集中式控制主要通过微电网实现频率的无差跟踪调节，但可靠性相对较低；而分布式控制基于一致性相关算法，对中心控制节点依赖性较低，具有易扩展、可靠性高等特点。就储能系统辅助二次调频而言，电池储能系统分散布置、统一调度是现阶段主要采取的控制方式。因此，我国电网目前多采用分区控制方式，通过计算区域控制偏差（Area Control Error，ACE）信号与区域控制需求（Area Regulation Requirement，ARR）信号，然后信号经辨识后传输至储能电站，转化计算频率偏差并跟踪执行，EMS 在接收调频功率指令后，综合考虑储能系统中储能单元荷电状态的不一致性，制定相关策略并调度储能系统出力参与二次调频，从而减少频繁调整导致的机组损耗，并满足电网对调频单位的考核指标。

ARR 信号在暂态过程中由于 PI 环节的存在，储能系统的快速出力特性受到部分限制，从系统的角度来看，ARR 信号不能较好地利用储能快速响应特性以优化传统常规机组响应速度与爬坡速率的限制，在保持 SOC 方面的局限性尤为明显[78]。而基于 ACE 信号分配的储能系统控制方式未经过 PI 环节，在设定时间尺度上无法按照调节要求跟踪 ACE 信号，且储能系统出力与 ACE 信号成正比关系，所以储能系统在辅助传统机组二次调频过程中，通过响应 ACE 死区内的信号与传统机组调频出力的差值来确定有功功率调节量，输出功率以补偿传统机组的出力，可在大扰动情况下减少常规机组出力和减少频率偏差，维持系统频率的稳定。具体如图 1-19 所示。

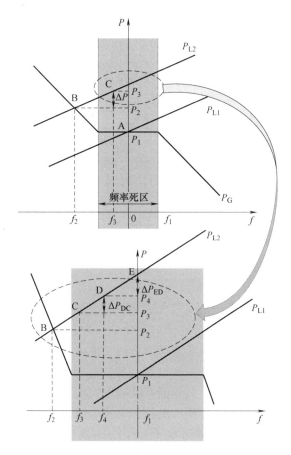

图 1-19　储能系统参与二次调频原理图

因此二次调频可通过 AGC 调度指令应对风光等新能源较长周期的负荷功率变化导致的电网频率波动，结合图 1-16 来看，当一次调频结束后，稳定运行点由 A 点移动至 C 点，然后传统机组进行二次调频增加出力 ΔP_{DC}，运行稳定点由 C 点到达 D 点，频率恢复至 f_4。若该点位于 ACE 调频死区范围内，传统机组出力停止，剩余需求功率 ΔP_{ED} 由储能系统提供，使系统频率恢复至额定值 f_1，进而实现频率的无差调节。此外，大规模电池储能电站在参与辅助传统机组二次调频的过程中受到电池剩余容量与 SOC 的影响，长时间的充/放电会使储能电池处于饱和/耗竭状态，即长期处于电池禁用区域，而在此状态下只能进行单向调频，大大削弱储能系统参与调频的能力。因此，要充分利用电池储能系统辅助调频的快速准确性以及传统机组调频大容量的差异特性，根据调频功率需求制定合理的相关控制策略。控制中心一般情况下是通过综合判断 ACE 的大小制定相关控制功率分配策略，即按照调节死区、正常调节区与紧急调节区 3 个区间[79] 进行划分控制，具体见表1-10。

表1-10　二次调频功率需求条件下功率分配策略

调频需求区间	特征	功率分配策略	注释
紧急调节区	减小 ACE，并将调频需求恢复到正常调节区内	$P_G^{ad} = \Delta P_R - P_{BMS}^{ad}$ $P_{BES}^{ad} = \begin{cases} \min(P_{BMS}^{dmax}, \Delta P_R) \\ \max(P_{BMS}^{cmax}, \Delta P_R) \end{cases}$	P_{BES}^{ad} 是电池储能调节量；P_G^{ad} 是传统机组调节量；P_{BMS}^{cmax}、P_{BMS}^{dmax} 是 BMS 最大充、放电功率；ΔP_R 是二次调频功率需求
正常调节区	参与二次调频电源的备用较为充裕且 ACE 相对较小，协调分配功率需求	当 $S \in [S_L, S_H]$ 时，$P_{BMS}^{ad} = \dfrac{P_{BMS}^{dmax}}{P_G^{max} + P_{BMS}^{dmax}} \Delta P_R$； 当 $S \leqslant S_L$ 时，$P_{BMS}^{ad} = \max(P_{BMS}^{cmax}, \Delta P_R)$； 当 $S \geqslant S_H$ 时，$P_{BMS}^{ad} = \min(P_{BMS}^{dmax}, \Delta P_R)$； 且 $P_G^{ad} = \Delta P_R - P_{BMS}^{ad}$	S_L，S_H 分别是 SOC 正常运行的上下边界；P_G^{max} 是传统机组最大调节容量；其他同上
调节死区	不再调整各调频机组的功率参考值，将储能 SOC 恢复到理想工作区间，为下一阶段参与二次调频服务做好准备	当 $S \in [S_L, S_H]$ 时，$P_{BMS}^{ad} = 0$； 当 $S > S_H$ 时，$P_{BMS}^{ad} = \dfrac{S - S_H}{1 - S_H} P_{BMS}^{dmax}$； 当 $S < S_L$ 时，$P_{BMS}^{ad} = \dfrac{S_L - S}{S_L} P_{BMS}^{cmax}$； 且 $P_G^{ad} = \Delta P_R - P_{BMS}^{ad}$	同上

控制调度中心需根据二次调频功率需求及 SOC 制定相关策略，并将相关策略转化成为功率指令下达至储能电站，为确保储能各单元 SOC 处于正常放电区域，储能系统及电站需要快速协调各机组出力情况，以实现调频功率跟踪的目标。具体流程如图 1-20 所示。

图 1-20 中的控制中心是基于 ARR 或 ACE 信号进行功率分配，对比如图 1-21 所示。

图 1-21 中，a 为储能系统的二次调频参与因子，$1-a$ 为传统机组的二次调频参与因子；b、K_p、K_i 分别为传统机组的频率偏差系数、PI 控制器的比例控制器系数、积分控制器系数；$G_g(s)$ 和 $G_e(s)$ 分别为传统机组与储能系统的传递函数模型；$(Ms+D)^{-1}$ 为机网接口模型；$\Delta P_L(s)$、$\Delta f(s)$ 分别为负荷扰动和频率偏差；$\Delta P_e(s)$ 为储能系统的动作深度；$\Delta P_f(s)$ 和 $\Delta P_s(s)$ 分别为传统机组参与一、二次调频的动作深度。

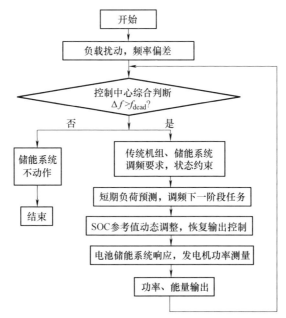

图 1-20 储能系统参与电网二次调频流程图

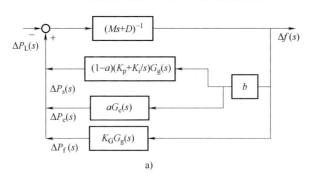

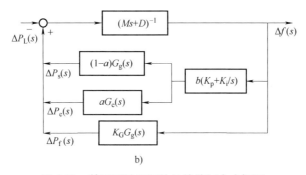

图 1-21 基于两种不同信号的控制方式框图

a）基于 ACE 信号分配　b）基于 ARR 信号分配

为避免 PI 控制器的延时影响，在暂态过程中储能系统的出力随频率偏差变化，因此在发生相同扰动时，ACE 信号相比 ARR 信号的储能系统出力减小，传统机组动作增加；在稳态过程中，最终由传统机组二次调频补偿全部负荷增量，储能系统出力减少至零。对比出力情况仿真如图 1-22 所示，其中四条曲线分别代表基于 ACE、ARR 信号下的储能系统、传统机组参与调频动作深度，不难发现 ACE 信号下的储能和传统机组释放与 ARR 信号相当的能量可获得更好的调频效果，也凸显了 ACE 信号改善暂态频率偏差和 ARR 信号改善稳态频率偏差的优势。

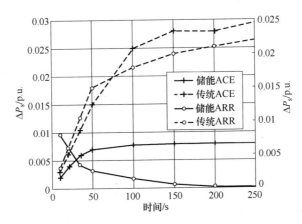

图 1-22 储能系统与传统机组参与二次调频动作深度比较

在电池储能系统工作过程中，除考虑 SOC 约束条件外，电池功率状态（State of Power，SOP）可为电池提供电压电流输出和输入的规定工作范围，使电池安全、稳定、经济运行。但在储能系统实际工作过程中，对于性能较差机组在持续时间较长且偏差较大功率阶段，储能需要持续出力以补偿偏差量，但持续出力易导致储能系统处于低电量禁用区域，从全局来看储能系统整体效益下降[80]。所以在制定储能电站出力过程中，在考虑联合出力的实时跟踪效果的同时还需要严格把控储能单元 SOC，并寻找其平衡点。为方便储能调度中心管理，可引入储能补偿度 $\delta \in [0,1]$，当 $\delta = 0$ 时，储能系统不响应；当 $\delta = 1$ 时，储能系统完全补偿。以合适的补偿度水平，实时设定 t 时刻储能出力指令，灵活补偿机组跟踪指令的实时偏差，建立储能二次调频控制策略如下：

$$P_B^{ad}(t) = \delta [P_A(t) - P_G(t)] \tag{1-2}$$

同时须满足最大充放电功率约束：

$$-P_{BMS}^{cmax} \leq \delta [P_A(t) - P_G(t)] \leq P_{BMS}^{dmax} \tag{1-3}$$

为避免储能按照补偿度充放电之后 SOC 越限，须设置电量约束，充电过程中：

39

$$S_L < S(t) - \delta[P_A(t) - P_G(t)]T\eta_c < S_H \tag{1-4}$$

放电过程中：

$$S_L < S(t) - \delta[P_A(t) - P_G(t)]T/\eta_d < S_H \tag{1-5}$$

式中，$P_G(t)$ 为 t 时刻机组实际出力（MW）；$P_A(t)$ 为 t 时刻 AGC 指令功率值（MW）；δ 为储能系统实时偏差的补偿度。

但为提高调频性能和储能 SOC 之间的平衡，需要对储能补偿度实时优化，需要联合储能与传统机组共同出力调频，并将联合出力性能指标 f_1 与工况平衡度 f_2 作为目标函数，衡量调节性能的同时进行电量管理，且补偿度的优化结果应尽可能使二者取得最大值。建立储能参与 AGC 调频策略模型的目标函数为

$$\max(f_1, f_2) \begin{cases} f_1(\delta) = a_1 \cdot d_s + a_2 \cdot r_s + a_3 \cdot p_s \\ f_2(\delta) = -|E_{cmax} - E_{dmax}|/[(S_H - S_L)E_{rate}] \\ a_1 + a_2 + a_3 = 1 \end{cases} \tag{1-6}$$

式中，d_s、r_s、p_s 为响应时延、调节速率、调节精度；a_1、a_2、a_3 为对应指标权重，均为 1/3，且各指标值域均为 [0，1]；E_{rate} 为电池储能系统的额定容量；S_L、S_H 为电池储能系统 SOC 的下限值与上限值；E_{cmax}、E_{dmax} 为储能系统的最大充放电量；f_1 为动作周期内的联合调频性能指标，且 $f_1 \in [0，1]$，f_1 越大，综合调频性能越好；f_2 为储能电量平衡度，即储能系统可充电量与可放电量之间的平衡度，且 $f_2 \in [0，1]$，其值越大，储能系统双向工作的电量越平衡。

但由于储能系统在实际充放电过程中存在一定的损耗问题，所以在储能系统参与辅助传统机组调频一定时长至 t 时刻，电池储能调节功率 $P_{BMS}^{ad}(t)$ 确定，经一段时间充放电之后，可求储能系统 SOC，充电状态下：

$$S(t+t_d) = S(t) - P_{BMS}^{ad}(t) \cdot t_d/\eta_d \tag{1-7}$$

$$S(t+t_c) = S(t) - P_{BMS}^{ad}(t) \cdot t_c \cdot \eta_c \tag{1-8}$$

式中，t_c、t_d 为储能系统的充放电时间；η_c、η_d 为储能系统的充放电效率。

储能系统在参与二次调频过程中，不可单方面从电网调频需求角度出发，需结合电池的实时荷电状态自适应地对充放电功率进行限制，将储能电池保持正常充放电区域，进而对储能系统实施补偿度进行实时运行策略求解，即实现调频过程中的多目标优化，建立并完善储能系统参与二次调频最佳应用场景下的优化运行策略模型。

1.5.5 发电机组类型与电力系统频率调节

自动发电控制的执行依赖于发电机组对其控制指令的响应，而发电机组的响应特性又与机组的类型和其控制方式有关，典型发电机组的响应特性见表 1-11。

表 1-11 典型发电机组的调频响应特性

发电机类型	响应特性	在系统频率调节中的作用	制约条件
汽包炉式蒸汽发电机组	调节范围：30%额定出力 响应速率：3% MCR/min	响应速率慢，不易改变调节方向	1）锅炉在能量转换过程中的延迟和惯性 2）调速系统有不灵敏区 3）AGC 机组经常处于变化状态，影响机组寿命
直流炉式蒸汽发电机组	响应速率：20% MCR/10min	响应速率慢，不易改变调节方向	
联合循环燃气轮机	调节范围：52%额定容量响应速率：大于 5%MCR/min	宜参与 10s 到数分钟之间的负荷分量的调节	机组功率大幅度地频繁变化对通流部件的寿命有较大的影响
核电机组	在其可调范围内响应速率：3% MCR/min	响应速率慢，且不易改变调节方向	大范围改变发电机功率需调整核反应堆内的控制棒
水电机组	发电功率变化范围大响应速率：1%~2% MCR/s	宜参与 10s 到数分钟之间的负荷分量的调节	水资源的限制，水电机组本身如振动区、汽蚀区等限制

注：MCR（Maximum Capacity Rating）为最大额定容量（最大额定出力）。

1.5.6 国内外电力系统频率指标和控制要求

电力系统由于网架结构、装机容量、负荷特性等不尽相同，因此对系统频率控制的要求也不尽相同。表 1-12 列出了英国、美国、澳大利亚和我国电网对频率控制的不同要求。

表 1-12 某些国家和地区电力系统对频率偏差（Hz）的要求

	英国国家电网	美国东部电网	美国得克萨斯州电网	澳大利亚国家电力市场	中国
正常状态	0.2	0.05	0.03	0.1	0.2
警戒状态	—	0.1	0.05	0.25	0.5
异常状态	0.5		0.1	0.5	—
故障状态	0.8	0.25	0.2	—	—
严重故障状态	—	0.5	0.5	1	1.0
频率控制指标要求	频率分布统计指标（全年） $$\sigma = \sqrt{\frac{1}{n}\sum_{i=1}^{n}(f_i - f_0)^2}$$			频率合格率指标 中：（50±0.2）Hz，98% 澳：（50±0.1）Hz，99%	

数据来源：《电力系统调频与自动发电控制》，中国电力出版社，2006。

各国电力系统对频率控制的指标要求不尽相同，大致可分为以下两种类型。

1）频率合格率指标。即对频率控制效果的评价，以将频率控制在规定范围内的时间为依据，澳大利亚和我国电力系统采用的是这种评价方法。澳大利亚国家电力市场要求频率控制在（50±0.1）Hz 范围内的时间应达到 99% 以上。我国国家标准 GB/T 15945—2008 规定，电力系统正常运行条件下频率偏差限值为 ±0.2Hz，当系统容量较小时，偏差值可以放宽到 ±0.5Hz。

2）频率分布统计指标。频率合格率的评价方法是存在缺陷的，频率的分布情况更能反映频率控制的效果。其方法是统计全年系统频率偏离标准频率（50Hz 或 60Hz）的偏差值的均方根 σ，由式（1-9）来确定，即

$$\sigma = \sqrt{\frac{1}{n}\sum_{i=1}^{n}(f_i - f_0)^2} \tag{1-9}$$

式中，f_i 为时段 i 的频率平均值；f_0 为电力系统的标准频率；n 为频率平均值的个数。

1.5.7　参与电力调频的容量要求

1. 一次调频容量要求

由于各控制区的负荷变化规律不同，对以适应调整较长周期负荷变化需要的，参与自动调节的机组容量需求虽不同，但一般为系统最高负荷的 1%~3%。因为：①尽管发电计划曲线非常接近实际负荷变化的情况，负荷预计本身一般存在着 1%~2% 的偏差；②发电厂在执行发电计划曲线时，存在着未能精确按照规定时间加减出力的情况。

系统对频率一次调节容量的要求一般仅考虑失去系统中单机容量最大的发电机组、单台容量最大的负荷或容量最大的单条区外来电线路所引起的功率突变。因为，在确定系统对频率一次调节容量的要求时，考虑两个因素：①负荷的随机波动；②由于电力系统设备故障引起的负荷或发电功率的突变。在一般情况下，负荷的随机波动的幅值远小于因设备故障引起的负荷或发电功率突变的幅值。

2. 二次调频容量要求

对参与 AGC 运行的机组容量和 AGC 可调容量均有目标要求，我国的电力系统一般要求参与 AGC 机组的额定容量占系统总装机容量的 50% 以上；要求参与 AGC 机组的可调容量占系统最高负荷的 15% 以上。

1.5.8　电力系统调频与自动发电控制性能评价

自动发电控制系统要求每个控制区的发电机组有足够的调节容量，以确保控制的发电功率、电力负荷及联络线交易的平衡。控制区的控制性能是以该区域控制偏差（ACE）的大小来衡量的。从北美电力可靠性协会（NERC）的运行手册

中可以发现，对 AGC 的性能评价经历了从 A1、A2 的标准评价，到以 CPS1（Control Performance Standard 1）、CPS2 的评价标准的发展过程。

1）A1/A2 评价标准。A1 标准要求在任何一个 10min 间隔内，ACE 必须过零。A2 标准规定了 ACE 的控制限值，即 ACE 的 10min 平均值要小于规定的 L_d。

根据 NERC 的要求，根据 A1/A2 标准对每个控制区的 ACE 性能进行评价，其合格指标为：A1≥100%，A2≥90%。

2）CPS1/CPS2 评价标准。CPS1 标准是指控制区在一个长时间段（如一年）内，其区域控制偏差（ACE）应满足式（1-10）的要求：

$$\frac{ACE_i}{-10B_i}(f-f_0) \leqslant \varepsilon_1^2 \tag{1-10}$$

CPS2 标准是指在一个时段内（如 1h），ACE 的 10min 平均值，必须控制在特殊的限值 L_{10} 内。

对每个控制区，按照 CPS1、CPS2 的标准对其 AGC 性能进行评价，其控制指标要求 CPS1≥100%，CPS2≥90%。

1.5.9　现代电网频率调节面临的问题

电网的传统调频爬坡速度慢，不能精确出力，而且由于调频需求而频繁地调整输出功率，会加大对机组的磨损，影响机组寿命等，使得其提供调频服务受限。

尤其对于北方电网，冬季负荷峰谷差较大，为满足地方供热需求，用于供热的火电机组其出力调节能力有限，冬季枯水期间，水电机组大部分停运，此时在系统负荷尖峰情况下，很多机组接近满发，调频能力受出力上限限制导致系统中一次调频上调能力降低，有时可能会带来调频问题。

若电网的规模发展不那么迅速，已有的传统调频能力也能比较好地满足调频需求，但随着日益提高的新能源比例，已使得目前新能源集中接入量大的地区的调频问题日益突出，现有的调频能力已不能很好地满足调频需求。在美国一个针对风电接入容量的研究中，美国加利福尼亚州独立系统运营商（CAISO）得出风电装机容量（在 4250MW 和 8000MW 接入水平之间）每增加 1000MW，调频需求会增加 9%。传统意义上，辅助服务由传统热电厂、水电厂和其他发电设备提供的话，在加利福尼亚州，2009 年的调频需求是 419MW，CAISO 预测为了满足 2020 年 33% 的可再生能源配比，则需要 1114MW 的调频容量。

在 2010 年，美国加利福尼亚州能源委员会针对 20% 和 33% 的可再生能源接入比例进行了系统可靠性和性能的模拟。结果表明，在 20% 的情况下，系统性能严重下降，在 33% 的时候面临崩溃。如果不考虑加入储能等其他的调频方式，面对 2020 年接入 33% 的可再生能源，为了应对早晨和晚上的"爬坡"时段，使系统性能维持在一个可接受水平，传统发电需要的调频功率是3000~5000MW。相比之下，加入储能后只需要大概390MW的上调容量和360MW的下调容量。

为解决风电规模化并网导致系统调频需求急剧增大这一瓶颈问题，国内目前采用的主要手段有两种：一是通过"风火捆绑"，将混合发电量输送并网；二是采用抽水蓄能，将不稳定的风电转化为水能，再利用水力发电。但是，上述两种方案在我国应用中均有弊端和障碍，"风火捆绑"模式增加了小火电机组的装机容量，违背了"上大压小"和"节能减排"的国家能源结构调整战略，同时，机组固有的机械惯性，调频响应时间较长，很难匹配波动性更强的风力发电功率；由于我国风能资源丰富地区分布在偏远的"三北"地区，干旱少雨，水能资源匮乏，蒸发量大，开发有效的抽水蓄能电站的空间不足。因此，需要发展响应快速、安装灵活、经济合理、环境友好的调频电源和旋转备用手段。因而，为了保证电网可靠性，我们或者需要投建额外的传统发电设备（例如排放温室气体的燃气轮机和燃煤的蒸汽机）或者把非发电装置（例如储能）与现有的电网结构一体化。而储能是一种能够满足对辅助服务日益增长需求，在经济和环境方面，比传统方法更高效更低成本的手段。

大规模储能系统应用于电网，辅助传统调频技术手段来调频是一个新的研究方向，其可行性逐步被业界认同。最近几年，日本、美国、欧洲及中东地区国家正在大力推广和应用先进的大容量电池储能技术，通过与自动发电控制系统的有效结合，维护电力系统的频率稳定性。

1.6　小结

随着电力系统低碳化转型的进程加速，我国电网正向着以"高比例新能源"和"高比例电力电子设备"为特征的新型电力系统转型。相比传统电力系统，新型电力系统由于新能源出力的波动和电力电子设备的大规模接入，既显著增加了系统的不平衡功率冲击，又削弱了系统的频率支撑能力，其频率稳定机理更加复杂，频率稳定方法与控制技术亟待革新。需要深入揭示新能源对电网稳定的影响机理，探索符合新形势下电网特点的电池储能参与电力调频关键技术，充分挖掘电池储能技术在新型电力系统中的支撑潜能，以助力电力系统的长期可持续发展，促进能源结构的绿色转型和高效利用。

第2章

电池储能系统调频特性分析

频率控制通过输出功率的快速增减，来校正电网的供需平衡。电池储能系统有极快的响应速度，尤其适合于调频。更快的响应自然会使得频率控制更加精确和高效。大量研究表明，储能系统几乎能够即时跟踪区域控制误差，而发电机的响应则很慢，有时甚至会违背区域控制误差。电池储能系统响应快速而使得频率控制更精确，最终需要更少的调控容量。这主要是因为：①灵活且爬坡快的设备能够更快地实现调度目标从而快速实现再调度，因此，相对而言快速调频设备能够提供更多的区域控制误差校正；②爬坡慢的设备无法快速改变方向，所以它们有时会提供反向调节而增加区域控制误差，灵活且爬坡快的设备则能避免因增加区域控制误差而需要的额外调频容量。

就电力系统分析与控制领域而言，电池储能系统应首先满足平抑间歇性电源出力波动。在此前提下，合理的利用储能系统剩余容量参与电力调频，不仅能够提高储能系统的运行经济性，而且其能有效地提升以火电为主的电力系统的整体AGC调频能力，能够使调频控制更迅速、精确地满足调频要求，减少了对常规调频电源的依赖。因此，储能系统参与电力调频具备一定的可行性。

本章将分析储能系统适于辅助电网调频的特性，包括电池的倍率特性和寿命特点；同时，在出力特征、等效调节容量和经济性方面，对储能系统与传统火电机组进行比较，为后续储能辅助调频的容量配置和控制策略的设计提供分析基础。

2.1 技术特性分析

电池储能快速、准确的功率响应能力，使其在调频领域的应用潜力巨大。研究表明[81]，持续充/放电时间为 15min 的储能系统，其调频效率约为水电机组的 1.4 倍，燃气机组的 2.2 倍，燃煤机组的 24 倍；同时，少量的储能可有效提升以火电为主的电力系统 AGC 调频能力。

2.1.1 电池的倍率特性

电池的充/放电倍率，表示电池充/放电时电流大小的比率，通常用字母 C 表示。例如所用电池容量 1h 放电完毕，称为 $1C$ 放电，5h 放电完毕，则称为 $1/5 = 0.2C$ 放电。数学公式表示如下：

$$C = \frac{I}{C_n} \tag{2-1}$$

式中，C 为电池的充/放电倍率；I 为电池的充放电电流；C_n 为电池的额定容量，如 C_2 代表 2h 率额定容量。

倍率是电池非常重要的参数。电力系统的频率调节任务平衡的是几十秒至几分钟的功率波动，作用持续时间短，功率需求高，能量需求低。电池倍率越大，充/放电速率越大，越适于对功率指令信号的响应和跟踪，维持电力系统的稳定性。锂离子电池就是一种高倍率电池，它主要依赖锂离子在正极和负极之间移动来工作。在充放电过程中，Li^+ 在两个电极之间来回嵌入和脱嵌：充电池时，Li^+ 从正极脱嵌，经由电解质嵌入负极，负极处于富锂状态；放电时则相反。在电化学储能技术中最适于应用到电力系统的调频领域中。

2.1.2 电池的寿命特点

电池储能在实际运行过程中，其循环寿命受到温度、峰值电流和放电深度（Depth of Discharge，DOD）等多种因素的影响。电池储能寿命的长短直接影响整个储能系统的投资运行成本，低循环寿命因导致需要高频率的设备更新而增加总成本。因此，有必要对电池储能系统的循环寿命特点进行分析。

1. 循环寿命-放电深度曲线

循环寿命主要取决于电池的放电深度。各电池的放电深度与循环寿命对应关系见表 2-1。

表 2-1　电池放电深度与循环寿命对应关系

放电深度（%）	循环寿命/次		
	铅酸电池	钠硫电池	锂离子电池
10	3800	125092	150000
20	2850	41265	50000
30	2050	21569	30000
40	1300	13612	14000
50	1050	9525	10000
60	900	7115	8000

（续）

放电深度（%）	循环寿命/次		
	铅酸电池	钠硫电池	锂离子电池
70	750	5560	7500
80	650	4490	6000
90	600	3719	5000
100	550	3142	4000

　　由表 2-1 可以看出，锂离子电池具有很好的循环寿命，并且在低 DOD 状态下获得了相当长的循环寿命。而提供电网调频时充放电程度一般较浅，所以锂离子电池是比较适于调频的电池类型。

　　2. 电池的单向充放电设计

　　研究表明，单向充放电的储能系统将具有更长的使用寿命[82]。可以考虑装设两台储能系统 A 和 B，额定功率和额定容量均相等，为要求配置容量的二分之一。在初始时刻，储能系统 A 存储适当少能量，储能系统 B 存储适当多能量。规定储能系统以等充放电深度进行调频。当需要充电调频时，优先发指令给储能系统 A，当需要放电调频时，优先发指令给储能系统 B。在储能系统 B 放电到规定的放电深度 DOD_0 时，开始接受反向的调频信号，即仅进行充电调频；在储能系统 A 充电到容量上限后，开始进行放电调频，并且放电深度控制为 DOD_0。

2.2　与火电机组的对比分析

2.2.1　出力特征对比分析

　　电池储能系统的充放电过程即是电化学反应的过程，而火电机组发电则是通过电机原理，将煤炭等资源的化学能转化为热能，热能再转化成电能，因此，二者的出力特征也有明显不同。

　　图 2-1 所示为某燃煤机组实际调节功率与需求调节功率曲线。可以看出，火电机组在调频过程中，会产生延迟和偏差，超调和欠调现象严重。

　　图 2-2 所示为美国 PJM 电力市场某日电池储能系统跟踪调节功率指令的调节过程。图中，浅色代表电池储能出力，深色代表指令信号。可以看出，电池储能可以精确跟踪指令信号，几乎不存在超调与欠调现象。

　　通过对比可知，火电机组适合于大幅度、连续、单向的升降负荷，而电力系统的调频任务通常是小幅度、频繁、折返的调节，火电机组由于其自身的机械惯性不能对频繁发生的 AGC 功率指令信号进行精确地跟踪；另外，折返频繁调节也会加剧机组的磨损，损害机组寿命，影响机组发电效率。然而，电池储能系统没有机械环节，电能与化学能的转换瞬间完成，响应功率指令的速度在毫秒级，更加适合于调节小幅频繁的负荷波动调节。

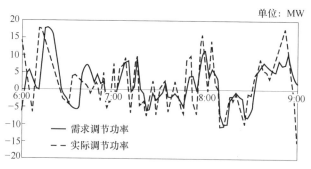

图 2-1　某燃煤组实际调节功率与需求调节功率曲线

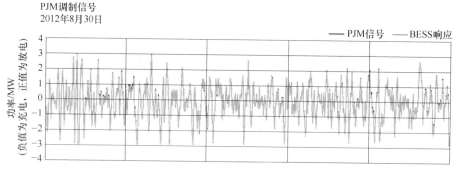

图 2-2　PJM 电力市场某日电池储能系统跟踪调节功率指令的调节过程

2.2.2　调节容量对比分析

1. 一次调频容量的对比分析

基于火电机组一次调频参数，计算其所具备的最大一次调频能力，同时考虑电池储能功率与容量的特性，确定与该火电机组具备同等一次调频能力的电池储能功率与容量。为避免电网允许的小负荷波动造成电池储能的频繁动作，应对电池储能设置调频死区。频率偏差死区的规定可参考各区域电网的具体要求。当频率偏差越过死区后，一次调频机组/设备需动作。火电机组的一次调频幅度由额定转速阶跃至（$3000 \pm \alpha$）r/min 时，设其对应的负荷变化幅度为 $\pm \beta$ 倍的机组额定容量（α、β 为实数）。根据火电机组一次调频的负荷变化限幅要求，可确定与此机组具备同等一次调频能力的电池储能功率为

$$P_{\mathrm{B\_prim}} = \beta P_{\mathrm{G}} \qquad (2-2)$$

式中，$P_{\text{B\_prim}}$ 为电池储能一次频率调节所需功率；P_{G} 为火电机组额定容量。

设一次调频从响应至频率恢复稳定的时间为 T_{prim}，电池储能替代此火电机组进行一次调频所需的容量为 $Q_{\text{B\_prim}}$，由于深充、深放不利于电池的使用寿命，且考虑保证电池储能调频的可靠性，在不考虑充放电损耗的前提下，电池储能所需配备的容量计算为

$$Q_{\text{B\_prim}} = 2P_{\text{B\_prim}}T_{\text{prim}} + Q_{\text{B\_prim}}\text{SOC}_{\text{Lim\_down}} + Q_{\text{B\_prim}}(1-\text{SOC}_{\text{Lim\_up}}) \qquad (2\text{-}3)$$

$$Q_{\text{B\_prim}} = \frac{2P_{\text{B\_prim}}T_{\text{prim}}}{\text{SOC}_{\text{Lim\_up}} - \text{SOC}_{\text{Lim\_down}}} \qquad (2\text{-}4)$$

式中，$\text{SOC}_{\text{Lim\_down}}$ 为电池储能允许放电的荷电状态下限；$\text{SOC}_{\text{Lim\_up}}$ 为储能允许充电的荷电状态上限。

我国火电机组的额定容量从 50~1000MW 不等，其中以额定容量为 200~1000MW 的火电机组为主。由式（2-2）可知，与火电机组具备同等一次调频能力的电池储能功率可由火电机组的负荷变化幅度确定，且与其成比例关系；由式（2-4）可知，电池储能的容量取决于火电机组负荷变化幅度、调频持续时间以及电池储能本身的容量上、下限。当火电机组型号确定后，其一次调频参数（如负荷变化幅度等）便可获知，为一定值；电池储能类型确定，其容量上、下限值便为已知数。因此，与传统机组具备同等一次调频能力的电池储能容量 $Q_{\text{B\_prim}}$ 与一次调频持续时间 T_{prim} 为线性关系，如图 2-3 所示。随着一次调频持续时间的增长，所需容量线性增大；同等一次调频持续时间下，机组的额定容量大，所需电池储能容量也大。

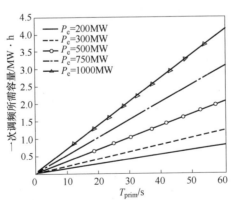

图 2-3　一次调频所需电池储能系统容量与持续时间关系图

2. 二次调频容量的对比分析

基于火电机组二次调频参数，计算其所具备的最大二次调频能力，结合电池储能功率与容量特性，配置与火电机组具备同等二次调频能力的电池储能功率与容量。

设火电机组进行 AGC 调频的功率调节范围为 $\gamma_1 P_G \sim \gamma_2 P_G$，对机组功率变化率的要求为不得低于 $\mu_{AGC} P_G$，火电机组每分钟功率变化率最高为 $\mu_{max} P_G$，其中 $\mu_{AGC} \leqslant \mu_{max}$。若火电机组 AGC 调节的持续时间为 T_{AGC}，则火电机组在时间 T_{AGC} 内可达到的最大功率为

$$P_{AGC} = \mu_{max} P_G T_{AGC} \tag{2-5}$$

式中，P_{AGC} 为火电机组在 AGC 调节时间内可达到的最大功率；μ_{max} 为火电机组每分钟的最高功率变化量。

依据式（2-5），若电池储能与该火电机组具备同等的 AGC 调频能力，其功率取值与火电机组在持续时间内可达到的最大调节功率相同：

$$P_{B\_AGC} = P_{AGC} \tag{2-6}$$

在不考虑电池储能充放电损耗的情况下，所需电池储能容量计算为

$$Q_{B\_AGC} = \int_0^{T_{AGC}} 2P_{B\_AGC}\,dt + Q_{B\_AGC}SOC_{Lim\_down} + Q_{B\_AGC}(1 - SOC_{Lim\_up}) \tag{2-7}$$

$$Q_{B\_AGC} = \frac{\int_0^{T_{AGC}} 2P_{B\_AGC}\,dt}{SOC_{Lim\_up} - SOC_{Lim\_down}} \tag{2-8}$$

由式（2-6）和式（2-8）可知，火电机组额定容量确定时，所需电池储能功率与 AGC 调频持续时间为线性关系。机组容量已知时，随着调频持续时间增大，所需电池储能功率线性增大；同一调频持续时间段内，机组额定容量值越大，所需电池储能功率也随之增大，如图 2-4 所示。

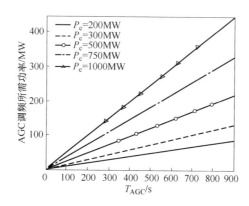

图 2-4　AGC 调频所需电池储能系统功率与持续时间关系图

由式（2-8）可知，在火电机组额定容量确定的情况下，所需电池储能容量为 AGC 调频持续时间的二次函数，其特性如图 2-5 所示。由图 2-5 可知，随着 AGC 调频持续时间增长，所需电池储能容量增大；AGC 调频持续时间确定时，随着机组额定容量的增大，所需电池储能容量也增大。

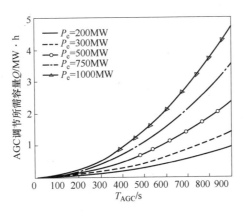

图 2-5　AGC 调频所需电池储能系统容量与持续时间关系图

以某 200MW 的火电机组为例,对与其具备同等一、二次调频能力的电池储能系统进行容量配置,并对两者的可靠性进行对比分析。

火电机组的频率偏差死区 $\Delta f_{SQ} = \pm 0.033Hz$,一次频率调节幅度为由额定转速阶跃至 (3000±12) r/min,对应的负荷变化幅度 β 为 ±10%,一次调频稳定时间 T_{prim} 为 40s,假设电池所规定的 SOC 上、下限 SOC_{Lim_up} 和 SOC_{Lim_down} 分别为 10% 和 -10%,则可计算与此火电机组具备同等一次调频能力的电池储能系统所需功率与容量大小分别为 $P_{B\_prim} = 20MW$ 和 $Q_{B\_prim} = 0.56MW \cdot h$。

火电机组的 AGC 功率调节范围中的 γ_1 为 50%,γ_2 为 100%,机组 AGC 每分钟功率变化率 μ_{AGC} 为 1%,火电机组每分钟可达到的最大变化率 μ_{max} 为 3% 左右,AGC 调频持续时间为 30~180s,因此,可计算与此火电机组具备同等二次调频能力的电池储能系统所需功率与容量大小分别为 $P_{B\_AGC} = 18MW$,$Q_{B\_AGC} = 1.88MW \cdot h$。

由此可知,与 200MW 火电机组具备同等一、二次调频能力的电池储能系统所需功率与容量分别为 $P_B = 20MW$,$Q_B = 2.44MW \cdot h$。即所需电池储能额定功率为 20MW,持续时间约为 8min。

2.2.3　经济性对比分析

不同调频电源的经济性对比分析是一项复杂的工作,一般可以从初始投资成本、运行期间的调节成本和调频收益分析几方面进行分析。

1. 投资成本

以 2.2.2 节的结论为例,比较 200MW 火电机组与 20MW 磷酸铁锂电池储能系统的初始投资成本。目前,火电机组的建设成本平均约为 4000 元/kW,磷酸铁锂电池储能的投资成本约为 3000 元/kW,则 200MW 火电机组的初始投资约为

8亿元，20MW锂离子电池储能系统的初始投资约为0.6亿元。单从电网调频这一功能来说，在同等调频能力条件下，火电机组的总体投资要高于储能系统。由于电力系统的二次调频任务本质上是平衡负荷10s/3min的短时随机波动，所需电量不多，以容量服务为主。因此，在电网装机容量无需增加的情况下，如果单纯从提高系统调频备用等角度考虑，可以优先考虑电池储能这一新兴技术。

2. 调节成本

对于火电机组来说，调节服务的成本主要包括热效率损失成本、增加的运行和维护成本、机会成本，以及对发电设备寿命的影响等。与发电机组恒定输出的状态相比，经常调整机组功率会降低热效率，增加所需的燃料量；同时，会增加发电机组部件的磨损，增加平时的维护工作量，缩短发电机组的维修周期，增加更换磨损部件的费用。发电机组的某些部件是不可更换的，长期和频繁地调整机组功率对这些部件造成的磨损，会缩短发电机组的整体寿命。除这些直接成本外，机组提供调节服务还会产生间接成本，如机会成本。预留的调频备用容量将丧失在主电力市场获取盈利的机会，调频备用容量越多，则失去发电量越多，机会成本也越大。

对于电池储能系统来说，充电时吸收功率，起到向下调频的作用；放电时发出功率，起到向上调频的作用。而从长期来看，电网的负荷随机波动趋于正态分布，则储能平衡负荷功率波动的充放电量趋于相等，因此储能调频的成本主要在于其充放电过程的能量损耗。电化学储能中，以应用最广泛的锂离子电池为例，其充放电效率可达95%以上[83]，因此运行成本较低。

3. 收益分析

国家能源局2021年发布的《电力辅助服务管理办法》（国能发监管规〔2021〕61号）中指出"电力辅助服务的提供方式分为基本电力辅助服务和有偿电力辅助服务"，随后国家能源局华东、华中、西北等监管局分别出台区域电力辅助服务管理实施细则，指出有偿辅助服务是指并网主体在基本辅助服务之外所提供的辅助服务，应予以补偿，具体包括有偿一次调频、自动发电控制（AGC）、自动功率控制（APC）、低频调节、有偿调峰、有偿无功调节、自动电压控制（AVC）、旋转备用、有偿转动惯量、爬坡、稳定切机、稳定切负荷、黑启动、快速甩负荷（FCB）。

根据《华北区域电力辅助服务管理实施细则》要求，华北电网率先研发了并网电厂管理考核系统[84]，并提出了一个表征机组AGC调节效果的综合性能考核指标K_P，覆盖响应时间、调节速率和调节精度三方面。K_P越大，机组参与调频可能性越大，获得的补偿费用也越多。储能系统借助于电化学反应进行功率充放，响应速度快，能精确跟踪功率指令，综合性能考核指标K_P大，无疑可以从辅助服务市场中获得更多的调频补偿收益。而火电机组调频借助于机械惯性的作用, 更加滞后和迟缓, 相对储能系统来说 K_p 较小, 在与储能系统执行的频率调节任务时, 补偿费用也较储能系统更低。

另外, 储能系统的运行减少了电网燃料消耗, 也就相应减少了污染物排放及其治理费用, 不仅自身清洁生产, 而且具有一定的环境效益。

2.3　调频优势分析

电池储能技术已被视为电网运行过程中 "发-输-配-用-储" 五大环节中的重要组成部分。系统中引入储能环节后, 可以有效地实现需求侧管理, 消除昼夜间峰谷差, 平滑负荷, 不仅可以更有效地利用电力设备, 降低供电成本, 还可以促进可再生能源的应用, 也可作为提高系统运行稳定性、调整频率、补偿负荷波动的一种手段。电池储能技术的应用必将在传统的电力系统设计、规划、调度、控制等方面带来一定变革。

近几十年来, 电池储能技术的研究和发展一直受到各国能源、交通、电力、电信等部门的重视。电能可以转换为化学能、势能、动能、电磁能等形态存储, 按照其具体方式可分为物理、电磁、电化学和相变储能四大类型。电化学储能包括铅酸、镍氢、镍镉、锂离子、钠硫和液流等电池储能等。

电力的生产输送和使用三个环节是同时发生的, 随着新能源的接入, 电力的生产不再具有相对的稳定性, 电力负荷的需求也是瞬息万变, 一般情况下电能较难储存。一天之内, 白天和前半夜的负荷需求较高; 下半夜大幅度地下跌, 低谷有时只是高峰的一半甚至更少。新能源发电也因气候等原因而导致电力生产的波动性。鉴于这几种情况, 发电设备在负荷高峰时段、新能源电力输出小时要满发, 而在低谷时段、新能源电力输出大时存在弃水、弃风、火电压出力或关停机的情况, 增加能源损失。采用储能设施, 将电网中多余的电力储存起来是最理想的。大容量储能技术大规模应用可有效降低昼夜峰谷差、提升电网稳定性和电能质量水平、促进新能源大规模接入电网。电池储能技术在电力系统中的应用已成为未来电网发展的一个必然趋势。

电池储能系统利用电池将电力系统低谷时段剩余的电力存储起来, 待到电网负荷高峰或故障时, 再将电能释放至电网。电池储能系统是通过能量转换装置, 将电力系统的电能在时间上重新分配, 以协调供需在时间上的不一致性, 从而使电力系统达到安全、经济运行的目的。

基于电池储能系统的自动化程度高, 增减负荷灵活, 对负荷随机、瞬间变化可做出快速反应, 能保证电网周波稳定, 起到调频作用。其通过与常规机组的调速器、现有的自动发电控制系统有效结合, 参与电网的一、二次调频, 维持系统频率处于标准范围之内，可成为提高电力系统对可再生能源的接纳能力，并减少旋转备用容量需求的有效途径。其优势可以概括如下：

1）电池储能系统的响应速度快，响应速率高，且易改变调节方向。电池储能系统一般通过高频电力电子装置接入电网，没有能量转换过程所需的延迟和惯性，可以快速调整与电网之间功率交换的大小与方向，能够及时快速跟踪可再生能源的功率波动。对由于可再生能源发电变化和电网故障所造成的频率快速下降，可以快速响应并减小系统频率变化率和频率偏差幅值，为响应较慢的同步发电机启动调频提供足够的时间，为电网可靠安全运行提供足够的调频时间裕度。

2）电池储能调频具有多时间尺度特性。大规模电池储能系统容量配置灵活，根据系统的不同需求，可以实现故障调频（毫秒级）、一次调频（秒级）、二次调频（分钟级）和三次调频（小时级）的多时间尺度调频应用，满足系统在不同运行方式下对频率调整的要求。

3）电池储能系统不存在不灵敏区的问题，能更好地完成一次调频任务，减轻二次调频的负担。传统调频电厂设置调速系统不灵敏区，为了躲开电力系统频率幅度较小而又具有一定周期的随机波动，减少调速系统的动作，减少阀门位置的变化，提高发电机组运行的稳定性。而由于不灵敏区的存在，在系统扰动情况下，频率和联络线功率振荡的幅值和时间都将增加，将加重二次调频的负担。

4）电池储能系统可减少系统备用容量的需求。发电厂在执行调频的发电计划曲线时，存在着未能精确按照规定时间加减出力的情况，而电池储能系统则可以快速、精确地按照规定时间加减出力，这在一定程度上可减少因传统调频机组爬坡慢而导致的额外调频设备的调度。

5）减少调频机组磨损。传统调频机组经常处于变化状态，会造成能量的损耗和设备寿命的损耗。而对于电池储能系统来说，频繁的充放电对储能系统本身的设备损耗与影响极小。

6）电池储能系统更环保。与传统调频电厂相比，大规模电池储能系统参与调频时不产生任何气体，即使根据 CO_2 足迹考虑，电池储能系统排放的温室气体是燃气机组的 50%，燃煤机组的 20%；同时，传统调频电厂参与调频时燃料消耗增加约为 1%。因此，电池储能系统有效地降低了燃料消耗，降低温室气体排放。

7）储能调频的效率高，运行维护费用较少。目前，国外示范运行的调频电厂中锂电池效率高达 90%。此外，电池储能调频电站基本不消耗燃料、水等资源，运行维护费用较少。此外，储能电站还具有安装地点灵活，建设周期短等优势。

基于上述优势，大规模储能系统应用于电网调频是一个新的研究方向，其可行性正被业界认同。日本、美国、欧洲及中东地区国家正在大力推广和应用先进的大容量电池储能技术。美国联邦能源管制（调度）委员会（Federal Energy Regulatory Commission，FERC）同意在纽约和中西部电力系统独立运营商（ISO）

采用非发电（No-Generation）调度服务商-有限储能电源（Limited Energy Storage Resources，LESR）参与快速调频，并采取储能电价收入和快速响应调频收入等措施扶持和发展大规模储能系统参与系统调频。

我国能源局、发展改革委等联合发布的《关于促进储能技术与产业发展的指导意见》中明确指出：鼓励储能与可再生能源场站作为联合体参与电网运行优化，接受电网运行调度，实现平滑出力波动、提升消纳能力、为电网提供辅助服务等功能，建立健全储能参与辅助服务市场机制。参照火电厂提供辅助服务等相关政策和机制，允许储能系统与机组联合或作为独立主体参与辅助服务交易。完善用户侧储能系统支持政策。结合电力体制改革，允许储能通过市场化方式参与电能交易。支持用户侧建设的一定规模的电储能设施与发电企业联合或作为独立主体参与调频、调峰等辅助服务。结合电力体制改革，研究推动储能参与电力市场交易获得合理补偿的政策和建立与电力市场化运营服务相配套的储能服务补偿机制。推动储能参与电力辅助服务补偿机制试点工作，建立相配套的储能容量电费机制。

2.4　调频效率分析

储能系统尤其适合于调频领域，许多储能技术（例如电池储能）响应速度快，能够维持电网稳定和可靠需要保持发电和需求之间的平衡。频率控制通过输出功率的快速增减，使发电功率与负荷响应变化保持平衡。更快的响应自然会使得控制更精确和高效。电池储能系统几乎能够实时跟踪区域控制误差，而发电机的响应则很慢，有时会违背区域控制误差。

为什么说快速响应控制可使对调控容量的需求更少？首先，灵活爬坡快的设备能够更快的实现调度目标从而快速实现再调度。因此，相较而言快速调频设备能提供更多的区域控制误差校正。其次，因为爬坡较慢的设备无法快速改变方向，所以它们有时候会提供反向调节。最后，慢转发电机有时会增加区域控制误差，因此需要额外的调频设备的调度来抵消它们的负面影响。

由分析可知，爬坡速度慢的燃煤机组明显的不能精确地跟踪调度下发的调频指令，甚至在某些恶劣的时段还提供了反向调节，以至加剧频率的偏差。相比较而言，爬坡速度快的电池储能系统比爬坡较慢的燃煤机组相比较，能提供更多的区域控制误差校正。

同时，快速响应率也带来了更高的调节效率，意味着 1MW 的储能不等于 1MW 的传统发电机组。美国太平洋西北国家实验室（PNNL）认为理想的快速响应设备具有瞬时响应、高精度和无限能量。例如，根据 PNNL 的说法，如果该理想设备存在，它的效率将是燃气轮机的 2.7 倍。美国加利福尼亚州能源委员会最新的调查进一步证实这些说法，得出结论：具有快速响应能力的大规模储能系统的调频效果是传统调频手段的 2~3 倍。这意味着，用于调频的 100MW 的储能系统和 200~300MW 的燃气机组具有相同效果。

截至 2024 年，我国的能源结构中，新能源发电装机规模为 12.7 亿 kW，占总发电装机比重的 40.7%，具体来说。火力发电量为 62657.4 亿 kW，占总发电量的 66%，但比重逐渐下降，水力发电增长较为稳定，占比约为 14%，风力发电增长迅速，占比达到 9%，核能发电和太阳能发电的占比分别为 5% 和 6%，能源结构比例如图 2-6 所示。

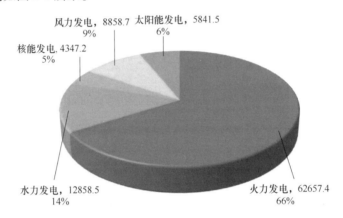

风力发电，8858.7 9%　太阳能发电，5841.5 6%

核能发电，4347.2 5%

水力发电，12858.5 14%

火力发电，62657.4 66%

图 2-6　各类型发电在能源结构中的比例

不同类型的发电机有着不同的爬坡速率，在现有的发电机类型中，水电机组的发电功率变化范围大，响应速率高，根据 IEEE 的统计资料，绝大部分的水电机组的响应速率在每秒 1%~2% 额定出力之间。其次为联合循环燃气轮机，每分钟的爬坡速率大于 5% 倍额定出力。国内各类型发电机的响应速率见表 2-2。

表 2-2　各类型发电机的响应速率表

发电机类型	爬坡速率
汽包炉式燃煤机组	3% MCR/min
直流炉式燃煤机组	20% MCR/10min
联合循环燃气轮机	大于 5% MCR/min
核电机组	3% MCR/min
水电机组	1%~2% MCR/s

注：MCR（Maximum Capacity Rating）——最大额定容量，最大额定出力

数据来源：《电力系统调频与自动发电控制》中国电力出版社，2006。

基于燃煤机组在我国的能源结构中所占的大份额，因而在电力调频中起主要

作用的是燃煤机组。因此，本节将针对燃煤机组与电池储能系统的调频效率进行定量的比较。

假定燃煤机组进行调频时按照每分钟 3% 的功率爬坡速度，因此用大约 30min 才能够使燃煤机组从零功率输出到满发功率。设想发电功率突然下降，为了满足北美电力可靠性委员会制定的标准，必须在下一个 10min 内并入 25MW 功率。换句话说，在下一个 10min 内，系统经营者需要从所有调频机组那里获得每分钟 2.5MW 的功率增长速度。如果只有燃煤机组以每分钟 3% 的功率爬坡速度调频，则需要 83.3MW 的燃煤机组满足调频需要。相反，25MW 的储能能够在 20ms 内提供 25MW 的额定功率。

电池储能系统的瞬时利用性可使系统经营者以有序的方式控制区域控制误差的同时提供足够的时间并入传统机组中（旋转备用或非旋转备用）。在上述例子中，25MW 的储能相当于 83.3MW 的燃煤机组或它的 3.3 倍的发电机组。这个倍数可以更大（如果调度员在几分钟以后才发现问题）或更小（系统里有更快的发电机并网），由此可知，储能系统的平均调频效率是燃煤机组的 3.3 倍。

2.5　效益分析

电池储能系统在参与电力调频的应用中，不仅具有节省电力系统的投资和运行费用、降低单位煤耗、达到节约燃料消耗等静态效益，而且由于其响应快速，运行灵活可满足系统运行中的调频需要而产生的动态效益。另外，电池储能系统运行减少了电网燃料消耗，也就相应减少了污染物排放及其治理费用，不仅自身清洁生产，而且具有一定的环境效益。

2.5.1　电池储能系统调频的静态效益

由于储能系统的调频作用，大大改善了系统中火电、水电和核电机组的运行条件，使这些机组基本上保持在高效率区稳定运行，在运行过程中不必频繁增减出力或开停机组，从而降低单位煤耗，达到节约燃料消耗的目的。电池储能系统的静态效益包括节省电力系统投资和节省电力系统固定运行费。

1. 节省电力系统投资

储能系统投入调频的应用，可优化电网的电源构成，减少火电装机容量。目前我国燃煤火电投资大多高于抽水蓄能电站，据我国近期完成可行性报告，燃煤火电站投资为已立项或即将立项的抽水蓄能电站的静态投资的 1.1~1.3 倍。电池储能系统因其应用特点（见表 2-3）而有功率型与能量型两种不同的应用模式，不同的应用模式也有着巨大的静态投资成本差，功率型的钠硫电池和锂离子电池储能系统的投资成本远远低于能量型的。而电力系统调频所需的储能系统为功率型的。由图 2-7 可知，功率型的钠硫电池和锂离子电池储能电站的投资成本低于燃气轮机电站，燃气轮机电站的投资成本低于燃煤电站。由此可见，电池储能电站替代燃煤火电站可为电力系统节省一定的电力建设投资。

表 2-3 电池存储与燃气轮机的应用特点比较表（功率型与能量型）

类型	应用	应用特点	
		燃气轮机	电池存储
功率型	频率调整	• 需要燃料并有排放物 • 爬坡速率为：20%可利用容量/min	• 放电时长：15min • 需燃料量和排放物为燃气轮机的 10%~20% • 爬坡速度几乎是瞬时的
能量型	其他辅助服务	同功率型	• 放电时长：15min • 需燃料量和排放物为燃气轮机的 10%~20% • 爬坡速度不重要 • 对燃料与排放物的价格不敏感

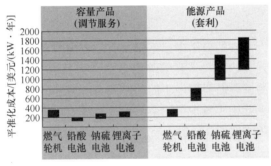

图 2-7 电池存储与燃气轮机的经济比较图（功率型与能量型）

（来源：PNNL 的报告）

2. 节省电力系统固定运行费

固定运行费包括固定修理费、工资福利、劳保统筹和住房基金等。工资福利等均与电厂职工人数成正比，电池储能电站的运行人员少，远远低于火电厂定员水平。加之电池储能电站的建筑物和机电设备维修费用比火电要少。由表 2-3 可知，钠硫电池和锂离子电池电站的运行与维护成本远低于燃煤火电站。

2.5.2 电池储能系统调频的动态效益

与传统调频机组相比，电池储能系统在调频中产生的动态效益主要体现在：

减少旋转备用容量、减少区域控制误校正所需的调控容量以及因所需调频容量减少而使额外间接成本降低等。

1. 减少调频需要而运行的旋转备用容量

电力系统在实际运行中，由瞬间负荷波动和短时计划外负荷增减，新能源发电系统输出功率的波动，均导致系统频率的变化。为了维持系统频率的稳定，要求有一定的火电机组处于旋转状态，即不带足额定出力运行，预留一定数量的负荷备用容量，从而增加了燃料消耗。

电池储能系统响应速率快，自动化程度高，增减负荷灵活，对负荷随机、瞬间变化可作出快速反应，能保证电网周波稳定，起到调频作用。储能系统调频效率是燃煤机组的 3.3 倍，加入储能系统后，可减少 2.2 倍的旋转备用容量。

传统调频机组处于热备用状态需要消耗燃料，而电池因维持热启动状态而所需的能量相对来说，要小得多，几乎可忽略不计。

2. 减少区域控制误校正所需的调控容量

传统调频电厂因爬坡较慢而无法快速改变方向，有时会提供反向调节，以致有时会增加区域控制误差，而需要额外的调频设备的调度来抵消它们的负面影响。

电池储能系统对调度的调频指令可在瞬间进行响应，且出力精确，能够更快的实现调度目标，并可快速实现再调度，因此，它可提供更多更精准的区域控制误差校正，从而减少传统调频电厂因反向调节而带来的负面的调节容量。

3. 因所需调频容量减少而使额外间接成本降低

使用传统调频设备实现相同的目标不仅需要更多装机容量，而且因此导致的额外间接成本往往不被考虑。如：旋转备用容量和调控容量需求等增加给现有设备带来的压力，导致额外的维修成本和潜在的寿命降低等。

电池储能设备则能使调频所需的装机容量减少，因此而使因它们导致的额外间接成本减少。

2.5.3　储能系统调频的环境效益

当发电机组被迫在线运转以满足调频需求时，过多使用会产生更多温室气体。当电网并入更多的可再生能源，加大对清洁能源的利用时，电池储能可以最大限度利用这些资源而不会有减排的目标。

由表 2-4 可知，实现同样的调控容量时，在基荷时，飞轮储能系统比燃煤机组、天然气机组和抽水蓄能机组减少 CO_2 的排放量分别为 72%、53% 和 26%，减少 SO_2 的排放量分别为 94%、0 和 27%，减少 NO_x 的排放量分别为 87%、20%

和 26%。

电池储能系统的循环效率高于飞轮储能系统，因此，其因减少 CO_2、SO_2 和 NO_X 等排放物而带来的环境效益也是很可观的。降低温室气体排放，对于实现 2030 年我国单位 GDP 的 CO_2 排放比 2005 年下降 60%~65% 的宏伟目标做出突出贡献。

表 2-4　飞轮储能调频与传统调频机组相比，减少的排放物表

超过 20 年运行寿命的飞轮储能系统减少的排放物						
		燃煤机组		天燃气机组		抽水蓄能
		基荷	峰荷	基荷	峰荷	
CO_2	飞轮	91, 079	91, 079	91, 079	91, 079	91, 079
	传统机组	322, 009	608, 354	194, 534	223, 997	123, 577
	减少量	230, 930	517, 274	103, 455	132, 917	32, 498
	减少百分比	72%	85%	53%	59%	26%
SO_2	飞轮	63	63	63	63	63
	传统机组	1, 103	2, 803	0	0	85
	减少量	1, 041	2, 741	−63	−63	23
	减少百分比	94%	98%	—	—	27%
NO_X	飞轮	64	64	64	64	64
	传统机组	499	1, 269	80	118	87
	减少量	435	1, 205	16	54	23
	减少百分比	87%	95%	20%	46%	26%

数据来源：*Strategies for clean energy*（美国加利福尼亚州储能联盟（CESA））

下面以一个简单的例子来描述储能系统是如何实现表 2-4 中所描述的实现减排目标的。

以我国一个 100MW/400MW·h 的新型超超临界电厂为锂离子电池储能系统充电为例。假设：该电池储能系统的转换效率为 90%，超超临界电厂碳排放为 0.72t/MW·h，电池储能系统每天充电所需能量 400MW·h，峰值时每天供电量 360MW·h。储能系统在峰值时放电，替代 1t/MW·h CO_2 排放的较传统的超临界电厂，每天碳排放量：

$$360MW \cdot h \times (1t_{CO_2}/MW \cdot h) - 400MW \cdot h \times (0.72t_{CO_2}/MW \cdot h) = 72t_{CO_2}$$

由此可知，利用传统调频电厂实现 360MW·h 的调峰任务产生的碳排放量为每天 360t；利用储能系统实现同样的目标而产生的碳排放量为每天 72t。减少 CO_2 的排放量为 80%。

2.6　小结

在我国，大量的燃煤电厂参与了电力系统的频率调节。但大部分火电厂运行在非额定负荷以及做变功率输出时，效率并不高，并且由于调频需求而频繁地调整输出功率，会加大对机组的磨损，影响机组寿命。因此，火电机组并不十分适合提供调频服务，如果电池储能设备与火电机组相结合共同提供调频服务，可以提高火电机组运行效率，大大降低碳排放。

本章对储能系统适于辅助电网调频的特性进行了分析，分析结果表明：电池储能系统具有高倍率和高循环寿命的特点，是电化学储能技术中最适于辅助调频的电池类型。在出力特征方面，火电机组适合于大幅度、连续、单向的升降负荷，难以对频繁发生的调频功率指令信号进行精确跟踪；而电池储能响应功率指令的速度在毫秒级，更加适合于调节小幅频繁的负荷波动调节。在等效调频容量方面，由于火电机组与储能系统在一次调频方面均具备优良性能，不存在储能系统远优于火电机组的情况；但对于二次调频，由于火电机组的爬坡率问题，较小容量的储能可以替代较大容量的火电机组进行调频。在经济性方面，储能的建设成本较高，但是调节成本很少，预期调频补偿收益高，环境效益好，因此，在储能技术成本逐步下降的未来，储能辅助调频的收益将非常可观。

从 2008 年开始,一些新兴的储能技术开始逐步成规模地进入调频市场。美国的调频电力市场受益于 2011 年颁布的 FERC755 号令,即对能够提供迅速、准确的调频服务的供应商进行补偿,而不仅是按基本电价付费。从而储能作为比传统电力资源响应速度更快、更准确的调频资源,能够获得更公平、更合理的价格补偿。为了确实执行 FERC755 号令,部分区域电力市场 ISO/RTO,如 PJM、CAISO 和 NYISO 纷纷在该法令框架下制定详细规定,这也激励了储能厂商在辅助服务方面的快速发展。随着 FERC755 号令的发布以及各区域 ISO/RTO 的后续推进,储能作为调频资源正逐步通过合理的投资回报价值在美国多个电力市场中迅速实现商业化。在储能系统参与电力调频的工程应用方面,自 2008 年始,A123 System、Xtreme Power、Altairnano、特斯拉、PG&E 等公司已投建多处示范项目,涉及锂离子电池等多种储能技术类型,系统容量从数千瓦时到几百兆瓦时不等,并取得一定成果。

对于国内,值得注意的是,原国家电力监管委员会推行的"两个细则"已经在我国调频领域建立了一个"准市场",尤其是在京津唐区域电网内,自动发电控制(AGC)补偿的金额已达到区域电量市场的 0.3% 左右。虽然相比美国几个主要的 ISO 范围内 0.7%~1.5% 的比例,中国的 AGC 调频补偿金额还相对较少,但已经可以在此规则下开展一些商业化试点项目。

3.1 国内典型案例

3.1.1 南方电网宝清电池储能电站

南方电网宝清电池储能站位于深圳龙岗区(如图 3-1 所示),是我国首个兆瓦级锂电储能调频示范项目,于 2011 年投运,总规模为 6MW/18MW·h,包括一期 4MW/16MW·h 磷酸铁锂电池系统和二期 2MW/2MW·h 钛酸锂电池系统。主要用于跟踪计划发电、削峰填谷、参与系统调频、旋转备用和抑制闪动等，具备黑启动能力。

图 3-1　深圳龙岗的宝清电池储能电站

3.1.2　山西京玉 AGC 储能辅助调频系统项目

2015 年 11 月，京能集团山西京玉热电厂储能联合 9MW 调频项目正式运行（如图 3-2 所示），这是国内首例储能联合调频商业师范项目，该项目属于储能辅助传统电源调频，在改造火电机组控制器后装设了 9MW 锂离子电池储能系统，响应电网 ACG 调度 ACE 模型投入运行，储能供应商与电厂分享 AGC 补偿增量收益，储能系统总体充放电效率约为 88%。

图 3-2　山西京玉 AGC 储能辅助调频电站

3.1.3　江苏电网侧储能电站

江苏省自 2018 年起，通过镇江、南京、苏州、扬州、常州等地的规模化储能电站建设，形成了覆盖调频、调峰、应急备用等多场景的储能网络，包括镇江电网侧储能电站群（一期：101MW/202MW·h，包括 8 个站点，单体规模12.6MW/25.2MW·h；二期：新增 50MW/100MW·h），南京江北储能电站（110.88MW/193.6MW·h，2024 年投运，江苏省单体容量最大的电网侧储能电站，如图 3-3 所示）等，除调峰外，重点参与二次调频（AGC），提升江苏电网灵活性。

图 3-3　南京江北储能电站

3.1.4　中国华电朔州热电复合调频项目

2023 年 4 月，国内首个"飞轮+锂电池储能"复合调频项目——中国华电朔州热电复合调频项目正式投运（如图 3-4 所示），填补了国内飞轮与电化学复合储能领域的空白，整个项目由 4 台全球单体容量最大、拥有自主知识产权的飞轮装置和 10 组锂离子电池组成复合储能系统，与现有两台火电机组联合为电网提供调频服务，可有效满足电网对储能调频的大容量、高频次需求。

图 3-4　中国华电朔州热电"飞轮+锂电池储能"调频项目

3.1.5　中广核山东莱州土山储能项目

中广核山东莱州土山储能项目（如图 3-5 所示）于 2024 年 9 月成功交付，是目前国内首套"全时域多元调频储能"项目，项目配置 244MW/488MW·h 锂离子电池储能系统+4MW/30s 超级电容储能系统，针对莱州土山项目将超级电容与锂离子电池相结合，发挥超级电容寿命长、功率密度高、响应速度快的优势，同时解决了锂离子电池频繁参与调频导致电池寿命急速衰减的问题，并提供现货交易及调频调峰等辅助服务。

图 3-5　中广核山东莱州土山储能项目

3.2　国外典型案例

美国、智利和巴西等国家均在大规模储能系统应用于电力系统调频方面开展了大量研究与应用示范，包括对储能系统和传统的燃气轮机的调频性能与效果进行了比较，对加入储能系统可减少因新能源大规模并网而急剧上升的调频容量需求进行了分析研究，对不同类型的储能系统调频的经济性与效果进行了理论研究与仿真分析，以及对促进储能系统参与电力调频广泛应用的政策进行了提议等。NextEra Energy、Vistra、AES、Fluence、特斯拉等公司投建了多处示范项目。

3.2.1　美国 Elkhorn Battery 储能项目

Elkhorn Battery 项目（如图 3-6 所示）位于美国加利福尼亚州，部署在莫斯兰汀废弃燃气发电厂的旧址上，电站规模为 182.5MW/730MW·h，于 2022 年 4 月投运。项目由加利福尼亚州公用事业和输电及发电运营商太平洋天然气与电力公司 PG&E 和特斯拉共同设计、建造和维护，由 PG&E 持有和运营。主要参与加州独立系统运营商（CAISO）调频市场，提供秒级响应（<1s），补偿光伏波动导致的频率偏差，同时兼作调峰和备用电源，缓解加州夏季缺电危机。

图 3-6　美国 Elkhorn Battery 储能项目

3.2.2 澳大利亚 Hornsdale Power Reserve 电池储能项目

Hornsdale Power Reserve 电池储能项目（如图 3-7 所示）位于南澳大利亚州，由特斯拉和法国可再生能源公司 Neoen 合作开发，是全球首个大规模电池储能项目，于 2017 年 12 月投运。项目采用特斯拉的 Powerpack 锂离子电池，初始规模为 100MW/129MW·h，2022 年扩建至 150MW/194MW·h，主要用于提供辅助调频服务，帮助电网应对频率波动，尤其是由于可再生能源（如风能和太阳能）引起的电网不稳定性。项目在 2017 年南澳大利亚州大停电事件中发挥了关键作用，能够在几毫秒内响应电网频率变化，显著提高了电网的稳定性和可靠性。

图 3-7 澳大利亚 Hornsdale Power Reserve 电池储能项目

3.2.3 英国 Pillswood 储能电站

Pillswood 储能电站（如图 3-8 所示）位于英格兰东约克郡，由 Harmony Energy 和 FRV 共同开发，于 2022 年 11 月正式投运。项目采用特斯拉的 Megapack 锂电池储能系统，每个 Megapack 单元容量为 3.9MW·h，电站总装机容量为 96MW/196MW·h，建成时是欧洲最大电网级锂离子电池储能电站。主要用于参与动态调频市场，补偿电网频率偏差（±0.5Hz），提升电网稳定性。该储能电站也邻近世界上最大离岸风电场 Dogger Bank A 和 B 共同连接点 Creyke Beck 变电所，能用来调度并存储离岸风电。

3.2.4 德国 LEAG 褐煤电厂配套储能项目

LEAG 配套储能项目位于德国勃兰登堡州 Jänschwalde 和 Schwarze Pumpe 褐煤电厂附近，由德国能源集团 LEAG 运营。LEAG 是德国一家大型能源公司，主要运营位于德国东部的褐煤电厂。随着德国能源转型政策的推进，LEAG 也逐步转型，探索低碳能源解决方案。该项目的目标是通过高效的锂电池储能系统来提

图 3-8　英国 Pillswood 储能电站

供电网调频、调峰、负荷平衡等服务，提高电网的灵活性，平衡可再生能源的波动，并促进褐煤发电的逐步淘汰。项目一期建设规模为 50MW/100MW・h，已于 2023 年投运，后期根据电网需求和技术发展，规划将电站规模扩展至 250MW/1GW・h。

第4章

面向电网调频的电池储能系统规划配置技术

4

电池储能参与电网调频应用，有一系列的理论和技术问题需要解决，选址和容量配置是优化规划和运行控制层面的关键问题，也是其推广使用的最基本问题，科学合理的配置储能，是储能应用规划的重要环节，也是推动其进入调频市场的基础。本章从电池储能系统选址、容量配置的规划优化到电池储能系统参与电力调频的容量配置实例分析，为面向电网调频的电池储能系统的科学合理配置与应用提供技术指导。

4.1 电池储能系统选址规划

电池储能系统的选址要根据具体的指标进行评估，指标的选取应考虑到电池储能系统接入电网后能为电网提供快速的功率支撑，提高电网电压稳定水平，降低网络损耗，改善系统的小干扰稳定性等。

4.1.1 电池储能系统参与电网调频的选址概述

鉴于电池储能系统动态吸收和释放能量的特点，科学合理地在电力系统中配置储能，能有效弥补新能源发电的间歇性和波动性，改善电能质量、优化系统运行的经济性。近年，电化学储能、抽水蓄能、飞轮等电池储能系统已经规模化应用到电力系统中，在电力系统中的比例不断增加，对电力系统影响程度也与日俱增，也使得电网总体规划的复杂性大大增加。如何充分发挥储能系统参与电力系统调频应用的潜力与优势，其选址是第一步，需综合以下几方面因素。

1. 储能的技术特点与成熟度

在物理储能领域，抽水蓄能和压缩空气储能是发展最快的两种储能技术。据统计，抽水蓄能是全球装机规模最大的储能技术，占全球总储能容量的98%，中国、日本、美国的装机位列全球前三位，也是目前发展最为成熟的一种储能技术。目前，浙江三门抽水蓄能电站的单机容量达到1000MW，是世界上最大的抽水蓄能单机规模。压缩空气储能具有容量大、寿命长、成本较低等优点，但传统的压缩空气储能依赖天然气补燃，存在碳排放问题，而新型的先进绝热压缩空气储能和液态空气储能则试图解决这一问题。国外方面，德国和美国在压缩空气储能技术上有较长的历史。德国 Huntorf 电站是全球首个商业化压缩空气储能项目，建于 1978 年，装机容量 290MW，至今仍在运行。美国 McIntosh 电站则是第二个商业化项目，装机 110MW。近年来，英国、加拿大等国也在推进新型压缩空气储能技术，如 Highview Power 的液态空气储能项目，利用液态空气的相变储能，提高了能量密度和效率。国内方面，我国近年来在压缩空气储能领域进展迅速。例如，2022 年投运的江苏金坛盐穴压缩空气储能项目，利用地下盐穴储存压缩空气，规模达到 100MW/400MW·h，这是国内首个商业化非补燃压缩空气储能项目，2024 年投运的山东肥城 300MW/1800MW·h 先进压缩空气储能国家示范电站，是国际首套 300MW 先进压缩空气储能电站，系统额定设计效率达 72.1%，同时解决传统压缩空气储能依赖大型储气洞穴、依赖化石燃料、系统效率低等主要技术瓶颈，拥有完全自主知识产权。此外，清华大学和中国科学院工程热物理所等研究机构在技术研发上也有突破，比如采用非补燃式系统提高了电能转换效率。

在电化学储能领域，铅酸电池因其技术成型早、材料成本低等优势，是目前为止发展最为成熟的一种化学电池。中国是铅酸电池的第一大生产国和使用国。锂电池在全球范围内已成为最具竞争力的化学储能技术，几年来发展势头迅猛，是应用规模增速最快的化学储能技术。目前锂离子电池用于储能电站的单一电站容量已达到百兆瓦时的水平。近年来液流电池的发展较为平稳，全钒液流电池和锌溴液流电池的应用较多，主要应用于大规模可再生能源并网领域。国际上主要的液流电池研发机构包括大连融科、住友电工、UniEnergy Technologies、Imergy Power Systems 等，其中大连融科在 2022 年投运的 100MW/400MW·h 液流电池储能调峰电站，是目前投运的规模最大的液流电池储能项目。钠硫电池近三年的发展速度较为缓慢，日本 NGK 公司是唯一实现钠硫电池产业化的机构。2015 年 NGK 公司的钠硫电池储能系统发生火灾事件后，NGK 公司逐步改进了电池结构并加强安全性研发，目前仍然引领着全球钠硫电池的发展。中科院上海硅酸盐研究所在中国钠硫电池领域一直处于领先水平，近年来也逐步改进电池材料，研发新一代的钠硫电池，在国际钠硫电池研发领域具有很强的竞争力。

储能技术多样，不同类型储能技术在应用时应考虑其技术特点与技术成熟度。通常如压缩空气储能技术、抽水蓄能技术发展较为成熟，但其应用选址要求较为严格，尤其是水源、地质、地势等客观环境因素；相对而言，电化学储能技术对应用安装环境要求较低，其具有环境友好的特点，且安装设计较为简易。

应当指出，储能系统的建筑形式主要包括站房式和集装箱式两种。站房式储能的使用寿命长、且质量可得到保证，但其投资大且建设周期长，相对而言，集装箱式储能建设灵活性强、建设周期短、投入相对较少，但其质量难以保证，易出现箱体腐蚀、漏水的情况，甚至引发安全隐患。因此，充分考虑储能系统的技术特点及技术成熟度，是储能应用选址的首要因素。

2. 相关政策及部门的支持度

鉴于储能在发输配售各个领域都有相关应用场景，储能已从技术研发、示范应用走向了大规模、商业化发展的道路。作为推动产业发展的引擎，政策对于储能产业参与电力系统的市场机制的设立、电价的核定、企业技术创新的激励、应用规模的扩大、社会资本的进入都具有至关重要的作用，储能的选址应用应结合相关政策。

电网企业、调度机构、储能业主单位和政府部门的积极主动配合，是储能应用规划者应当充分考虑的另一因素。电网企业要主动为电储能设施接入电网提供服务；积极协助解决试点过程中存在的问题；按规定及时结算辅助服务费用。电力调度机构负责监测、记录电储能实时充放电状态，从而为电储能参与辅助服务补偿（市场）提供计量数据和结算依据。同时电力调度机构还要根据电网运行需要以及辅助服务市场规则，指挥相应的电储能设施进行充放电。电储能设施经营运行单位应主动加强设备运行维护，在保证电储能设施安全、可靠，并严格执行各类安全标准和规定的基础上，不断提升电储能的运行性能，同时配合电力调度机构实施充放电信息接入。政府各有关部门应做好试点的组织协调和督促落实工作，支持电储能项目的投资建设；国家能源局派出机构应尽快完善现有辅助服务补偿机制，为电储能参与辅助服务搭建好制度平台；国土、水利、环保、城乡规划等部门给予试点项目必要的支持，优先开展相关工作。

在全球碳中和背景下，国际能源格局从化石能源绝对主导向多种低碳新能源融合转变。储能系统作为能量存储和转化设备，能够解决光伏、风电等新能源消纳难题，是推动能源结构转型的关键支撑技术，世界各国纷纷通过制定和修订国家战略、产业政策以及标准法规等加快新型储能产业布局，积极抢占技术高地。以美国为例，Wood Mackenzie 调研机构和美国清洁能源协会发布的《美国储能监测报告》显示，2023 年全美储能装机量高达 8.3GW/24.7GW·h。在美国储能产业的规模化发展中，政府引导起着至关重要的作用。美国联邦政府和州政府都非常重视新型储能战略部署和政策规划建设。从国家层面上看，美国主要依靠目标规划、补贴税优等政策拉动。近年来，为了实现清洁能源转型，美国加大对长时储能的支持，通过推进一系列的财税政策，对储能产业进行补贴，尤其重视对示范项目的资金支持。例如，2024 年 9 月 20 日，美国能源部宣布将向 14 个州的 25 个电池项目拨款超过 30 亿美元，该资金来自 2021 年通过的两党基础设施法案，通过投资，将在关键矿物和电池材料生产中打破依赖国外的局面。市场机制层面，美国联邦能源监管委员会在 2007 年至 2017 年间，发布了一系列法令，允许储能参与各类服务市场获取相应收益；2018 年通过颁发第 841 号法令，对储能参与容量市场、能量市场和辅助服务市场的限制进行解绑，把参与市场的门槛直接降到 100kW，使得容量较小的储能设施获得参与市场竞争的机会；2020 年第 2222 号令，允许美国大部分地区的区域电网和电力市场运营商部署的分布式储能系统参与批发市场，为储能的成本回收和盈利提供了良好的市场环境，显著促进了储能市场的发展。而欧盟在 2021 年 7 月提出"Fit for 55"（"减碳 55"）计划，明确欧盟地区 2030 年可再生能源发电量达到 40%以上，并提出了欧盟碳排放权交易体系、成员国的减排目标、碳边境关税调节机制、可再生能源指令等一揽子计划。此后围绕该计划，欧盟制定了一系列落地政策和措施。2022 年 5 月，欧盟通过了 RE Power EU 计划，提出到 2030 年，可再生能源发电量从 2021 年规划的 40%提升至 45%，在可再生能源发展目标的激励下，欧洲各国开始制定储能发展规划。澳大利亚联邦政府层面主要通过投入公共资金支持储能技术示范。2022 年 6 月，澳大利亚能源市场运营商发布 2022 年综合系统计划（ISP），提出为实现净零排放，到 2050 年需要公用事业规模的可再生能源容量增加 9 倍，分布式光伏容量增加近 5 倍，对具有调节作用的储能需求也将大幅增长。电化学储能方面，2024 年，澳大利亚启动了近 3GW 的新电池储能项目，使其成为全球第四大公用事业规模电池市场。压缩空气储能方面，2022 年 10 月，澳大利亚可再生能源署（ARENA）有条件地批准 4500 万澳元的资金支持建设200MW/1600MW·h 先进压缩空气储能项目。氢能方面，2023 年 5 月，ARENA 宣布投入 20 亿澳元（13.4 亿美元）启动"氢能领先计划"，支持 2~3 个旗舰项目实现到 2030 年 1GW 的电解槽装机容量；2024 年 9 月，澳大利亚发布了新的国家氢能战略，作为澳政府 227 亿美元"未来澳大利亚制造"计划的一部分，启动氢气生产税收激励计划并享受 2024—2025 年联邦预算支持。

　　中国储能产业在项目规划、政策支持和产能布局等方面均加快了发展的脚步，可以说中国储能产业已"渐露春意"，正蓄势待发。中国抽水蓄能行业发展相对缓慢，而电化学储能市场的增速明显高于全球市场，光热储能目前尚处于起步阶段。得益于技术进步和成本减低，在目前无补贴的情况下，储能在峰谷价差套利、辅助服务市场及可再生能源限电解决方案上已经实现了有条件的商业化运行。据中关村储能产业技术联盟（CNESA）项目库的统计，近年来有多个大型项目规划或投运，储能装机规模保持持续快速增长态势。同时，能源政策密集出台，储能已逐步成为规划布局的重点领域，地方政府也随之布局储能项目与示范，助推当地产业转型升级。在未来几年里，随着可再生能源行业的快速发展，储能市场亦将迎来快速增长。

4.1.2 电池储能系统参与电力系统调频选址步骤与模型

目前国内外已经有大量学者围绕电池储能系统参与电力系统应用中的选址定容规划问题进行了研究。主要存在一些问题：比如过程中只考虑了电池储能系统直接参与电力系统调频所带来的直接效益，储能作为一种辅助调频手段，除了能够改善系统调频效果维持电力系统稳定，在与常规调频机组协调配合时还能减少其频繁切机磨损、延长使用寿命等隐形效益；现有的规划大多都是计及系统现有的调频需求而言，而随着我国经济的快速发展与日益增长负荷需求，电力系统的调频压力及需求也会越来越大，在进行调频规划时不仅要规划当下，更要规划未来，适合发展的需要；此外，对于储能规划定容选址方法的研究，有一些研究将应用与变电站选址的人工智能算法如遗传算法、人工神经网络法直接应用于储能调频选址规划时，而忽略对储能自身充放电功率和容量以及充放电时间等条件的约束。如参考文献［85］以日平均运行维护和日平均投资费用总和最小为目标函数，对 BESS 和分布式电源联合规划的组合问题进行了研究；参考文献［86］也以储能参与调频经济性最优为目标函数，利用遗传算法中的混合整数规划（MILP）方法，建立了 BESS 规划、运行一体化的优化模型；参考文献［87］计及日益增长调频需求，建立综合考虑 BESS 的多重经济效益模型。

1. 电池储能系统参与电网调频的选址模型

储能调频选址受到很多因素的影响，是一个多目标决策的问题。可从技术和经济两个方面建立指标评估模型，评估储能系统各接入位置的优劣，从而进行合理的选址。因此，需对储能调频选址进行建模，并且在考虑储能调频成本与效益的基础上确定储能调频选址的目标函数和约束条件。

（1）目标函数

储能调频选址的目标函数一般包括技术指标和经济指标。经济指标主要包括储能的投资和运行成本以及调频收益，技术指标则指储能参与调频后对电力系统频率稳定水平的改善程度（即安全性、稳定性等）。因此，本书在综合考虑储能调频的投运成本和所带来效益的基础上选取储能的投资和运行成本、调频收益和对频率的改善程度为目标函数。

$$\min F = \lambda_1 C_\Delta + \lambda_2 P_\Delta + \lambda_3 |\Delta f| \tag{4-1}$$

式中，C_Δ 为储能的日均投运总成本；P_Δ 为储能的日均调频总收益；Δf 为电力系统频日均频率偏差的无量纲值；λ_1、λ_2、λ_3 为各自所占的权重，且 $\lambda_1 + \lambda_2 + \lambda_3 = 1$。

（2）约束条件

在进行储能调频选址时，不仅需要考虑系统运行状态的约束，同时也要考虑储能充放电功率以及容量的约束等。

1）系统频率约束：

$$f_{min} \leqslant f \leqslant f_{max} \tag{4-2}$$

式中，f_{min}、f_{max} 分别为电力系统频率允许的下限和上限。

2）储能功率约束：

$$-P_{essmax\_ch} \leqslant P_{ess} \leqslant P_{essmax\_dis} \tag{4-3}$$

式中，P_{essmax_ch}、P_{essmax_dis} 为储能的充放电功率上限和下限。

3）储能 SOC 约束：

$$SOC_{min} \leqslant SOC \leqslant SOC_{max} \tag{4-4}$$

式中，SOC 为储能电源的荷电状态；SOC_{max} 和 SOC_{min} 为储能电源荷电状态的上下限。

4）储能充放电转换约束：

$$T_c \geqslant T_{c\_min}$$
$$T_{dc} \geqslant T_{dc\_min} \tag{4-5}$$

式中，T_c 和 T_{dc} 为储能电源的放电持续时间和充电持续时间，T_{c_min} 和 T_{dc_min} 为最小的充放电持续时间[88]。

2. 电池储能系统参与电网调频的选址步骤与流程

电池储能系统参与电网调频的选址，应在考虑储能的技术特点与技术成熟度、相关政策及部门的支持度的基础上进行范围初定（即方案初选），在此基础上，通过上节所建立储能系统参与电网调频应用的选址模型，得到储能调频选址的优化目标，在众多方案中，结合实际情况选取一种最优目标方案，通常可借助多目标优化算法对其有效分析与解决，如禁忌搜索算法[89]、遗传算法[90]、人工神经网络算法[91-92]和粒子群算法[93]等。除此之外，当将这些多目标智能算法应用到储能调频选址当中时，为适应储能调频选址的特殊性，还需要对这些算法进行修正，以满足需要。

电池储能系统参与电网调频选址的具体流程如图 4-1 所示，主要步骤如下：

步骤 1：结合储能的技术特点与技术成熟度与相关政策及部门的支持度，初步确定储能系统的选址范围；

步骤 2：利用上节多目标优化模型结合初选范围，建立储能应用的目标函数及各约束条件；

步骤 3：利用多目标智能优化算法进行方案寻优与筛选，确定储能选址的最优方案。

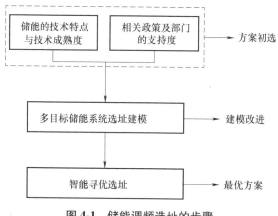

图 4-1 储能调频选址的步骤

4.2 电池储能系统参与电力调频的容量配置

4.2.1 电池储能系统容量配置概述

电力系统的容量（Installed Capacity of Electric Power System）通常指运行中的发电机的备用容量和备用中发电机的可调出力容量，而电池储能系统参与电网调频的容量配置，即指储能通过充放电来代替常规机组通过原动机调整有功功率出力参与电网调频作用的容量，作为参与电网辅助调频应用优化规划的基本问题之一，电池储能系统的容量配置方法颇受关注。

目前主要的容量配置及其优化方法有差额补充法、波动平抑分析法和经济性评估法等。

差额补充法，就是将电源所需提供的最小发电量与实际极端条件下的发电量的差额作为储能电池容量，由于未考虑实际运行中储能电池电量的动态变化，其配置的容量不够精确[94]。

波动平抑分析法[95]主要根据储能电池对波动功率的平抑效果进行容量的优化配置，包括频谱分析法[96]和时间常数法[97-99]，频谱分析法即对波动功率进行离散傅里叶变换，通过频谱分析确定储能电池补偿频段后再利用仿真确定储能电池的最大充放电功率，并计算储能电池在运行周期内的能量状态，以最大能量差作为其额定容量；时间常数法主要是由并网输出功率的平抑效果来确定最佳的一阶低通滤波器的时间常数，以此来配置储能电池的功率和容量。

经济性评估法[100]需构建所需研究系统的经济运行模型，包括经济最优目标函数及约束条件，储能电池容量作为其中的一个决策变量，采用智能算法进行寻优求解，常用优化目标包括系统等年值投资成本[101]、单位电量成本[102]、系统年运行总成本[103]及储能电池全寿命周期成本最低[104]或者全寿命周期净效益最高[105]等。

面向电网调频，储能电池容量配置研究主要基于实测信号和区域电网调频动态模型展开。从实测频率和调频信号出发，依前者确定储能电池参与一次调频的动作深度，依后者中的高频/短时分量确定储能电池参与二次调频的动作深度，再通过确定的动作深度计算储能电池在运行周期内的能量值，以最大能量差作为配置的额定容量；从区域电网调频动态模型出发，依设定的调频评估指标要求确定所需储能电池功率和容量；此外，针对调频应用的经济性评估中常用的优化目标为全寿命周期成本最低或者净效益最高等。

对一次调频的容量配置，基于实测频率信号，参考文献［106］通过分析分散在 11 个星期的频率信号的特征，设计储能电池的功率与容量，并用调频死区和荷电状态控制回路来保证其荷电状态保持在一个合理的区间内，以减轻循环运行对储能电池寿命的影响；参考文献［107］探讨如何最小化所配储能电池容量，采用在储能电池动作深度上实时叠加额外充放电功率的策略，克服储能电池控制信号在运行周期内偏离零均值的影响，但该方法会导致储能电池运行成本增加。依托区域电网调频动态模型，参考文献［108］将风电等效为负荷，研究储能电池对频率偏差和联络线功率偏差的影响，并利用频率偏差的均方根值和绝对最大值两指标来配置储能电池容量。

对二次调频的容量配置，基于从调度中心获得的实际调频信号，参考文献［109］利用定时间常数滤波法将该信号划分为高频和低频部分，用储能电池承担高频分量，据此分析对储能电池的调频容量需求和爬坡容量需求。依托两区域电网调频动态模型，参考文献［110］用储能电池实时补偿传统调频机组因爬坡限制而未能实现部分的功率，并提出保证储能电池的荷电状态在合理区间内的控制策略，研究可知当风电和储能电池安装在同一区域时达到的调频效果最优，且所配储能电池容量最小。

综上，不管是一次调频还是二次调频，储能电池的容量配置多基于经验分析，针对储能电池参与电网调频的容量优化配置方法，通常采用的有储能电池功率和容量设计的通用方法，根据储能电池在调频过程中出力的序列函数进行配置；或从与之对应的电网频率和区域控制误差（ACE）信号波动特性出发，考虑受风电等新能源出力波动影响的电网综合负荷，提出在确定的电网调频场景和控制要求下的储能电池参与一、二次调频的容量配置方法，分别考虑以调频效果和经济性最优为目标，以储能电池的运行要求为约束条件，得到相应场景下的最小储能电池容量配置方案。

4.2.2 电池储能系统容量配置通用方法

储能系统容量配置的通用流程如图 4-2 所示。首先，确定仿真所用模型，载入频率或负荷的实测样本数据，通过探究储能的应用场景，最终分析及确定储能功率需求。然后，可按照完全储能方式确定储能系统的额定功率，也可按照数理统计的方法建立储能系统理论出力的分布模型，据此分布模型可得到任意置信水平的额定功率需求。接下来，将确定的额定功率代入具体应用场景进行分析，依据相关公式可计算出对应的额定容量，最终完成储能系统额定功率和额定容量的设计。同时，若确定相关的储能类型，通过建立储能系统在全寿命周期内的经济模型，可得到经济性能最优的储容配置方案。

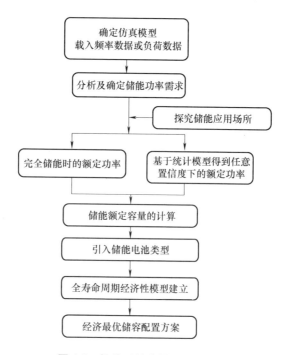

图 4-2 储能系统容量配置流程图

1. 储能系统额定功率设计

假设调频时段和起始时刻分别为 T 和 t_0，储能电池的额定功率为 P_{rated}，且充电为正，放电为负。如果在 T 时段内，储能电池的功率需求指令为 $\Delta P_E(t)$，配置的 P_{rated} 应能吸收或补充 $\Delta P_E(t)$ 在 T 内出现的最大过剩功率 ΔP_{max} surplus（需要储能电池充电）或最大功率缺额 ΔP_{max} shortage（需要储能电池放电），进一步考虑功率转换系统（PCS）效率和电池储能设备的充放电效率，可

得式 （4-6）：

$$
\begin{cases}
\Delta P_{\text{surplus}}^{\max} = \left| \max_{t \in (t_0, t_0+T)} \left[\Delta P_{\text{E}}(t) \right] \right| \\
\Delta P_{\text{shortage}}^{\max} = \left| \min_{t \in (t_0, t_0+T)} \left[\Delta P_{\text{E}}(t) \right] \right| \\
P_{\text{rated}} = \max \left\{ \Delta P_{\text{surplus}}^{\max} \eta_{\text{DC/DC}} \eta_{\text{DC/AC}} \eta_{\text{ch}} , \dfrac{\Delta P_{\text{shortage}}^{\max}}{\eta_{\text{DC/DC}} \eta_{\text{DC/AC}} \eta_{\text{dis}}} \right\}
\end{cases}
\tag{4-6}
$$

式中，P_{rated} 为额定功率，单位通常取为 MW；$\eta_{\text{DC/DC}}$ 和 $\eta_{\text{DC/AC}}$ 分别为 DC/DC 和 DC/AC 变换器的效率；η_{ch} 和 η_{dis} 分别为储能设备的充电和放电效率。

此外，还可基于统计模型，设计出任意置信水平下的储能电池额定功率。

2. 储能系统额定容量设计

假设储能电池的额定容量为 E_{rated}，根据前面计算的额定功率 P_{rated}，可得到储能电池的实时功率序列，然后按如下方法设计 E_{rated}。

首先引入储能电池的荷电状态 Q_{SOC}。该变量可直观反映储能电池的剩余能量值。通常认为储能系统充电至截止电压时 Q_{SOC} 为 1，储能系统放电至截止电压时 Q_{SOC} 为 0。Q_{SOC} 可根据式 （4-7） 计算。

$$
Q_{\text{SOC}} = \frac{\text{剩余电量}}{\text{额定容量}} = \frac{E_{\text{rated}} - E_{\text{d}}}{E_{\text{rated}}} \times 100\%
\tag{4-7}
$$

式中，E_{rated} 为储能系统的额定容量；E_{d} 为储能系统累计放出的电能。

设储能电池的荷电状态 Q_{SOC} 的允许范围为 $[Q_{\text{SOC,min}}, Q_{\text{SOC,max}}]$，其运行参考值为 $Q_{\text{SOC,ref}}$，其中，$Q_{\text{SOC,max}}$ 和 $Q_{\text{SOC,min}}$ 分别为荷电状态的上、下限值。$Q_{\text{SOC,min}}$、$Q_{\text{SOC,max}}$ 和 $Q_{\text{SOC,ref}}$ 可根据实际所选电池的技术特性、应用场景及风电等间歇性电源出力波动的统计规律确定。假设以荷电状态运行参考值 $Q_{\text{SOC,ref}}$ 为初始荷电状态，基于前一小节的方法得到储能系统功率需求的时间序列，第 k 时刻储能电池的荷电状态 $Q_{\text{SOC},k}$ 见式 （4-8）：

$$
Q_{\text{SOC},k} = Q_{\text{SOC,ref}} + \frac{\displaystyle\int_0^{k\Delta T} P_{\text{E}}^i \, \mathrm{d}t}{E_{\text{rated}}}
\tag{4-8}
$$

式中，E_{rated} 为储能系统额定容量；ΔT 为储能系统功率指令间隔；P_{E}^i 为第 i 时刻储能系统的功率指令。

在储能电池运行过程中，$Q_{\text{SOC},k}$ 应满足式 （4-9），相应的示意图如图 4-3 所示。

$$
\begin{cases}
\max(Q_{\text{SOC},k}) \leqslant Q_{\text{SOC,max}} \\
\min(Q_{\text{SOC},k}) \leqslant Q_{\text{SOC,min}}
\end{cases}
\tag{4-9}
$$

将式 （4-8） 代入式 （4-9），解得

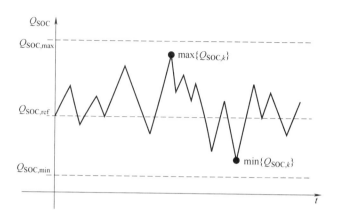

图 4-3 储能系统工作过程中荷电状态曲线示意图

$$\begin{cases} E_{\text{rated}} \geqslant \dfrac{\max\left(\displaystyle\int_0^{k\Delta T} P_{\text{E}}^k \mathrm{d}t\right)}{Q_{\text{SOC,max}} - Q_{\text{SOC,ref}}} \\[4mm] E_{\text{rated}} \geqslant \dfrac{-\min\left(\displaystyle\int_0^{k\Delta T} P_{\text{E}}^k \mathrm{d}t\right)}{Q_{\text{SOC,ref}} - Q_{\text{SOC,min}}} \end{cases} \tag{4-10}$$

综合考虑储能系统的应用效果、成本和占地面积，最优储能系统容量应为满足式（4-10）要求的最小值，如式（4-11）所示。

$$E_{\text{rated}} = \max\left\{ \frac{\max\left(\displaystyle\int_0^{k\Delta T} P_{\text{E}}^k \mathrm{d}t\right)}{Q_{\text{SOC,max}} - Q_{\text{SOC,ref}}}, \frac{-\min\left(\displaystyle\int_0^{k\Delta T} P_{\text{E}}^k \mathrm{d}t\right)}{Q_{\text{SOC,ref}} - Q_{\text{SOC,min}}} \right\} \tag{4-11}$$

式（4-11）取等号时，可得满足要求的最小储能电池容量，以其为额定容量值 E_{rated}。

4.2.3 储能系统参与一次调频的容量配置

1. 基于一次调频效果最优的储能电池容量配置

定义技术评价指标如下：

1）反映储能电池荷电状态 Q_{SOC} 保持效果的评价指标为

$$Q_{\text{SOC,rms}} = \sqrt{\frac{1}{n} \sum_{i=1}^{n} \left(Q_{\text{SOC},i} - Q_{\text{SOC,ref}} \right)^2} \tag{4-12}$$

式中，$Q_{\text{SOC},i}$ 为第 i 个 Q_{SOC} 采样值；荷电状态运行参考值 $Q_{\text{SOC,ref}}$ 取 0.5；n 为采样点数。

2）考虑孤网的特征，提出反映一次调频效果的评价指标为

$$J_1 = \sqrt{\frac{1}{n} \sum_{i=1}^{n} \Delta f_i^2} \tag{4-13}$$

区域互联电网的一次调频储备通常在千兆瓦级以上，频率稳定性较好。而位于偏远地区或岛屿等地区的电网，风光资源一般较为丰富，由于风光发电出力及负荷的波动，导致频率稳定性较差。配置储能电池，参与电网调频应用，缓解偏远地区或岛屿等地区的频率稳定性问题。在满足储能电池调频运行要求的前提下，为最小化储能电池的配置容量，可在电网频率偏差处于调频死区范围内时，控制储能电池进行额外的充放电动作。引入变量 $Q_{SOC,low}$ 和 $Q_{SOC,high}$，分别表示储能电池荷电状态 Q_{SOC} 的较低值和较高值，且 $Q_{SOC,min} \leq Q_{SOC,low} < Q_{SOC,ref} < Q_{SOC,high} \leq Q_{SOC,max}$，并实时采集电网在第 i 时刻的频率偏差信号 Δf_i，设计储能电池参与一次调频的充放电策略。以含风电的孤网为背景，设计考虑储能电池参与一次调频的充放电策略，并基于此形成了相应的储能电池容量配置流程如图 4-4 所示。

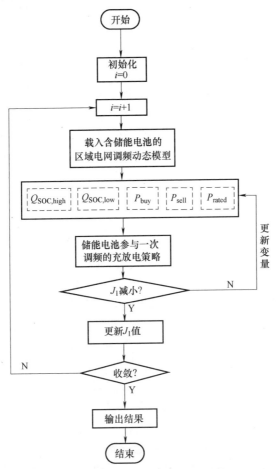

图 4-4　储能电池参与一次调频的容量配置流程

图 4-4 中，首先，初始化 $Q_{SOC,high}$、$Q_{SOC,low}$、P_{buy}、P_{sell} 及 P_{rated} 变量；其次，

载入储能电池的物理特性模型和区域电网调频动态模型及相关参数；然后，基于所提的储能电池充放电策略，以一次调频效果评价指标 J_1 最小为优化目标，通过遗传算法寻优确定控制变量（$Q_{SOC,high}$、$Q_{SOC,low}$、P_{buy}、P_{sell} 和 P_{rated}）的最优组合解，并计算在该组合解下 E_{rated}、J_1 和 $Q_{SOC,rms}$ 的值，作为输出结果。此时所得的 P_{rated} 和 E_{rated} 即为最优的储能电池容量配置方案，该方案对应的一次调频效果最优。

2. 基于经济性最优的储能电池容量配置

定义储能电池经济评估指标，净效益现值 P_{NET} 的表达式为

$$P_{NET} = N_{RES} - C_{LCC} \tag{4-14}$$

式中，考虑储能电池参与电网调频的成本为 N_{RES} 与效益 C_{LCC}。

基于经济性最优的储能电池容量配置目标是在调频辅助服务市场中获取最大净效益现值 P_{NET}，其最大化需要尽可能降低储能电池的成本现值 C_{LCC}。由于储能电池成本主要由所配置的容量决定，因此，以经济最优为目标的储能电池充放电策略设计问题可等效为：控制储能电池在调频死区内进行额外充放电，寻找满足储能电池运行要求的最小容量配置方案问题。而储能电池参与一次调频时，除了固定效益外，储能电池参与电网调频的效益还包含静态效益、动态效益和环境效益[111-112]。其中，固定效益包括储能电池的备用功率效益和实时电量效益等，以及在调频死区内对其进行额外充放电所带来的效益 R_s[113]，表达式为

$$R_s = R_3(E_{sell} - E_{buy}) \tag{4-15}$$

式中，R_3 为对应的实时售电和购电电价；E_{sell} 和 E_{buy} 分别为储能电池的额外售电和购电电量，单位均为 $MW \cdot h$。

因此，基于相应的充放电策略，以储能电池参与一次调频的经济性最优为目标，设计出相应的储能电池容量配置流程如图4-5所示。

图4-5中，首先，初始化 $Q_{SOC,high}$、$Q_{SOC,low}$、P_{buy}、P_{sell} 及 P_{rated} 变量；其次，载入储能电池的物理特性模型和区域电网调频动态模型及相关参数；然后，基于所提的储能电池充放电策略和所构建的储能电池参与一次调频的经济评估模型，以净效益现值 P_{NET} 最大为优化目标，以一次调频效果评价指标 J_1、储能电池的荷电状态 Q_{SOC} 为约束条件，通过遗传算法寻得相应的控制变量（$Q_{SOC,high}$、$Q_{SOC,low}$、P_{buy}、P_{sell} 和 P_{rated}）的最优组合解，并计算在最优组合解下 E_{rated}、P_{NET}、J_1 和 $Q_{SOC,rms}$ 的值，作为输出结果。此时所得的 P_{rated} 和 E_{rated} 即为最优的储能电池容量配置方案，该方案对应的经济性最优。

3. 基于技术经济综合最优的储能容量配置

基于同样的储能额定功率 P_{rated} 和全寿命周期 T_{LCC}，在满足调频控制要求及储能运行要求约束下，基于一次调频效果评价指标 J_1 和净效益现值 P_{NET} 综合最优的目标，其中把 J_1 与 P_{NET} 折算至同样数量级并赋予相同的权重0.5，优化得到储

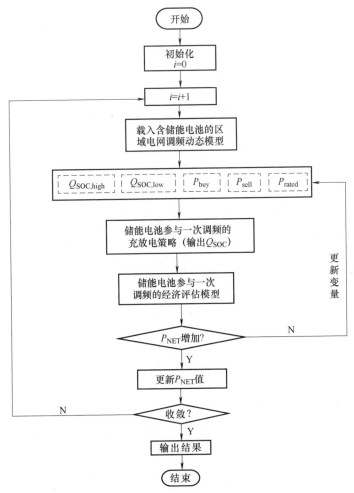

图 4-5　基于经济评估模型的储能电池容量配置流程

能的容量配置方案，其流程如图 4-6 所示。

图 4-6 中，首先，初始化 $Q_{SOC,high}$、$Q_{SOC,low}$、P_{buy}、P_{sell} 及 P_{rated} 变量；其次，载入储能电池的物理特性模型和区域电网调频动态模型及相关参数；然后，基于所提的储能电池充放电策略和所构建的储能电池参与一次调频的经济评估模型，以净效益现值 P_{NET} 及一次调频效果评价指标 J_1 综合最优为目标，以储能电池的荷电状态 Q_{SOC} 为约束条件，通过遗传算法寻得相应的控制变量（$Q_{SOC,high}$、$Q_{SOC,low}$、P_{buy}、P_{sell} 和 P_{rated}）的最优组合解，并计算在最优组合解下 E_{rated}、P_{NET}、J_1 和 $Q_{SOC,rms}$ 的值，作为输出结果。此时所得的 P_{rated} 和 E_{rated} 即为最优的储能电池容量配置方案，该方案对应的技术经济综合最优。

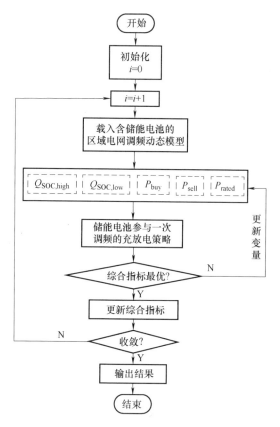

图 4-6 储能电池参与一次调频的技术经济综合最优容量配置流程

4.2.4 储能系统参与二次调频的容量配置

1. 基于二次调频效果最优的储能电池容量配置

基于二次调频效果最优的储能电池容量配置，将含风电的综合负荷扰动载入区域电网调频动态模型，通过仿真实验实时获取区域控制误差信号 S_{ACE} 的数据，综合考虑传统电源与储能电池的技术特性，通过频域方法对 S_{ACE} 信号进行分解，并分别控制两者承担不同频段的 S_{ACE} 信号分量。再利用经验模态分解（Empirical Mode Decomposition，EMD）方法，对 S_{ACE} 信号进行分解以获取不同频段的信号分量。该方法在进行信号分解时能依据数据自身的时间尺度特征，无须预设任何基函数，理论上适用于任何类型信号的分解，因而在处理如 S_{ACE} 信号之类的非平稳及非线性数据上，优势明显。EMD 分解的目的是得到一系列本征模态函数 IMF（Instrinsic Mode Function，IMF），各 IMF 分量包含了原信号的不同时间尺度的局部特征信号[114]。通过 EMD 的分解，把 S_{ACE} 信号分解成不同时间尺度即不同频率的子信号，见式（4-16）：

$$S_{ACE}(t) = \sum_{i=1}^{m} I_{IMF.i}(t) + r_n(t) \tag{4-16}$$

式中，$S_{ACE}(t)$ 为 S_{ACE} 信号；$I_{IMF.i}(t)$ 为本征模态函数；m 为本征模态函数 IMF 的总个数；$r_n(t)$ 为残余分量。

定义储能电池参与二次调频的效果评价指标 J_2 为

$$J_2 = \frac{\sum_{i=1}^{q} \dfrac{P_{Ei} + P_{Gi}}{S_{ACEi}}}{q} \tag{4-17}$$

式中，P_{Ei} 和 P_{Gi} 分别为第 i 时刻储能电池和传统电源的出力；S_{ACEi} 为第 i 时刻的电网 S_{ACE} 信号值；q 为 S_{ACE} 信号序列长度。

通过选择 S_{ACE} 信号分配的分界频率，可得到不同的二次调频效果评价指标值。考虑到储能电池的快速响应技术优势，选择其承担分界频率以上的 S_{ACE} 信号高频分量，而传统电源则承担分界频率以下的 S_{ACE} 信号低频分量。具体步骤如下：

步骤 1：将由风电出力和负荷组成的综合负荷扰动接入区域电网调频动态模型，实时获取的电网区域控制误差信号 S_{ACE}（以电网额定容量为基准值进行标幺化）。

步骤 2：利用 EMD 方法对实时 S_{ACE} 信号进行分解，忽略残余分量，可得到信号频率由高至低的不同频段本征模态分量 IMF1～IMF9。再对 S_{ACE} 信号的各频段分量 IMF1～IMF9 进行傅里叶分析，得到相应分量所属频段的频谱特征。

步骤 3：以二次调频效果最优（即评价指标 J_2 最小）为优化目标来选择不同分界频率，将分界频率以上频段的区域控制误差信号 S_{ACE} 分量分配给储能电池，分界频率及其以下频段的 S_{ACE} 信号分量分配给传统电源，并配置所需的储能电池容量。

2. 基于经济性最优的储能容量配置

基于经济性最优的储能容量配置，在含储能电池的区域电网调频动态模型中加入二次调频功能模块[31]，展开相应的仿真实验，进行容量配置。具体步骤如下：

步骤 1：将由风电出力和负荷组成的综合负荷扰动接入区域电网调频动态模型，实时获取的电网区域控制误差信号 S_{ACE}（以电网额定容量为基准值进行标幺化）。

步骤 2：利用 EMD 方法对实时 S_{ACE} 信号进行分解，忽略残余分量，可得到信号频率由高至低的不同频段本征模态分量 IMF1～IMF9。再对 S_{ACE} 信号的各频段分量 IMF1～IMF9 进行傅里叶分析，得到相应分量所属频段的频谱特征。

步骤 3：以二次调频净效益现值 P_{NET} 最大为优化目标来选择不同分界频率，将分界频率以上频段的区域控制误差信号 S_{ACE} 分量分配给储能电池，分界频率及其以下频段的 S_{ACE} 信号分量分配给传统电源，并配置所需的储能电池容量。

4.3　储能系统参与电力调频的容量配置实例分析

4.3.1　面向一次调频的电池储能系统容量配置实例

以磷酸铁锂储能电池为研究对象，对面向一次调频的储能电池容量配置进行实例分析。表 4-1 为含储能的区域电网仿真参数，其中包括区域电网调频动态模型的基本参数以及储能的经济技术参数等，其余与传统电源相关的参数见参考文献 [115]。

表 4-1　含储能的区域电网仿真参数

	区域电网调频动态模型	仅含一次调频
电网参数	电网额定容量 S_{BASE}/MW	250
	上调容量/p. u.	0. 1
	下调容量/p. u.	0. 1
	风电容量/MW	75（30%）
	P_{load}/p. u.	0. 12~0. 26
	单位调节功率 K_G/p. u.	23. 3
储能经济技术参数	虚拟单位调节功率 K_E/（MW/Hz）	10
	Δf_{db}/Hz	$\Delta f_{db\_u} = 0. 033$，$\Delta f_{db\_d} = -0. 033$
	T_{life}/年	基于雨流计数法等效折算
	R_1/（美元/kW·年）	990
	R_2/（美元/MW·h）	实时电价[116]
	r（%）	6
	储能成本	C_{bat}/（千美元/MW·h）: 384 C_{PCS}/（千美元/MW）: 230 $C_{PO\&M}$/（千美元/MW）: 10 $C_{EO\&M}$/（美元/MW·h）: 10 C_{Pscr}/（千美元/MW）: 1 C_{Escr}/（千美元/MW）: 1
	R_3/（元/MW·h）	实时电价[32]
	$Q_{SOC,high}$	$Q_{SOC,low} < Q_{SOC,high} < Q_{SOC,max}$
	$Q_{SOC,low}$	$Q_{SOC,min} < Q_{SOC,low} < Q_{SOC,high}$
	P_{buy}/P_{rated}	σ_b
	P_{sell}/P_{rated}	σ_s

设调频时段 T 为 30min，采样周期为 1s。在实际风电出力 P_w 的基础上叠加相应时段的负荷功率 P_{load}，则得综合负荷扰动 P_c（该调频时段对应的综合负荷扰动是从长时数据中随机选取的非连续样本数据），如图 4-7 所示（均为以电网额定容量 S_{BASE} 为基准的标幺值）。仿真步骤如下：

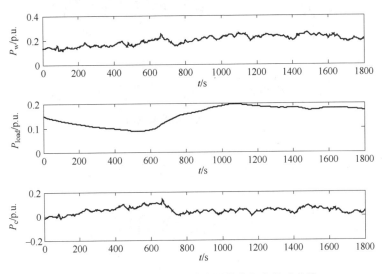

图 4-7　风电出力、负荷功率及综合负荷扰动曲线

步骤 1：设置储能的调频死区与传统电源相同。将综合负荷扰动接入区域电网调频动态模型，经传统电源一次调频后的频率偏差信号 Δf 如图 4-8 所示。由图可知，此时的最大频率偏差为 0.55Hz。

步骤 2：基于储能参与一次调频的充放电策略，分别以一次调频效果最优，经济性最优和两者综合最优为目标，对控制变量 $Q_{SOC,high}$、$Q_{SOC,low}$、P_{buy}（即 $\sigma_b P_{rated}$）和 P_{sell}（即 $\sigma_s P_{rated}$）进行寻优。

步骤 3：根据优化得到的控制变量值，及对应的电网频率偏差，储能在调频死区内有/无额外充放电时的功率指令曲线如图 4-9 所示。确定储能额定功率 P_{rated} 的优化范围，方法如下：因储能在调频过程中需对频率偏差相对应的储能功率指令进行完全跟踪，故 P_{rated} 的取值需考虑最大频率偏差对应的功率指令值，同时还需计及储能本身的运行特性。在本工况下储能的最大出力值对应为 5.5MW（最大频率偏差与虚拟单位调节功率之积），同时，考虑到维持储能自身运行一般约需 $15\% P_{rated}$ 及一定的功率裕量，故确定其优化范围为（5.5～11）MW。进而通过寻得的最优控制变量可计算出相应的储能额定容量 E_{rated}，一次调频效果评价指标 J_1，和成本现值 C_{LCC}、净效益现值 P_{NET}、储能的等效循环寿命 T_{life} 等经济评价指标。

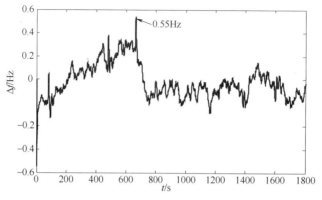

图 4-8　电网频率偏差信号

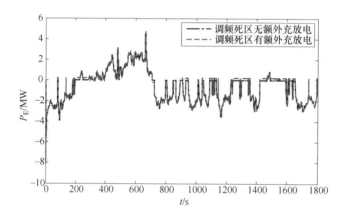

图 4-9　储能的功率指令曲线（见彩插）

设置储能荷电状态 Q_{SOC} 的允许范围为 $0.1 \sim 0.9$，即 $Q_{SOC,min} = 0.1$，$Q_{SOC,max} = 0.9$，当储能在调频死区内不动作时，其得荷电状态 Q_{SOC} 及能量 E_{ESS} 的变化曲线如图 4-10 所示。

图 4-10 中，由荷电状态 Q_{SOC} 曲线可知：在调频时段内，从总体趋势来看储能处于放电模式。当在调频死区范围内储能不进行额外充放电时，可得所需的储能额定容量 E_{rated} 为 $0.32P_{rated} \cdot h$；当为增大一次调频效果或增加调频净效益现值而改变储能的充放电策略时，则会造成相应的储能配置容量发生变化。

1. 一次调频效果最优

设全寿命周期 T_{LCC} 为 20 年，依据电网最大频率偏差并考虑储能的运行特性和功率备用，确定储能的额定功率优化范围，再通过寻优得到储能的最优额定功率 P_{rated} 为 10MW。依据储能在调频过程中的荷电状态 Q_{SOC} 变化曲线，利用雨流计数法计算出其等效循环寿命 T_{life}，同时依据经济评估模型计算出全寿命周期内的

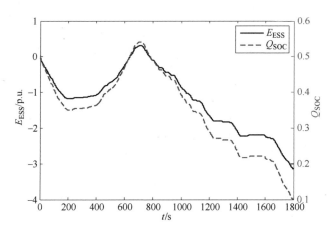

图 4-10　调频死区内储能不动作时的荷电状态及能量变化曲线（见彩插）

成本现值 C_{LCC} 和效益现值 N_{RES}。以一次调频效果评价指标 J_1 最小为优化目标，得出的控制变量及技术和经济评价指标结果见表 4-2（将储能的额定功率 P_{rated} 和额定容量 E_{rated} 纳入技术评价指标内）。

表 4-2　基于一次调频效果最优的仿真计算结果

控制变量		技术评价指标		经济评价指标	
σ_b	0.011	$Q_{SOC,rms}$	0.1876	C_{LCC}/美元	3.686e6
σ_s	0.0019	J_1	0.01	N_{RES}/美元	1.62e7
$Q_{SOC,low}$	0.4215	P_{rated}/(MW)	10	P_{NET}/美元	1.252e7
$Q_{SOC,high}$	0.5068	E_{rated}/(MWh)	2.92	T_{life}/年	2.5

2. 经济性最优

基于同样的储能额定功率 P_{rated} 和全寿命周期 T_{LCC}，在满足调频控制要求及储能运行要求约束下，以净效益现值 P_{NET} 最大为目标，得出的控制变量及技术和经济评价指标结果见表 4-3。

表 4-3　基于经济性最优的仿真计算结果

控制变量		技术评价指标		经济评价指标	
σ_b	0.0116	$Q_{SOC,rms}$	0.1884	C_{LCC}/美元	3.38e6
σ_s	0.0067	J_1	0.059	N_{RES}/美元	1.668e7
$Q_{SOC,low}$	0.4537	P_{rated}/MW	10	P_{NET}/美元	1.33e7
$Q_{SOC,high}$	0.5370	E_{rated}/MWh	1.69	T_{life}/年	2.68

3. 一次调频效果和经济性综合最优

基于同样的储能额定功率 P_{rated} 和全寿命周期 T_{LCC}，在满足调频控制要求及储能运行要求约束下，基于一次调频效果评价指标 J_1 和净效益现值 P_{NET} 综合最优的目标，其中把 J_1 与 P_{NET} 折算至同样数量级并赋予相同的权重 0.5，优化得到储能的容量配置方案，对应的控制变量及技术和经济评价指标结果见表4-4。

表4-4　双目标综合最优的仿真计算结果

控制变量		技术评价指标		经济评价指标	
σ_b	0.0114	$Q_{SOC,rms}$	0.1877	C_{LCC}/美元	3.67e6
σ_s	0.0058	J_1	0.013	N_{RES}/美元	1.667e7
$Q_{SOC,low}$	0.4703	P_{rated}/MW	10	P_{NET}/美元	1.3e7
$Q_{SOC,high}$	0.5548	E_{rated}/MWh	2.3	T_{life}/年	2.43

4. 分析与讨论

（1）单目标优化下的技术评价指标对比分析

当频率偏差处于调频死区 $-0.033 \sim 0.033\text{Hz}$ 范围内时，依据储能荷电状态 Q_{SOC} 的动作限值（较低值 $Q_{SOC,low}$ 和较高值 $Q_{SOC,high}$）控制储能进行适当的额外充放电，以一次调频效果评价指标 J_1 最优为目标的充放电策略计算得到的储能容量为 $0.292P_{rated} \cdot \text{h}$，$J_1$ 为 0.01；以净效益现值 P_{NET} 最优为目标的充放电策略计算得到的容量为 $0.169P_{rated} \cdot \text{h}$，$J_1$ 为 0.059。对比各项参数可知，储能的成本主要由其容量成本决定，基于经济性最优的充放电策略减少了储能的配置容量值，但其会导致调频效果变差。

（2）单目标优化下的经济评价指标对比分析

以 20 年为储能的全寿命周期，一年以 300 天工作计，以一次调频效果评价指标 J_1 为目标的充放电策略对应的储能的成本现值 C_{LCC} 为 3.686×10^6 美元，净效益现值 P_{NET} 为 1.252×10^7 美元，而以经济性最优为目标的储能充放电策略，其 C_{LCC} 为 3.38×10^6 美元，P_{NET} 为 1.33×10^7 美元。对比各项参数可知，基于一次调频效果评价指标 J_1 为优化目标的储能充放电策略所需的容量较大，因而对应的储能成本较高，经济性降低。

（3）双目标优化下的评价指标分析

以一次调频效果评价指标 J_1 和净效益现值 P_{NET} 为双目标的充放电策略计算得到的储能容量为 $0.23P_{rated} \cdot \text{h}$，$J_1$ 为 0.013，成本现值 C_{LCC} 为 3.67×10^6 美元，P_{NET} 为 1.3×10^7 美元。由表4-4各项优化指标和计算结果可看出，相比单目标优化得到的目标值，其一次调频效果和经济性得到了一定程度的平衡。

4.3.2　面向二次调频的电池储能系统容量配置实例

基于表 4-1 中含储能的电网仿真参数，在区域电网调频动态模型中加入二次调频功能模块，展开相应的仿真实验。步骤如下：

步骤 1：将由风电出力和负荷组成的综合负荷扰动接入区域电网调频动态模型，实时获取的电网区域控制误差信号 S_{ACE}（以电网额定容量为基准值进行标幺化）如图 4-11 所示。设置调频时长为 1 天，信号采样周期为 1min。

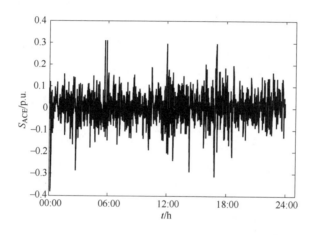

图 4-11　实时区域控制误差信号曲线

步骤 2：利用 EMD 方法对实时 S_{ACE} 信号进行分解，忽略残余分量，可得到信号频率由高至低的不同频段本征模态分量 IMF1～IMF9，如图 4-12 所示。

再对 S_{ACE} 信号的各频段分量 IMF1～IMF9 进行傅里叶分析，得到相应分量所属频段的频谱特征如图 4-13 所示。由图可知，若以 IMF4 为分界分量，其波动频率集中于 $0.5×10^{-3}$ Hz，则 IMF1～IMF3 的频率范围为（$0.5×10^{-3}$～$8×10^{-3}$ Hz）；IMF4～IMF9 的频率范围为（0～$0.5×10^{-3}$ Hz）。

步骤 3：以二次调频效果最优（即评价指标 J_2 最小）或净效益现值 P_{NET} 最大为优化目标来选择不同分界频率，将分界频率以上频段的区域控制误差信号 S_{ACE} 分量分配给储能，分界频率及其以下频段的 S_{ACE} 信号分量分配给传统电源，并配置所需的储能容量。

通过以不同本征模态分量作为分界（若采用 IMF1，则包括 IMF1 在内的所有分量均由传统电源承担，储能不参与二次调频，故表中无需列出；若以 IMF9 作为分界分量时，则全部 S_{ACE} 信号均由储能承担），计算得到储能的容量配置，二次调频效果评价指标 J_2 以及净效益现值 P_{NET} 见表 4-5。

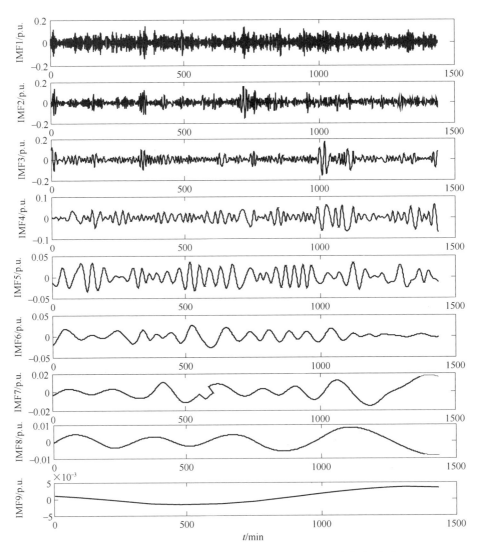

图 4-12 经 EMD 方法分解后的区域控制误差信号各频段分量

表 4-5 不同分界分量下的评价指标及配置方案计算结果

分界分量	IMF2	IMF3	IMF4	IMF5	IMF6	IMF7	IMF8	IMF9
J_2	0.89	0.9	0.765	0.6833	0.689	0.6491	0.54	0.5099
P_{NET}	1.01e7	1.5e7	2.7e7	4.8e7	2.19e7	2.08e7	2.03e7	2.02e7
P_{rated}/MW	10.9	11.6	11.2	9.12	12	13.37	14.35	14.85
E_{rated}/MWh	10.79	9.2	10	5.898	17.25	17.25	17.25	17.25

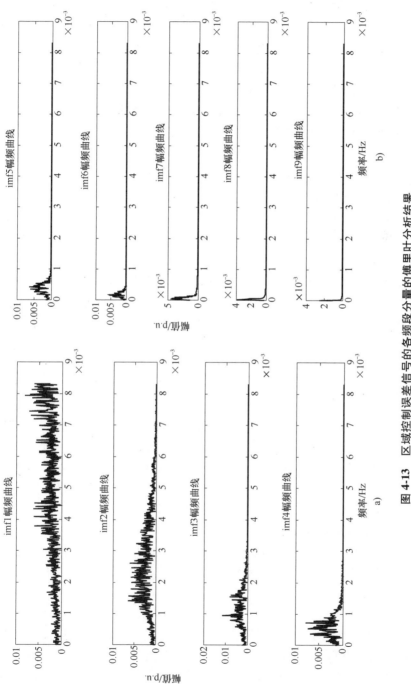

图 4-13　区域控制误差信号的各频段分量的博里叶分析结果

a）IMF1～IMF4 分量的频谱特征　b）IMF5～IMF9 分量的频谱特征

1. 储能分担不同频段区域控制误差信号分量时的二次调频效果评价指标 J_2 比较

由表 4-5 可知，以 IMF3 为分界时，即将 IMF1 ~ IMF2（1×10^{-3} ~ 8×10^{-3} Hz）频段分量分配给储能，将 IMF3 ~ IMF9（0 ~ 1×10^{-3} Hz）分配给传统电源，计算得到的 J_2 为 0.9，二次调频效果最优，对应的储能额定功率 P_{rated} 为 11.6MW，额定容量 E_{rated} 为 $0.79 P_{rated} \cdot h$。随着储能承担分量的增多及分量频率范围的增大，J_2 逐渐降低，这表明容量有限的储能适宜承担 S_{ACE} 信号频率较高的分量。

2. 储能分担不同频段区域控制误差信号分量时的调频净效益 P_{NET} 比较

以 IMF5 为分界时，将 IMF1 ~ IMF4（0.5×10^{-3} ~ 8×10^{-3} Hz）分配给储能，IMF5 ~ IMF9（0 ~ 0.5×10^{-3} Hz）分配给传统电源，得到的 P_{NET} 为 4.8×10^7 美元，调频经济性最优，对应的储能额定功率为 9.12MW，额定容量为 $0.65 P_{rated} \cdot h$。以 IMF5 为分界，同样地，随着储能承担分量的增多及分量频率范围的增大，P_{NET} 逐渐减小。这表明从当前储能的经济性来看，储能也更适宜承担较高频的 S_{ACE} 信号分量，因为随着充放电幅值增大，储能的功率和容量成本就会增加，将超过因此带来的经济效益，从而导致经济性降低。

3. 储能分担不同频段 S_{ACE} 信号分量时的容量配置方案比较

随着储能承担分量的增多及分量频率范围的增大，储能所需的额定功率和容量基本呈增大趋势（由于存在 S_{ACE} 信号的正负叠加，故非完全增大趋势）。以 IMF6 为分界分量时，储能的容量值将达到稳定，不再变化。这是由于低频分量对应的 S_{ACE} 信号幅值较小，各分量累加分配给储能后对其能量影响不大的缘故。

4.3.3 电池储能系统与常规机组参与一次调频的对比仿真

利用某区域电网数据建立电网等效模型，并假设所有开机上网机组均为满发。为对比储能系统与常规机组参与电力一次调频的高效性，分别在区域内加入储能系统（2MW，500kW·h）一次调频定单位调节功率（$K = 5$p. u. MW/Hz）模型、火电再热 II 型机组模型和水电机组模型，并设置水火电机组的调频容量与储能系统的调频容量相同，且储能系统的初始 SOC 为 0.5。

1. 工况 1-储能系统含频率调节死区

人为设置储能系统的频率调节死区与常规机组的死区相同，大小均为 0.033Hz。此时，针对阶跃负荷扰动和连续负荷扰动两种情况进行仿真，具体如下：

（1）阶跃负荷扰动

在该区域内加入大小为 0.0033p. u.（2MW）的阶跃负荷扰动，取高效性对比指标权系数 w_1 为 1，w_2 为 0.1，w_3 为 100。完成仿真后用一次调频高效性合成指标来衡量各调频电源的调频能力并进行高效性对比，仿真时长为 600s。仿真结果如图 4-14 ~ 图 4-18 所示。

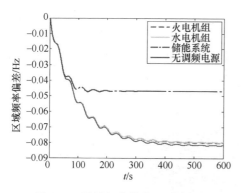

图 4-14　区域频率偏差（见彩插）

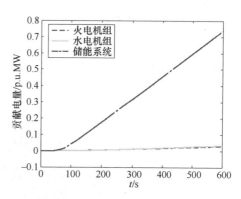

图 4-15　贡献电量指标（见彩插）

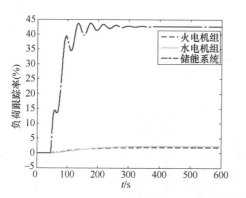

图 4-16　负荷跟踪率指标（见彩插）

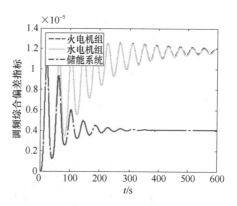

图 4-17　调频综合偏差指标（见彩插）

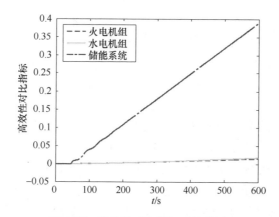

图 4-18　高效性对比指标（见彩插）

（2）连续负荷扰动

在区域内加入由正态分布组成的连续负荷扰动，如图 4-19 所示。取高效性对比指标权系数 w_1 为 1，w_2 为 0，w_3 为 100。仿真时长为 3600s（1h）。仿真结果如图 4-20~图 4-23 所示。

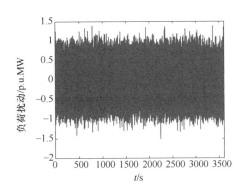

图 4-19　连续随机负荷扰动

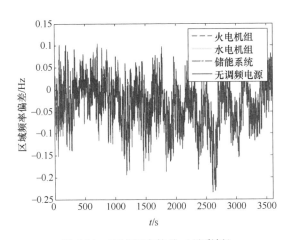

图 4-20　区域频率偏差（见彩插）

2. 工况 2-储能系统不含频率调节死区

此工况时不人为设置储能系统的频率调节死区，即其死区为 0。同样针对阶跃负荷扰动和连续负荷扰动两种情况进行仿真，具体如下：

（1）阶跃负荷扰动

在区域内加入大小为 0.0033p. u.（2MW）的阶跃负荷扰动，取高效性对比指标权系数 w_1 为 1，w_2 为 0.1，w_3 为 10。完成仿真后用一次调频高效性合成指标来衡量各调频电源的调频能力并进行高效性对比，仿真时长为 600s。仿真结

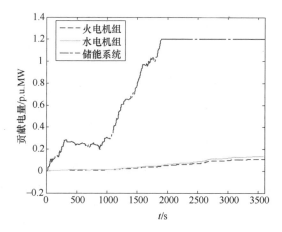

图 4-21　贡献电量指标（见彩插）

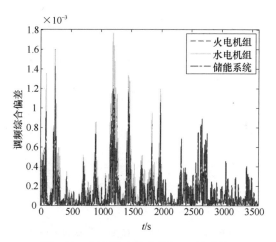

图 4-22　调频综合偏差指标（见彩插）

果如图 4-24~图 4-28 所示。

（2）连续负荷扰动

采用如图 4-19 所示的由正态分布组成的连续负荷扰动，展开高效性仿真对比。取高效性对比指标权系数 w_1 为 1，w_2 为 0，w_3 为 100。仿真时长为 3600s（1h）。仿真结果如图 4-29~图 4-32 所示。

从阶跃负荷扰动条件下的高效性对比可知：在负荷扰动初期，由于储能系统设置了频率调节死区，无法充分发挥其快速动作的优越性，导致其对于该区域频率偏差的改善效果与同等容量常规机组类似（体现在两者的调频综合偏差指标差别不大）。当频率偏差超过 0.033Hz 后，储能系统会迅速动作，减缓了频率的

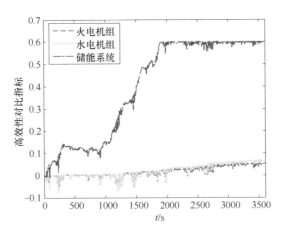

图 4-23　高效性对比指标（见彩插）

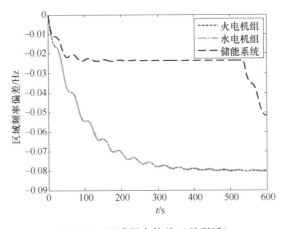

图 4-24　区域频率偏差（见彩插）

下降速度，而常规机组在频率偏差跌至 0.05Hz 以后才开始发挥作用。在负荷扰动 200s 后，储能系统进行调频时的该区域频率偏差已稳定在 -0.047Hz，而由常规机组进行调频时的该区域频率偏差仍在下降，在 600s 时才达到 -0.08Hz。从调频综合偏差指标的曲线可知，在负荷扰动初期，储能系统和常规机组之间的指标差值逐渐增大，随着常规机组起动，两者调频综合偏差指标的差值趋于定值，在 300s 时两者相差 2 倍。此外，水火电机组存在响应速度慢和负荷跟踪率较小的缺点，而储能系统能够迅速动作，负荷跟踪率可迅速升高至 40% 左右。

从高效性对总体高效性指标来看，在调频开始的阶段，储能系统比常规机组高效 200 多倍；随着常规机组的起动，高效性倍数逐渐降低。该区域频率偏

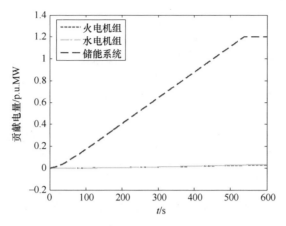

图 4-25　贡献电量指标（见彩插）

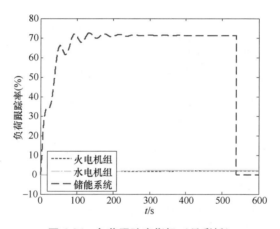

图 4-26　负荷跟踪率指标（见彩插）

差（储能系统参与调频的工况）稳定时，储能系统的高效性约为水火电机组的 35 倍。在整个调频过程中，储能系统调节能力最强，尤其是在负荷扰动初期，能够迅速调整储能出力，使之以较大功率支撑网络频率、抑制联络线交换功率的偏移。

从连续负荷扰动条件下的高效性对比可知：在储能系统容量充足的情况下，储能系统较常规机组响应负荷变化速度更快，调频综合偏差指标明显减少，比常规机组高效 20 倍左右。但由于连续负荷扰动工况时间较长，当储能系统容量达到限制而停止出力后，调频综合偏差指标下降，最终基本与常规机组一致，但从高效性指标来看仍比常规机组高效约 10 倍。这是因为常规机组在调频容量相同时，受到响应速度限制，其贡献电量仍然达不到之前储能系统已提供的水平。纵

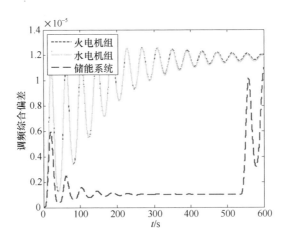

图 4-27　调频综合偏差指标（见彩插）

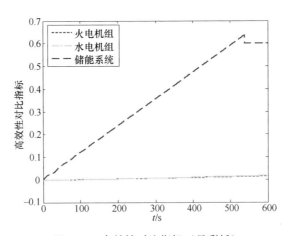

图 4-28　高效性对比指标（见彩插）

观整个调频过程，储能系统调频能力在扰动初期最强，而由于 SOC 受限，其后期的调频能力弱于常规机组。

从阶跃负荷扰动件下的高效性对比可知：储能系统在不含死区的时候能够立即动作，比起储能系统含死区的时候能够更明显地减小频率下降幅度，频率稳态偏差减小为 0.0235Hz，但是频率稳定时间并没有很大改善。因为没有频率调节死区限制，所以储能系统贡献电量更高，并且负荷跟踪率提升至 70%。从高效性对总体指标来看，在调频初始阶段，储能系统调频比常规机组高效 400 多倍；随着常规机组的起动，高效性倍数逐渐降低，在由储能系统调频的该区域频率偏差稳定时，储能系统的高效性约为水火电机组的 75 倍。对比储能系统含死区的

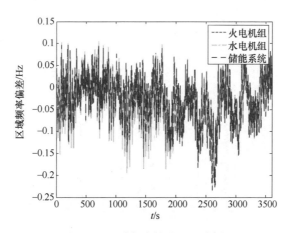

图 4-29　区域频率偏差（见彩插）

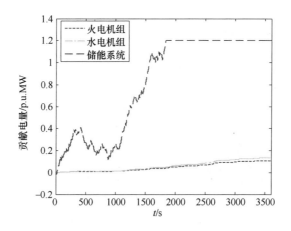

图 4-30　贡献电量指标（见彩插）

工况，此工况下的所有指标都增长 1 倍以上。但是，在 500s 以后储能系统因为容量受限，停止出力，频率再一次下降。调频综合偏差指标急剧上升，最终和水火电机组的指标值基本达到一致，高效性指标也明显下降。因此，在整个调频过程中，储能系统在无死区的情况下高效性更明显，但是储能系统的 SOC 会更快达到限制。当储能系统 SOC 超出规定范围时，这种方式会对维持频率稳定造成不利影响。

　　从连续负荷扰动件下的高效性对比可知：死区对储能系统的高效性影响并不大。与储能系统含死区相比，储能系统不含死区的工况中，贡献电量指标在 500s 之前的上升较快，最大值差异较明显，两者相差 1.3 倍，并且在更短的时

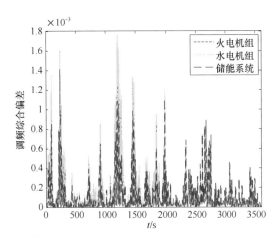

图 4-31　调频综合偏差指标（见彩插）

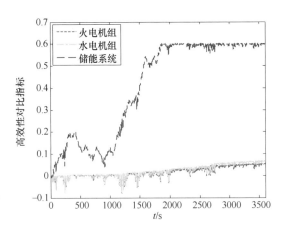

图 4-32　高效性对比指标（见彩插）

间内达到贡献电量上限值。若只观察调频效果，调频偏差综合指标在此工况下有所减小，但 SOC 会更快地达到容量下限，从而导致后期调频综合偏差较大。这是由于储能系统的额定功率较小，在某些频率变化较大的时候出力受限，频率改善并不明显，而在频率小于 0.033Hz 时进行调频并不能在选取的高效性指标上有明显优势。

　　在确定储能系统额定功率和容量的前提下，不含频率调节死区工况的调频效果明显优于含频率调节死区的工况。但前者不利于储能系统参与调频的延续性，频繁的动作也会显著缩短其使用寿命。因此，如何在达到相同调频目标的前提下充分利用储能系统显得至关重要，我们应该探索储能系统参与调频的最佳动作时机,从而实现调频效益最大化。在开展储能系统参与电力调频的高效性研究时,除了探讨动作时机外,还可以考虑改变负荷扰动的大小来探索储能系统在不同工况下的高效性,或者改变储能系统所在的区域来探讨储能安装位置对高效性结论的影响。

4.4 小结

本章阐述了电池储能参与电网调频应用的部分理论和技术问题,从选址规划到参与电力调频容量配置的优化,为储能的科学合理配置与应用提供技术指导,推动其进入调频市场。得出如下结论:

1)储能电池参与电网调频应用的选址,需要考虑各类型储能的技术特点及成熟度、相关政策及部门的支持度等因素,在此基础上,提炼具体的评价指标,得到评估方法体系及具体的步骤流程,为储能系统接入电网后能为电网提供快速的功率支撑,提高电网频率稳定水平。

2)储能电池参与电网调频应用的容量配置,阐述了储能电池容量配置的通用方法,定义了储能电池参与电网调频的技术与经济评价指标,并构建了基于全寿命周期理论的储能电池经济评估模型。基于所提的储能电池参与电网调频的充放电策略,以调频效果和经济性两者综合最优为目标,以电网调频要求及储能电池运行要求为约束,展开了储能电池容量的优化配置。

第5章

电池储能系统调频控制技术

5

5.1 电力系统调频服务需求概述

随着近年来可再生能源的快速发展和接入，我国电网中波动性新能源电源的占比不断增加。为维持电网运行的频率质量，对具备快速响应能力的快速频率调节容量需求进一步增加。电池储能系统凭借其独特的物理特性，在实现电能的时间平移基础上还具备快速调整输出功率实现高性能电网频率控制的运行潜力。是未来进一步提升可再生能源占比的重要技术保障手段之一。本章将结合电池储能系统的自身技术特点，对电池储能系统参与电网频率控制的方法和经济收益进行详细分析和介绍。

5.1.1 电力系统频率控制的必要性

目前，世界主要电网的运行形式仍然保持着交流电网的运行形式。在这种环境下，将电力系统的运行频率保持在一个稳定值或一个有限小的稳定区域是确保电力系统安全稳定运行的一项重要任务。交流电力系统的运行频率偏移额定频率较大时，会对与交流电力系统直接相连的各种运行部件造成很大危害与损耗。具体包括：

1）频率偏移对发电机和系统安全运行的影响：频率向下偏移过大时，汽轮机叶片振动会加大，轻则影响使用寿命，重则可能导致机组叶片断裂，造成机组永久损坏和供电负荷的重大损失。对于额定频率为50Hz的电力系统，当频率下降到47~48Hz时，送风机、吸风机、给水泵、循环水泵和磨煤机等由异步发电机驱动的火力发电机组厂用相关设备的机械输出功率将出现明显下降，随即将引起火电机组的原动汽轮机出力下降，从而使火力发电机组的输出有功功率下降。如果不能及时阻止这一运行趋势，就会在短时间内使得电力系统频率进一步加速下降到更加危险的区域，这种现象称为频率雪崩。出现频率雪崩会造成大面积停电,甚至使整个系统瓦解,造成电力系统重大运行事故。当频率降低到 45Hz 附近时,即 10% 的额定频率偏差,某些汽轮机的叶片有可能因发生共振而断裂,造成大型火电机组永久损坏的重大损失。

2)频率偏移对电力用户的不利影响。电力系统频率变化会引起异步电动机转速变化,这会使得电动机所驱动的加工工业产品机械转速发生变化。有些产品(如纺织和造纸行业的产品)对加工机械的转速要求很高,转速不稳定会影响产品质量,甚至会出现次品和废品。电力系统频率波动会影响某些测量和控制用的电子设备的准确性和性能,频率过低时有些设备甚至无法工作。这对一些重要工业是不允许的。电力系统频率降低将使电动机的转速和输出功率降低,导致所带动机械的转速和出力降低,影响用户设备的正常运行。

5.1.2　电力系统调度控制系统概述

电力系统的调度运行系统是一个复杂的按照时间尺度进行分层控制的自动化与人工相结合的非线性复杂系统。其功能按照时间尺度的系统划分可由图 5-1 进行简要描述。

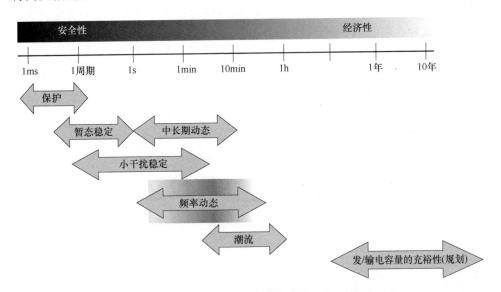

图 5-1　电力系统多时间尺度对应的研究问题

其中,保护系统是电力系统最底层和最快速的自动化系统,动作时间以毫秒记;在其之上是各类扰动引起的稳定问题,时间尺度在数毫秒至数分钟不等;进一步是本书中讨论的电力系统频率控制问题,时间尺度在数秒至数分钟;再长时间尺度的问题是最优潮流对应的电力系统静态和动态潮流计算问题;再其次是以天和星期计数的确定发电机组起停的机组组合问题；最终是长时间尺度的发电及输电系统投资决策对应的容量规划问题，其时间尺度通常需要以数年至数十年计数。在这其中电力系统的保护、一次频率控制、二次频率控制、经济调度以及机组组合计算程序在从短至长的时间尺度上构成了电力系统的多时间尺度自动控制系统，以保证电力系统的安全稳定和经济运行目标。

考虑到电池储能系统能量容量与电力系统运行时间尺度的相互耦合关系，本章主要针对电池储能系统参与电力系统二次频率控制进行分析与讨论。

5.1.3 电力系统频率控制的挑战

电池储能系统作为一种能够实现快速响应的技术调节手段可有效增强电力系统的频率控制质量，提升电力系统运行质量。随着电力系统不断接入更多的波动性新能源发电系统，电力系统从发电侧引入的波动性进一步增加。为了维持电力系统频率的运行质量，电力系统对快速调节控制手段的需求进一步增加。另一方面，现有的大型发电机组受限于爬坡调节速度，无法提供充足的快速调节能力。在新能源发电系统受自然气象条件影响而导致输出功率出现短时大幅度波动时，电力系统的频率可能出现无法满足保证电力系统安全稳定运行的极端情况。这种情况下，能够在短时间内提供快速响应的频率调节技术手段显得尤为可贵和重要。

另一方面，所有电池储能系统均通过电化学反应实现电能的存储与释放过程。因此电池储能系统的输出功率能够不受到变化速率的物理约束，实现电池储能系统输出功率的大幅快速调节能力。同时，电池储能系统的能量容量受到当前技术水平的限制，在维持额定功率输出的情况下，一般持续运行时间在数分钟到数小时之间。为了最大化电池储能系统辅助电网频率控制的技术效用，需要对电池储能系统参与频率调节的控制协调方法进行深入研究。

因此，开展电池储能系统用于辅助电力系统频率调节的研究对于提升电力系统接入波动性可再生能源和安全稳定运行水平具有重要的研究意义和广阔的应用前景。

5.2 调频服务的考核与补偿方法

5.2.1 我国电网频率考核方法

我国自 20 世纪 80 年代末期从国外引进 AGC 以来，逐步建立了具有我国自己特色的 AGC 策略。结合我国电网运行的实际情况和运行需求，经过多年的摸索和实践，不断提升 AGC 系统的自动化水平，显著提升了我国电网的频率质量，为电网的安全经济运行提供了重要保障。其中，我国近 30 年 AGC 系统的发展过程主要经历了从分散式频率自动控制（Automatic Frequency Control，AFC）装置到基于能量管理系统（Energy Management System，EMS）的自动控制系统的发展过程，在这个过程中逐步制定和发展了相关的技术评价标准用于确保多个互联控制区域的有效协同运行。明确各个控制区域对内部负荷波动负有实现区域内平衡的控制责任[117]。

对于南方管辖的区域而言，2005 年 7 月 1 日以前，南方电网采用责任频率考核法来对全网频率进行监控以及考核互联电网交换功率，要求全网运行频率偏差控制在±0.2 Hz 以内。在这种考核方式下，可以对控制责任进行定性但无法定量计量。此外，无法区分各运行区域对频率超出控制区间的事件的控制贡献进行定量计量。从而无法对频率超出控制区间事件中对频率控制起到贡献的区域进行奖励，不利于促进一、二次调频等技术手段改进，导致系统频率质量不高。为了进一步提升多个互联控制区域内的频率控制质量，我国电网进一步通过引入 CPS 考核指标提升各个控制区域响应各自区域内部负荷波动的控制质量[118]。

我国华东电网于 2001 年率先引入频率控制性能标准（Control Performance Standard，CPS）考核指标和运行机制，并进行了一定程度的修改。随后，华中、东北等电网也开始使用 CPS 来进行区域控制性能的考核工作，提升了电网频率质量[119]。与此同时，南方电网为加强联络线功率与频率偏差控制，促进电网运行和电力交易规范有序，从 2005 年 7 月 1 日起，南方电网开始采用 CPS 对各省区联络线功率与频率偏差进行考核，南方电网频率质量显著提高[120]。

具体而言，CPS 是基于北美电力系统可靠性委员会（NERC）的 AGC 控制性能 A1 和 A2 标准的基础，于 1996 年推出的控制标准[121]。CPS 于 1998 年开始逐步取代了 A1 和 A2 标准。南方电网自 2005 年 7 月开始采用 CPS 控制标准，并制定了《南方电网联络线功率与系统频率偏差控制和考核管理办法》[122]，办法中对 CPS 中的 CPS1 及 CPS2 进行了定义。

CPS1 要求互联电网 1 年内 1 分钟频率偏差在统计意义下的均方根在限定范围内，见式（5-1）：

$$\text{RMS}(\Delta f_i^{\text{Avg,1min}}) \leqslant \varepsilon_1 \tag{5-1}$$

式中，$\Delta f_i^{\text{Avg,1min}}$ 为 i 区系统频率偏差在 1min 内的平均值；RMS 为求取算数均方根运算。限定值 ε_1 一般为系统上一年度 1min 时段平均频率偏差 $\Delta f^{\text{Avg,1min}}$ 的标准差，具体计算表达式见式（5-2）：

$$\varepsilon_1 = \sqrt{\frac{1}{n}\sum_{i=1}^{n}\left(\Delta f_i^{\text{Avg,1min}} - \frac{1}{n}\sum_{i=1}^{n}\Delta f_i^{\text{Avg,1min}}\right)^2} \tag{5-2}$$

考虑到上述的 CPS1 要求为统计意义上的要求，电网在实际运行中可以将其转换为实时控制尺度的运行要求。具体可要求互联电网内各控制区内每个 1 分钟时段内的区域控制偏差（ACE）均值与同一时段内的频率偏差均值的乘积，除以 10 倍的频率响应系数B_i，应不大于上一年度 1min 频率平均偏差的统计方差ε_1，具体表达见式（5-3）：

$$\frac{\Delta \mathrm{ACE}_i^{\mathrm{Avg,1min}} \Delta f_i^{\mathrm{Avg,1min}}}{-10B_i} \leqslant \varepsilon_1 \tag{5-3}$$

式中，$\Delta \mathrm{ACE}_i^{\mathrm{Avg,1min}}$为 i 区 ACE 的 1min 平均值；B_i为控制区域 i 的频率响应系数。在满足上述不等式约束的情况下，可以保证本区域的频率质量满足 CPS1 考核标准。

CPS2 标准通过限制 ACE 的平均值来防止过大地偏离计划潮流，见式（5-4）：

$$\left| \Delta \mathrm{ACE}_i^{\mathrm{Avg,10min}} \right| \leqslant L_{10} \tag{5-4}$$

式中，$\Delta \mathrm{ACE}_i^{\mathrm{Avg,10min}}$为 i 区 ACE 的 10min 平均值；L_{10}为 10min ACE 偏差的限定值，可由式（5-5）根据历史运行数据进行计算：

$$L_{10} = 1.65 \varepsilon_{10} \sqrt{(10B_i)(10B_{\mathrm{sys}})} \tag{5-5}$$

式中，B_{sys}为全系统应系数；ε_{10}为上一年度 10min 频率平均偏差的统计方差，可由式（5-6）进行计算：

$$\varepsilon_{10} = \sqrt{\frac{1}{n} \sum_{i=1}^{n} \left(\Delta f_i^{\mathrm{Avg,10min}} - \frac{1}{n} \sum_{i=1}^{n} \Delta f_i^{\mathrm{Avg,10min}} \right)^2} \tag{5-6}$$

式中，$\Delta f_i^{\mathrm{Avg,10min}}$为 i 区系统频率偏差的 10min 均值。

5.2.2　电池储能系统调频辅助服务补偿办法

随着我国电力市场改革的进一步深入，电池储能系统通过市场手段提供调频辅助服务获取经济回报的产品种类进一步丰富，收益进一步提升。电池储能系统凭借自身优异的爬坡响应技术特性和较低的系统启动、停止运行费用，在调频辅助服务市场中相对传统火电机组具有较强的技术优势。目前国家各部门针对储能系统发布了多项政策指导，鼓励进一步提升储能系统的商业化应用水平和引导产业化配套设施建设。《关于促进储能技术与产业发展的指导意见》（发改能源〔2017〕1701 号）提出了重点建设包括 10MW/100MW·h 级超临界压缩空气储能系统、10MW/1000MJ 级飞轮储能阵列机组、100MW 级锂离子电池储能系统、大容量新型熔盐储热装置、应用于智能电网及分布式发电的超级电容电能质量调节系统等产业化发展目标。2016 年 6 月，国家能源局发布《关于促进电储能参与"三北"地区电力辅助服务补偿（市场）机制试点工作的通知》（国能监管〔2016〕164 号），首次给予电储能设施参与辅助服务的独立合法地位。这一通知提出，促进发电侧和用户侧电储能设施参与调峰调频辅助服务。电储能设施既可以作为独立市场主体，也可以与发电机组联合参与调峰调频等辅助服务。进一步为电池储能系统通过电力市场提供调频辅助服务铺平了政策的道路。当前，电池储能系统主要通过参与调峰、调频、黑启动以及能量市场价格套利获取经济收益，表 5-1 为各省及地区辅助服务市场建设方案或市场交易规则中对于储能的定位以及各省的辅助服务交易品种。

表 5-1　电池储能系统可参与电力市场交易品种

地区	政策情况	市场化交易品种
东北	允许参与调峰	实时深度调峰、火电停机备用、可中断负荷调峰、电储能调峰、火电应急启停调峰、跨省调峰、黑启动
山西	在满足市场准入条件的情况下，自主参与辅助服务市场	调频、实时深度调峰、火电停机备用、火电应急启停调峰、日前日内跨省调峰、无功补偿、黑启动
山东	未将储能纳入市场主体	调峰
新疆	满足市场准入条件的情况下可提供调峰服务	实时深度调峰、备用、可中断负荷
广东	允许与发电企业（机组）联合参与调频市场	调频
福建	允许参与调峰	调峰、备用、可中断负荷

5.3　自动发电控制系统

5.3.1　自动发电控制系统概述

自动发电控制（AGC）系统是一套能够根据系统运行状态对发电机组进行实时控制的系统，实现对电力系统的二次频率控制和经济调度。AGC 系统是一种集中控制构架，通过控制中心以及相配套的高速专用通信网络获取与其相连的各台发电机组运行状态并向这些发电机组发送运行控制指令。同时，考虑到电力网络在空间上的广阔分布，实际中通常采用分区协调控制的方法。各个控制区域间通过有限的几条重要联络线进行功率交换，各个区域内按照所给出的运行计划保证有功功率波动在本区域内实现就地平衡。AGC 即是保证实现这一运行目标的一种电力系统集中控制架构。

5.3.2　自动发电控制系统架构

AGC 系统负责对大型发电机组运行状态进行实时监测并发送控制运行指令。具体而言，对于二次调频控制，AGC 系统根据区域间联络线传输功率偏差和本地频率偏移计算出各个运行区域的运行偏差指标——区域控制偏差（ACE）。随后根据 ACE 指标计算出各个发电机组的运行调节指令并送给各个发电机组进行执行，其典型的控制架构如图 5-2 所示。

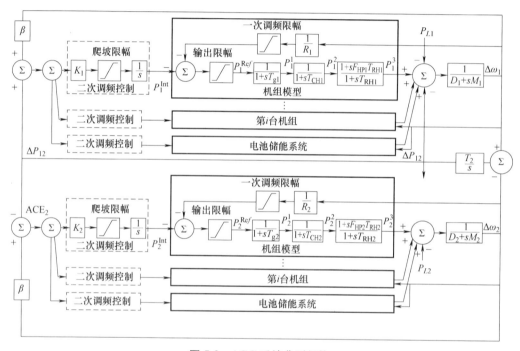

图 5-2　AGC 系统典型架构

如图 5-2 所示，AGC 系统在计算发电机组的运行指令 P_i^{Int} 时需要考虑各个发电机组的爬坡能力，否则将会存在发电机组无法及时响应 AGC 系统运行指令的情况。其中每个区域内部可以存在着多台相互独立的发电机组同时对系统频率进行控制和调节。对于每个独立的频率控制区域而言，当区域内的频率偏差超过设定的死区阈值时，通常为 ±0.02Hz 或 ±0.033Hz，各台机组的一次调频系统将立即控制发电机组的输出功率进行响应。即上图所示的发电机组模型中带有 $\dfrac{1}{R_i}$ 的控制回路。

如果单一控制区域内有多台机组，则它们将共同分担本区域内的区域控制误差。它们的输出功率则叠加在整个控制区域的频率特性模型入口处。同时，在存在多台机组并且频率偏差超出设定死区的上限时，各台机组同时按照频率偏差共同进行一次调频响应，系统的一次调频能力也将得到增强。

如图 5-2 所示，当控制区域内存在着电池储能系统时，在 AGC 系统中电池储能系统也将被视为发电机组进行统一调度和控制。考虑到电池储能系统与传统发电机组在运行模型和爬坡能力上的巨大差异，AGC 系统需要针对电池储能系统开发有针对性的控制策略，充分发挥电池储能系统的技术潜力。

其中电池储能系统实现一次调频的控制特性可以沿袭传统发电机组的控制器结构，即通过采集本地频率偏移信号，经过比例处理后生成控制指令，叠加于二次调频控制指令之上，实现对区域一次调频能力的加强。考虑到电池储能系统启动和输出功率调整费用较传统火力发电机组大幅降低，可以通过降低一次调频死区设定阈值、增加一次调频输出功率限幅范围以及增加一次调频比例控制器比例反馈环节设定系数 $\dfrac{1}{R_i}$ 增强电池储能系统的一次调频能力，提升电池储能系统所在区域的一次调频响应能力。

考虑到 AGC 系统中二次频率调节响应时间较一次调频大幅上升，且二次调频所消耗的能量容量大幅增加，因此传统适用于火电机组的 PI 调节器在某些情况下无法充分发挥电池储能系统的技术优势，因此建立适用于电池储能系统的 AGC 二次频率控制器构架是未来提升电池储能系统参与频率控制辅助服务的重要研究领域。本章后续内容也将对此进行详细介绍和分析。

5.4 电池储能调频技术优势

5.4.1 电池储能系统的技术特点

电池储能系统中的储能本体单元通过电化学反应完成电能的存储与释放过程，这一过程中不涉及物理系统的机械运动。与之相对的，传统发电机组调整输出功率时旋转部件由于加减速度会施加相应的机械向心力于发电机组的旋转机械主轴上。同时，机组主轴由于机械强度的限制会导致发电机组的输出功率变化速率不能高于一定的阈值。因此，电池储能系统的输出功率具备在短时间实现大幅度和快速调整的技术可能。

如图 5-3 所示，电池储能系统的运行受到了较为有限的能量容量限制[123]。现有的电池储能系统还无法达到百兆瓦级的运行功率和 1 天级别的持续运行时间能力。有限的能量容量导致电池储能系统无法对现有电力系统的能量平衡运行方式产生变革性的影响。同时，电池储能系统与现有使用化石燃料的大型发电机在

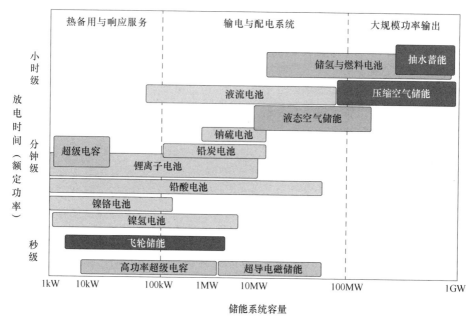

图 5-3　主流能量存储技术能量及功率容量

数学模型上存在着巨大的差异。与电池储能系统相比，化石燃料拥有巨大的能量密度，因此传统基于化石燃料的大型发电机组在一天到数天的时间尺度上一般不会受到可用燃料数量的运行约束。但电池储能系统一般连续运行时间最长仅能达到数个小时的时间尺度。因此，电池储能系统的运行增加了可用能量限制这一全新的运行维度。目前电池储能系统的主要作用为在现有的电力系统运行框架下进一步提升现有系统的运行性能。

因此需要针对电池储能系统有限的能量容量，充分发挥其快速调节输出功率的技术优势，开发相应的电池储能系统控制策略配合现有大型传统火电机组，提升电力系统的频率控制质量。

5.4.2　电池储能系统物理模型

为了有效提升电力系统的运行质量，进一步研究和建立电池储能系统的通用数学模型是建立先进电池储能系统的重要技术基础。本节针对电池储能系统的不同运行环境，对多种电池储能系统的数学模型进行了详细的介绍与分析，讨论了不同种类数学模型的不同适用环境和具体应用。

电池储能调频系统主要包括电池本体、功率变换系统以及调频服务控制器等子系统。其中电池本体负责电能的存储与释放；功率变换系统负责在电池的直流与交流电网间完成功率的双向传输变换；调频服务控制器负责生成电池储能系统的具体调频服务控制运行信号。典型的电池储能系统的各个部分可由图 5-4 进行描述[124]。

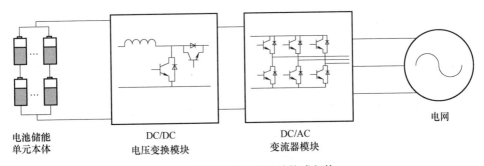

电池储能　　　　　DC/DC　　　　　　DC/AC
单元本体　　　　电压变换模块　　　　变流器模块

图 5-4　典型电池储能系统构成架构

具体包括储能单元本体，DC/DC 电压变换模块以及 DC/AC 变流器模块。对于多组串联的高压电池结构也可省略 DC/DC 电压变化模块电池储能单元本体直接通过 DC/AC 变流器模块与电网相连。

1. 电池储能理想模型

电池储能系统的理想能量容量模型可由式（5-7）确定的一个一阶系统进行描述：

$$SOC_{i+1} = SOC_i - P_i^{Bat} \tag{5-7}$$

式中，SOC_i 和 SOC_{i+1} 分别为电池储能系统在 i 和 $i+1$ 时刻的系统可用容量，以百分数形式进行表示；P_i^{Bat} 为电池储能系统在 i 时刻的输出功率，以放电功率为正方向。电池储能系统的可用能量容量仅受输出功率影响，并且不考虑充放电过程中产生的能量损耗。

2. 考虑充电功率损耗的储能容量计算模型

当考虑充放电过程中的能量损耗时，原有的电池储能系统能量容量模型可以由式（5-8）进行描述：

$$SOC_{i+1} = SOC_i + \eta_{Ch} P_{Ch,i}^{Bat} - P_{Dis,i}^{Bat} / \eta_{Dis} \tag{5-8}$$

式中，η_{Ch} 和 η_{Dis} 分别为电池本体充电和放电过程中的运行效率，取值范围介于 0 至 100% 之间。

与电池储能系统理想模型相比，电池本体的充放电功率被分离为充电功率和放电功率，分别由 $P_{Ch,i}^{Bat}$ 和 $P_{Dis,i}^{Bat}$ 表示，均为非负变量。这样，电池的能量容量模型可以进一步考虑充放电过程中功率损耗对电池可用能量容量估算的影响。同时，通过进一步细化充电功率的运行方向，可以对充电和放电过程中的功率损耗分别进行计算和考虑。充电过程中的功率损耗会导致电池本体得到的充电功率小于全系统与电网间传送的充电功率，因此在计算电池储能系统的可用能量变化时，需要将充电功率乘以相对应的充电效率用于计算电池储能系统在下一控制时刻的可用能量容量。反之，对于放电过程，从电池储能元件本体释放出的电能在考虑各个部件运行损耗的情况下应大于最终输送到电网中的实际能量。因此在计算电池储能系统可用容量时需要将注入到电网中的放电功率除以对应的放电效率。

3. 电池储能元件动态模型

大部分种类的电池本体元件在充放电过程中都会存在着一定的动态特性，即电池本体的可用能量在结束充放电过程后还会随时间的推移出现一定的变化。尤其是在大功率运行的情况下这种效应更为明显。考虑到当前电池储能系统的建造成本仍然较高，因此充分利用电池储能系统的可用能量容量将有效提升电池储能系统的经济性。为此，本部分主要介绍考虑电池储能元件本体的运行动态特性，以便在电池储能系统运行过程中更加准确地对电池储能系统的可用能量容量进行评估计算。

为了考虑电池储能系统可用能量容量的运行动态特性，有学者提出可以将理想模型中的电池系统能量容量分为两部分进行建模。这两部分可用容量可以使用图 5-5 描述的容器系统进行类比说明[125]。

图 5-5 将电池储能系统的能量容量表示为两个相互独立的容器。每个容器中保存的液体代表了各自存储的可用容量，从而各容器的液体水位表征了电池储能系统的 SOC。其中右侧的容器存在着两个管道分别与外界和左侧的容器相连接。与外界相连接的管道代表了储能系统与电网间的能量交换，与左侧容器的管道代表了储能系统内部的能量交换，用于对储能系统的能量动态过程进行建模。左侧的容器仅仅通过管道与右侧的容器交换能量，无法与外界产生直接联系。两个容器间的能量交换功率大小由两个容器间的能量水平之差决定，即式（5-9）：

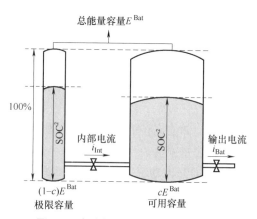

图 5-5　电池储能系统动态等效模型

$$P_i^{\mathrm{Int}} = k^{\mathrm{ic}}\left(\mathrm{SOC}_i^2 - \mathrm{SOC}_i^1\right) \qquad (5\text{-}9)$$

式中，P_i^{Int} 为电池储能系统两部分可用容量间的交换功率；SOC_i^1 和 SOC_i^2 分别为两部分能量容量中各自的剩余可用能量水平；k^{ic} 表示交换功率与可用能量水平差值之间的线性系数。进一步，各个容器中所代表的可用能量水平即 SOC 可由式（5-10）和式（5-11）进行计算评估：

$$\mathrm{SOC}_{i+1}^1 = \mathrm{SOC}_i^1 + \frac{k^{\mathrm{ic}}\left(\mathrm{SOC}_i^2 - \mathrm{SOC}_i^1\right) - P_i^{\mathrm{Bat}}}{cE^{\mathrm{Bat}}} \qquad (5\text{-}10)$$

$$\text{SOC}_{i+1}^2 = \text{SOC}_i^2 - \frac{k^{\text{ic}}\left(\text{SOC}_i^2 - \text{SOC}_i^1\right)}{(1-c)E^{\text{Bat}}} \tag{5-11}$$

式中，E^{Bat} 为电池储能系统的整体容量；c 为右侧可与外界直接交换能量部分的能量容量，取值范围为 $0\sim1$。进一步地，将可用能量容量分为两部分表示的电池储能系统动态模型可以由式（5-12）系统状态方程进行描述：

$$x(t) = \begin{bmatrix} \dfrac{-k_i^{\text{ic}}}{c_i E_i^{\text{Bat}}} & \dfrac{k_i^{\text{ic}}}{c_i E_i^{\text{Bat}}} \\[3mm] \dfrac{k_i^{\text{ic}}}{(1-c_i)E_i^{\text{Bat}}} & \dfrac{-k_i^{\text{ic}}}{(1-c_i)E_i^{\text{Bat}}} \end{bmatrix} x(t) + \begin{bmatrix} -\dfrac{1}{c_i E_i^{\text{Bat}}} \\[3mm] 0 \end{bmatrix} u(t) \tag{5-12}$$

式中，$x(t) = \left[\text{SOC}^1(t)\,\text{SOC}^2(t)\right]$；$u(t) = P^{\text{Bat}}$。由此，考虑电池储能系统的能量容量动态效应的系统动态模型可由上式进行描述。上述电池储能系统的动态模型可以进一步与先进优化控制器相结合，用以量化计算电池储能系统在未来指定时刻的可用剩余能量（SOC）水平。以便实现最大化电池储能系统技术效益的目标。

4. 电池储能能量变换系统模型

考虑到目前 DC/AC 变流器可以通过解耦控制，实现电池储能系统的输出有功功率和无功功率解耦控制。因此电池储能系统中由 DC/DC 和 DC/AC 部件构成的功率变换系统（PCS），系统数学模型可由一个 1 阶惯性系统进行数学建模，其等效模型如图 5-6 所示。

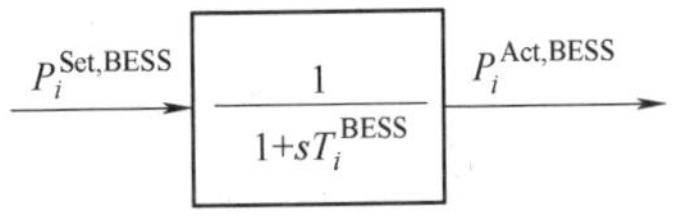

图 5-6 中，$P_i^{\text{Set,BESS}}$ 和 $P_i^{\text{Act,BESS}}$ 分别为第 i 个电池储能系统 PCS 中的运行参考指令和实际输出功率。上图中的传递函数可由式（5-13）的系统状态方程进行表述：

图 5-6　电池储能系统 PCS 等效模型

$$\dot{x}(t) = \frac{-1}{T_i^{\text{BESS}}}x(t) + \frac{1}{T_i^{\text{BESS}}}u(t) \tag{5-13}$$

式中，$x(t)$ 为系统状态变量，$x(t) = P_i^{\text{Set,BESS}}(t)$；$u(t)$ 为输入变量，$u(t) = P_i^{\text{Act,BESS}}(t)$。电池储能系统 PCS 的动态过程也可由上式进行描述。上述建立的 PCS 动态模型可以考虑 PCS 控制指令与系统实际输出之间的时间延迟效应。

5.5　电池储能系统参与电网调频的运行控制

5.5.1　电池储能系统参与电网调频的运行控制概述

传统调频控制研究集中于整定 PI 控制器参数和利用高级控制方法替代 PI，

前者采用遗传算法、人工神经网络和神经模糊推理等智能算法动态整定，仿真比较各个自适应控制器在不同负荷水平和电网参数条件下的性能[126]，后者利用模型预测控制[127-128]或自适应模糊控制[129-131]等高级控制方法，对电网的参数不确定性、延时及控制过程中的非线性环节（如调频死区、爬坡率约束等）进行优化设计，这类控制方法相较于传统的 PI 控制器，更能与实际电网的设备（如广域测量系统（Wide Area Measurement System，WAMS）等）相结合，进而取得更佳的控制效果。从调频任务协联的角度出发，参考文献［132］考虑到电网一、二次调频任务所存在的矛盾，引入微分博弈论以改善各调频任务的协联和合作，可减少不同层次控制器间的冲突，取得最佳调频效果。

通过新型控制方法协调储能电池与传统电源，不仅能充分利用各自的技术优势，还能有效减少电网频率及联络线功率波动，且控制效果均优于 PI 控制器。参考文献［133］面向微网提出基于鲁棒控制的储能电池调频控制策略，运用 μ-综合相关理论，计及电网参数不确定性、测量噪声等对控制效果的影响，对控制偏差与控制输入信号采取不同加权函数，使储能电池和传统电源分别承担高频和低频信号，并保持储能电池的荷电状态 Q_{SOC} 维持在 50% 附近，仿真结果表明所设计控制器有效，能较好地应对电网参数变化及噪声影响；参考文献［134-135］引入频率偏差变化率信号，与频率偏差信号共同作为输入信号，提出改进型下垂频率控制策略，并与采样频率偏差信号作为输入信号，运用 H_∞ 下垂控制的方式进行比较，仿真表明 H_∞ 下垂控制能更好地控制电网频率偏差及维持储能电池荷电状态稳定；参考文献［136］提出一种基于模糊控制的储能电池辅助 AGC 调频策略，该控制器的输入量为区域控制误差信号 S_{ACE} 及其变化率，输出量为储能电池的动作深度，采用此策略能使储能电池快速响应 S_{ACE} 信号的变化，并在火电机组逐渐增加出力时减少储能电池出力，直至电网达到新的平衡态时储能电池退出运行，仿真表明此策略有效，且能减少储能电池所需配置的容量；参考文献［137］提出一种利用二次规划法分配调频信号的策略，该策略控制飞轮储能电源跟踪快速变化的调频信号，并在其接近于满充或满放时，由传统电源弥补其不足，可延长前者的使用寿命并提高后者的运行效率；参考文献［138］研究了基于模型预测控制器的储能调频控制策略，在此基础上，参考文献［139］根据储能电源的工作模式和控制策略，设计广域储能协调控制系统（Wide-area Coordinated Control of Energy Storage System，WCCESS）框架，并提出储能电源、电网传统设备及间歇性能源在不同时间尺度下的多目标控制构想。在混合储能电源的协调控制方面，目前研究主要集中于平抑波动应用，对频率控制的研究还相对较少，部分研究提出用小波包分解和模糊控制相结合的控制策略，利用功率型的超级电容和能量型的锂离子电池组成的混合储能电源进行平抑波动，即结合两者各自的技术优势，不但能覆盖频率范围较宽的功率波动，还能实现各储能的效率最优，有效提高储能的运行经济性[140-143]。有学者研究储能电池、传统电源与风机联合调频，参考文献［144］提出基于荷电状态 Q_{SOC} 反馈的风-储联合调频控制策略，该策略需要实时监测电网频率偏差和储能电池 Q_{SOC} 状态，由储能电池优先响应电网频率变化，当其 Q_{SOC} 值位于不同区间时，通过协调风机与火电机组参与调频，使储能 Q_{SOC} 维持在 50% 附近，为下一时刻调频任务做好准备。此外，也有学者研究将模糊控制及模型预测控制等方法用于控制 V2G 参与调频，进而实现其与传统电源的协调运行[145-146]。

国内外对储能电池与传统电源联合运行的研究尚属起步阶段。如何在模型中更合理地体现储能电池的技术优势及如何协调好混合储能电源的运行亟需深入研究，同时可结合控制理论对（多）区域电网调频动态模型进行分析，运用新型智能控制方法解决储能电池参与电网调频问题，因为储能电池与传统电源的联合运行，是储能电池工程化应用的基础。应当指出，从电网运行需求全局角度，如何结合和兼顾储能电池、风电及传统电源的技术经济特性，形成多时间尺度的协调运行策略是电网面临的一个重要问题。此外，储能电池应用于电网一、二次调频的协联控制技术也尚待研究。

综上可知，国外针对大规模储能电池参与电网调频已开展了不少基础理论工作，而国内理论分析开展较少，应用示范也属起步阶段，且国内网架和能源结构与国外相差甚远，故亟需探索符合我国电网特点的储能电池调频技术，加大基础理论研究及工程示范力度。

5.5.2　电池储能系统参与电网调频的基本控制模式

电网调频又称频率调整或频率控制，是电力系统中维持有功功率供需平衡的主要措施，其根本目的是保证电力系统的频率稳定。电力系统频率调整的主要方法是调整发电功率和进行负荷管理。按照调整范围和调节能力的不同，频率调整可分为一次调频、二次调频和三次调频。其中三次调频就是协调各发电厂之间的负荷经济分配（即有功功率经济分配），其实质是完成在线经济调度，其目的是在满足电力系统频率稳定和系统安全的前提下合理利用能源和设备，以最低的发电成本或费用获得更多的、优质的电能。三次调频属于电网经济调度问题，本书涉及储能电池参与电网调频控制方法仅就一次调频、二次调频控制策略进行分析，三次调频不做讨论。

1. 储能电源参与电力系统一次调频的控制策略

一次调频是指当电力系统频率偏离目标频率时，发电机组通过调速系统的自动反应，调整有功出力以维持电力系统频率稳定。一次调频的特点是响应速度快，但是只能做到有差控制。且一次调频主要应对短周期的负荷功率变化导致的电网频率波动，响应迅速，由储能系统自主完成，可以实现有差调节。基本工作原理如图 5-7 所示。

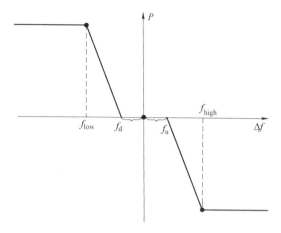

图 5-7　一次调频工作原理图

由图 5-7 可知，一次调频工作原理为：当电网频率值在死区范围（f_d，f_u）之间时，默认电网频率正常，PCS 不做调节；当电网频率值在（f_{low}，f_d）之间时，PCS 根据频率值对应的功率值，对电网补充；当电网频率低于 f_{low} 时，PCS 以最大功率输出有功功率；当电网频率值在（f_u，f_{high}）之间时，PCS 根据频率值对应的功率值，对电网吸收有功功率；当电网频率高于 f_{high} 时，PCS 以最大功率吸收有功功率。具体的出力大小根据对应控制策略进行调整，本书就几种常规控制策略进行详细介绍。

（1）储能电池参与一次调频下垂控制方法

储能电池参与一次调频的方法如图 5-8 所示。图中，Δf_{db} 为调频死区，Δf_{db_u} 和 Δf_{db_d} 分别为其上、下限值；Δf_u 和 Δf_d 为针对储能电池设置的调频出力上、下限值，频率偏差超过该限值时储能电池以额定功率出力。

由图 5-8 可知，当负荷突然增加时，负荷频率特性曲线将由 $L_1(\Delta f)$ 移至 $L_2(\Delta f)$，由传统电源的功频曲线 $G(\Delta f)$ 可知其会自动增加出力，以阻止频率进一步下降，电网运行点将由稳定运行点 a 移至 b 点，对应的频率偏差从 0 下降至 Δf_1（其为负值）。此时，利用储能电池模拟传统电源的下垂特性以实现参与一次调频，通过设置储能电池的虚拟单位调节功率 K_E，对应储能电池的出力为如图所示的 P_E 值。

电网中的传统电源功率或负荷发生变化时，必然会引起电网频率的变化。当电网供电大于负荷需求时，电网频率会上升。可知此时应控制储能电池从电网吸收功率；当电网供电小于负荷需求时，电网频率会下降，此时应控制储能电池释放功率至电网。

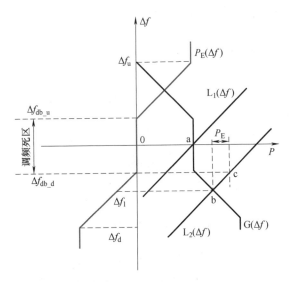

图 5-8　储能电池参与一次调频的方法

（2）储能电池参与一次调频的改进下垂控制

目前储能电源参与一次调频主要是通过模拟机组的下垂特性，所以需要研究储能电源的功率增量与频率增量之间的内在联系并进行优化控制，即下垂系数的倒数，单位调节功率。大多数文献采用固定的单位调节功率值参与电力一次调频，并取得一定效果。但是针对负荷的长时随机小扰动，电池的 SOC 作为储能电源一个非常重要的变量之一，在储能电源控制方法的研究中必须加以考虑。

目前计及储能 SOC 影响的控制策略的基本思想主要分为两种。一种是如何在调频过程中维持 SOC 在期望值附近，一般为 50%。当储能 SOC 较高时，储能电源多充电，减少放电；当储能 SOC 较低时，储能电源多放电，减少充电。另一种则是当储能电源进入调频死区时，如何将 SOC 恢复到期望值附近。

风险偏好曲线是反映决策者对风险态度的一种曲线。由于调频效果反映了储能电源在技术上的应用效果，而 SOC 的保持效果反映了储能电源在经济性上的投资风险，正如不同的投资者对风险的态度存在差异，在电力运行过程中，电力系统的不同应用场合同样对调频效果和 SOC 控制效果存在不同偏好。通过借鉴风险偏好曲线的分类方法，提炼了三种控制策略。按照调频效果和 SOC 保持效果的偏好，三种控制策略可分为：保守型、激进型及混合型。

1）保守型。图 5-9 所示为保守型策略中储能 SOC 与 K_b 的关系。实线为充电时的单位调节功率，虚线为放电时的单位调节功率。该曲线在 SOC 限制范围内是下凸的。这意味着，如充电时，一开始 K_b 将快速下降，随着 SOC 增加，速度才逐渐减慢。此时，当 SOC＝0.5 时，储能电源处于较低的状态。这种策略更注重对 SOC 的维持，只有当 SOC 足够时才允许储能电源充分出力。

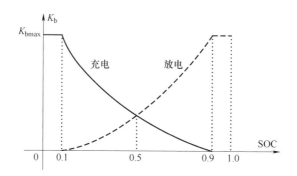

图 5-9　保守型控制策略

为实现负荷功率在分布式储能单元之间的合理分配，提出基于荷电状态（SOC）改进下垂控制方法。可改为储能电源的保守型控制策略，见式（5-14）：

$$K_b = \begin{cases} K_{bmax} SOC^2 & \Delta f < 0 \\ K_{bmax}(SOC-1)^2 & \Delta f > 0 \end{cases} \quad (5\text{-}14)$$

式中，K_b 为电池单位调节功率；K_{bmax} 为储能电源单位调节功率最大值；SOC 为电池荷电状态实时值；Δf 为频率偏差。

2）激进型。图 5-10 中实线为充电时的单位调节功率，虚线为放电时的单位调节功率。该策略与第一种策略恰恰相反，曲线是上凸的，即在充电期间，当 SOC 较小时，K_b 减少较小且较慢以提供足够的功率输出。在保证了输出的同时，牺牲了对 SOC 的保持效果。

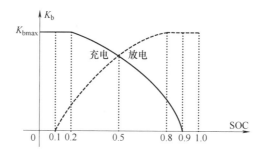

图 5-10　激进型控制策略

根据参考文献［147］提出的一种通过调整充放电功率来保持电池剩余容量的单位调节功率的公式，可得出激进型的控制策略，见式（5-15）：

$$K_b = K_{bmax}\left\{1 - \left(\frac{SOC - SOC_{low(high)}}{SOC_{max(min)} - SOC_{low(high)}}\right)^n\right\} \tag{5-15}$$

式中，K_b 为电池单位调节功率；K_{bmax} 为储能电源单位调节功率最大值；SOC 为电池荷电状态实时值；SOC_{max}、SOC_{min}、SOC_{high}、SOC_{low} 分别为设定的荷电状态的最大值、最小值、较高值和较低值；n 是方程的幂指数，n 可选为 2。

K_b 按照充电过程和放电过程分为 K_c 和 K_d，其具体控制方式见式（5-16）：

$$P_{V2G} = \begin{cases} K_c \Delta f, & \Delta f > 0 \\ K_d \Delta f, & \Delta f \leqslant 0 \\ P_{max}, & K_c \Delta f \geqslant P_{max} \\ -P_{max}, & K_d \Delta f \leqslant -P_{max} \end{cases} \tag{5-16}$$

其中，K_c 和 K_d 具体如式（5-17）所示：

$$K_b = \begin{cases} K_c = K_{max}\left\{1 - \left(\dfrac{SOC - SOC_{low}}{SOC_{max} - SOC_{low}}\right)^2\right\} \\ K_d = K_{max}\left\{1 - \left(\dfrac{SOC - SOC_{high}}{SOC_{min} - SOC_{high}}\right)^2\right\} \end{cases} \tag{5-17}$$

式中，P_{V2G} 为 V2G 的出力；K_c 为充电时的单位调节功率；K_d 为放电时的单位调节功率；当期望 SOC 保持在 0.5 附近时，$SOC_{max} = 0.9$、$SOC_{min} = 0.1$、$SOC_{high} = 0.8$、$SOC_{low} = 0.2$。

3）混合型。在激进型和保守型的基础上，根据参考文献 [148] 提出的一种新的单位调节功率控制方法可提炼出混合型的控制策略。该策略将 SOC 进行了分段控制。SOC 不同时段的充电单位调节功率和放电单位调节功率不同。

图 5-11 中实线为充电时的单位调节功率，虚线为放电时的单位调节功率。粗实线和细实线分别为保持的 SOC 不同时的单位调节功率曲线。从图中可以看出，该策略结合了以上两种策略。以充电过程为例，当 SOC 低于期望水平（0.5）时，K_b 如激进型策略一样减少以保证输出足够功率。而当 SOC 稍大时，K_b 则像保守型一样迅速减小出力以阻止 SOC 继续增大。

当 $SOC_i < SOC_0$ 时，该策略令电池充电时的单位调节功率大于放电时的单位调节功率，从而使电池吸收的功率大于放出的功率，电池的 SOC 将被迫提升。

同理，$SOC_i > SOC_0$ 时，该策略令电池充电时的单位调节功率小于放电时的单位调节功率，从而使电池吸收的功率小于放出的功率，电池的 SOC 将被迫下降。

在 SOC_{min} 和 SOC_{max} 不变时，SOC_0 可以随意改变。

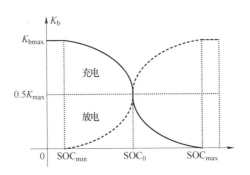

图 5-11　混合型控制策略

2. 储能电池参与二次调频的方法

二次调频也称为自动发电控制（AGC），是指发电机组提供足够的可调整容量及一定的调节速率，在允许的调节偏差下实时跟踪频率，以满足系统频率稳定的要求。二次调频可以做到频率的无差调节，且能够对联络线功率进行监视和调整。且二次调频主要应对较长周期的负荷功率变化导致的电网频率波动，通过自动发电控制（AGC）指令调度储能系统完成，可以实现无差调节，二次调频工作原理如图 5-12 所示。

由图 5-12 可知，二次调频工作原理为：当电网频率升高时，储能系统通过吸收电网有功功率，给蓄电池充电，使得电网频率恢复到调频死区范围内，调频指令由调度经 AGC 发送至能量管理系统（EMS），再指派至储能系统及 PCS 功率变换装置进行控制，而能量则经由电网至PCS 在电池储能系统中存储起来；相应的，当电网频率降低时，蓄电池放电，储能系统通过向电网输出有功功率，使得电网频率恢复到调频死区范围内，调频指令由调度经 AGC 发送至 EMS，再指派至储

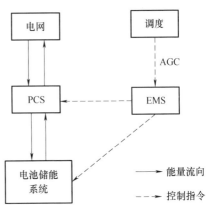

图 5-12　二次调频工作原理图

能系统及 PCS 功率变换装置进行控制，而能量则经由电池储能系统释放，经PCS 功率变换装置进入电网，以维持电网稳定。

储能电池参与二次调频的方法如图 5-13 所示。当负荷突然增加时，负荷频率特性曲线将由 $L_1(\Delta f)$ 移至 $L_2(\Delta f)$，当传统电源的一次调频功能启动时，电网运行点将由稳定运行点 a 移至 b 点，对应的频率偏差从 0 下降至 Δf_1（其为负值）。当传统电源的二次调频功能启动时，假设其备用容量不足，功频曲线将由

$G_1(\Delta f)$ 移至 $G_2(\Delta f)$，对应的二次调频出力为 ΔP_G，此时电网运行点将由 b 点移至 c 点，即频率偏差从 Δf_1 回升至 Δf_2。在此场景下，控制储能电池放电，功率指令为 P_E，频率偏差将恢复至 0。即传统电源联合储能电池参与二次调频，通过对区域控制误差信号的合理分配，使得传统电源的出力为 ΔP_G，储能电池的出力为 P_E，最终实现电网频率的无差调节。

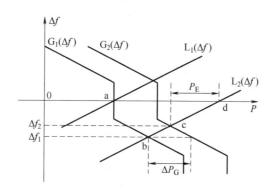

图 5-13　储能电池参与二次调频的方法

（1）基于 ARR 信号的控制方式分析

在现有研究中，储能电源参与 AGC 的控制策略即为 ARR 信号的分配方式，相应控制框图如图 5-14 所示。

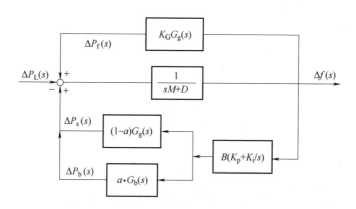

图 5-14　基于 ARR 信号分配的控制方式框图

图 5-14 中，a 为储能出力在 ARR 信号中所占比例系数；$1-a$ 为机组二次调频出力在 ARR 信号中所占比例系数。基于图 5-14，可以推导出机组出力、储能电源出力、负荷功率以及系统频率的增量关系见式（5-18）~式（5-20）。

频率偏差见式（5-18）：

121

$$\Delta f(s) = \frac{\Delta P_{\mathrm{G}}(s) + \Delta P_{\mathrm{b}}(s) - \Delta P_{\mathrm{L}}(s)}{sM + D} \tag{5-18}$$

机组出力见式（5-19）：

$$\Delta P_{\mathrm{G}}(s) = \Delta P_{\mathrm{f}}(s) + \Delta P_{\mathrm{s}}(s) = -\left[K_{\mathrm{G}} + (1-a)B\left(K_{\mathrm{p}} + \frac{K_{\mathrm{i}}}{s}\right)\right]G_{\mathrm{g}}(s)\Delta f(s)$$

$$= -\left[G_{\mathrm{f}}(s) + (1-a)G_{\mathrm{s}}(s)\right]\Delta f(s) \tag{5-19}$$

当储能出力不计及 SOC 影响时，见式（5-20）：

$$\Delta P_{\mathrm{b}}(s) = -a \cdot B\left(K_{\mathrm{p}} + \frac{K_{\mathrm{i}}}{s}\right)G_{\mathrm{b}}(s)\Delta f(s) \tag{5-20}$$

式中，$G_{\mathrm{b}}(s)$ 表征储能电源出力延时。

从式（5-18）和式（5-20）中可看出，在暂态过程中，一次调频量和频率偏差的变化基本一致。由于 PI 环节的存在，储能电源出力的快速特性被部分抑制，并和机组二次调频量一样保持稳步增长。在稳态时，最终由储能电源和机组二次调频量按比例分担负荷增量，机组一次调频量减小至零。若使用 ARR 信号作为控制信号，从系统的角度来看，此方法未能很好利用储能的快速响应能力以优化系统性能。更重要的是，从储能电源容量的角度来看，此方法在保持 SOC 方面的局限性是显而易见。

（2）基于 ACE 信号的控制方式分析

为了克服上节所分析的 ARR 信号分配方式的缺陷，相对而言的一种基于 ACE 信号直接分配的控制方式，其控制框图如图 5-15 所示。

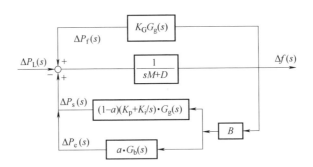

图 5-15　基于 ACE 信号分配的控制方式框图

从图 5-15 中可以看出，该控制方式与基于 ARR 信号的控制方式不同之处在于储能电源的控制信号没有经过 PI 环节，直接来自于 ACE 信号，即储能电源出力与 ACE 信号成正比关系，可以即时响应 ACE 的变化。

频率偏差和机组出力的表达式与上节所提表达式一致，但储能电源出力不再经过 PI 环节，见式（5-21）：

$$\Delta P_{\mathrm{b}}(s) = -a \cdot B \cdot G_{\mathrm{b}}(s)\Delta f(s) \tag{5-21}$$

从式（5-21）中可看出，在暂态过程中，储能电源随着频率偏差变化而增减出力，并避免了 PI 控制器的延时影响。在发生同一扰动时，该控制方式相比基于 ARR 信号的控制方式，储能电源出力减小，机组一二次调频量均增加。在稳态时，最终由机组二次调频全部补偿负荷增量，而储能电源出力和一次调频量减小至零。这种控制方式不仅可以保证其快速动作的能力，同时可以使得储能电源自适应地减小 SOC 变化。

5.5.3　考虑储能系统参与电网调频动作时机与深度的运行方法

基于区域电网等效模型，在时域中，通过分析灵敏度系数的特征，确定储能电池的动作时机及其应当采取的控制模式，基于此将调频过程划分为不同的时段，并结合调频评估指标要求得到各时段的动作深度，进而形成储能电池的控制策略。

1. 基于时域灵敏度系数分析的动作时机

因储能电池的响应时间远小于传统电源，故在研究过程中近似认为 PCS 环节的时间常数为 $0^{[149-150]}$，即储能电池模型的传递函数 $N(s)$ 简化为 1，据此展开分析。

（1）灵敏度系数的特征分析

1）据灵敏度理论分析，频差变化率 $\Delta o(t)$ 对储能电池的虚拟惯性系数 M_{E} 的灵敏度系数的一阶导数为零的时刻与 $\partial \Delta o(t)/\partial t = 0$ 对应的时刻相同。

在 $0\sim t_{\mathrm{m}}$ 时段，当负荷扰动 Δp_{L} 为正值时，显然峰值时刻 t_{m} 的频差变化率 $\Delta o(t_{\mathrm{m}})$ 等于 0、初始频差变化率 Δo_0 为负值且频差变化率 $\Delta o(t)$ 单调上升，进而可知 $\partial \Delta o(t)/\partial t$ 为正值且 $\Delta o(t)$ 对 M_{E} 的灵敏度系数的一阶导数为负值，即 $\Delta o(t)$ 对 M_{E} 的灵敏度系数单调下降，则其最大值为 t_0 时刻的值 $(\Delta o_0)^2/\Delta p_{\mathrm{L}}$；当 Δp_{L} 为负值时，可知 $\Delta o(t)$ 对 M_{E} 的灵敏度系数的负向最大值也为 $(\Delta o_0)^2/\Delta p_{\mathrm{L}}$。综合可得 $\Delta o(t)$ 对 M_{E} 的灵敏度系数绝对值最大时对应的时刻为 t_0。

2）据灵敏度理论分析，频率偏差 $\Delta f(t)$ 对储能电池的虚拟单位调节功率 K_{E} 的灵敏度系数一阶导数为零的时刻与频差变化率 $\Delta o(t)$ 等于 0 对应的时刻相同。

在 $0\sim t_{\mathrm{m}}$ 时段，当负荷扰动 Δp_{L} 为正值时，由前述分析可知 $\Delta o(t)$ 由负向最大值单调上升至 0，进而可知 $\Delta o(t)$ 对储能电池的虚拟惯性系数 M_{E} 的灵敏度系数的一阶导数为负值，即 $\Delta o(t)$ 对 M_{E} 的灵敏度系数单调下降；同时，$\Delta f(t)$ 对储能电池的虚拟单位调节功率 K_{E} 的灵敏度负向最大值对应的时刻为峰值时刻 t_{m}。同理，当 Δp_{L} 为负值时，$\Delta f(t)$ 对 K_{E} 的灵敏度系数的正向最大值对应的时刻也为 t_{m}。结合可得 $\Delta f(t)$ 对 K_{E} 的灵敏度系数绝对值最大时对应的时刻为 t_{m}。

3）据灵敏度理论分析，$\Delta f(t)$ 对 M_E 的灵敏度系数绝对值最小时对应的时刻为 t_m。

在扰动起始时刻 t_0，频差变化率 $\Delta o(t)$ 对储能电池的虚拟惯性系数 M_E 的灵敏度系数的绝对值最大；在峰值时刻 t_m 时刻，频率偏差 $\Delta f(t)$ 对储能电池的虚拟单位调节功率 K_E 的灵敏度系数的绝对值最大且 $\Delta f(t)$ 对 M_E 的灵敏度系数的绝对值最小。

（2）动作时机及对应的控制模式

基于前述灵敏度理论分析，可得储能电池的各动作时机所对应的运行状态分别应当满足下述条件：

1）在扰动起始时刻 t_0，频差变化率 $\Delta o(t)$ 对储能电池的虚拟惯性系数 M_E 的灵敏度系数绝对值最大且此时的 $\Delta o(t)$ 的绝对值最大，随后频率会快速下滑。因此，为较好地满足初始频差变化率 Δo_0 和最大频率偏差 Δf_m 的控制要求，以 t_0 时刻作为储能电池参与一次调频的初始时刻，同时选用虚拟惯性控制模式。

2）在峰值时刻 t_m，频率偏差 $\Delta f(t)$ 对储能电池的虚拟单位调节功率 K_E 的灵敏度系数绝对值最大，$\Delta f(t)$ 对 M_E 的灵敏度系数绝对值最小且 $|\Delta f(t)|$ 为最大值，随后频率会逐步恢复。因此，为较好地满足准稳态频率偏差 Δf_{qs} 的控制要求，以 t_m 时刻作为储能电池控制模式切换时刻，由虚拟惯性控制模式切换为虚拟下垂控制模式。

3）在准稳态时刻 t_{qs}，频率偏差 $\Delta f(t)$ 稳定于准稳态频率偏差 Δf_{qs} 且频差变化率 $\Delta o(t)$ 恒为 0，一次调频过程结束。因此，以 t_{qs} 时刻作为储能电池参与一次调频的退出时刻。

4）一次调频过程结束后需维持储能电池荷电状态 Q_{SOC} 接近于运行参考值 $Q_{SOC,ref}$，以便能更好地迎接下一次调频任务，故需对其进行额外的充放电。

综合以上四点即完成了储能电池参与一次调频的动作时机确定。因此，可将一次调频过程划分为如下两个时段，第一时段为 $t_0 \sim t_m$，对应采用虚拟惯性控制模式；第二时段为 $t_m \sim t_{qs}$，对应采用虚拟下垂控制模式。下节将分析各调频时段所必需的动作深度。

2. 基于调频评估指标要求的动作深度

假设储能电池放电为正，充电为负。假设 Δp_L 为正值，分析各调频时段储能电池所必需的动作深度。

（1）t_0 时刻储能电池的动作深度分析

引入功率变量 P_{E0}（实际值）。t_0 时刻需要满足 $\Delta o_{max} \leqslant \Delta o_0 \leqslant 0$，假设储能电池的动作深度为 ΔP_{E0}（标幺值），此时可得

$$\Delta o_{max} \leqslant \Delta o_0 = \frac{\Delta P_{E0} - \Delta p_L}{M} \leqslant 0$$

$$\Rightarrow (\Delta p_{\mathrm{L}} + M \Delta o_{\mathrm{max}}) \leqslant \Delta P_{\mathrm{E0}} \leqslant \Delta p_{\mathrm{L}} \tag{5-22}$$

一般选择上式中的较小值作为 ΔP_{E0} 的值，即取为 $(\Delta p_{\mathrm{L}} + M \Delta o_{\mathrm{max}})$，从而可得 P_{E0} 如下式所示：

$$(\Delta p_{\mathrm{L}} + M \Delta o_{\mathrm{max}}) S_{\mathrm{BASE}} \leqslant P_{\mathrm{E0}} \leqslant \Delta p_{\mathrm{L}} S_{\mathrm{BASE}} \tag{5-23}$$

式中，S_{BASE} 为电网的额定容量。

针对具体的电网需求，P_{E0} 值可在此范围内灵活选择，一般取较小值。

（2）$t_0 \sim t_{\mathrm{m}}$ 时段内储能电池的动作深度分析

引入功率变量 P_{E1}。该时段储能电池通过虚拟惯性控制模式参与一次调频，对应的储能电池的虚拟惯性系数 M_{E} 确定方法如下：利用参数轨迹灵敏度方法[151]分析电网的惯性时间常数 M 对最大频率偏差 Δf_{m} 的影响，为实现 $\Delta f_{\mathrm{m}} \geqslant \Delta f_{\mathrm{m\_max}}$ 的目标，能分析出合适的电网惯性时间常数 M_1，进而可知 M_{E} 需满足式（5-24）：

$$M_{\mathrm{E}} \cdot \frac{P_{\mathrm{E1}}}{S_{\mathrm{BASE}}} \geqslant (M_1 - M)$$

$$\Rightarrow M_{\mathrm{E}} \geqslant (M_1 - M) \cdot S_{\mathrm{BASE}} / P_{\mathrm{E1}} \tag{5-24}$$

（3）$t_{\mathrm{m}} \sim t_{\mathrm{qs}}$ 时段内储能电池的动作深度分析

引入功率变量 P_{E2}。该时段储能电池通过虚拟下垂控制模式参与一次调频，当一次调频过程结束，即频率偏差 $\Delta f(t)$ 达至准稳态频率偏差 Δf_{qs} 时，经推导可得虚拟单位调节功率 K_{E} 需满足：

$$\Delta f_{\mathrm{qs\_max}} \leqslant \Delta f_{\mathrm{qs}} \leqslant 0$$

$$\Rightarrow \Delta f_{\mathrm{qs\_max}} \leqslant \frac{-\Delta p_{\mathrm{L}}}{D + K_{\mathrm{G}} + \left(K_{\mathrm{E}} \dfrac{P_{\mathrm{E2}}}{S_{\mathrm{BASE}}} \right)} \leqslant 0$$

$$\Rightarrow K_{\mathrm{E}} \leqslant \frac{-S_{\mathrm{BASE}} \left(\dfrac{\Delta p_{\mathrm{L}}}{\Delta f_{\mathrm{qs\_max}}} + K_{\mathrm{G}} + D \right)}{P_{\mathrm{E2}}} \tag{5-25}$$

由式（5-24）和式（5-25）可知，只要选定电网的额定容量 S_{BASE}、负荷扰动 Δp_{L}、准稳态频率偏差限值 $\Delta f_{\mathrm{qs\_max}}$、传统电源的单位调节功率 K_{G}、负荷阻尼系数 D、$t_0 \sim t_{\mathrm{m}}$ 时段内引入的功率变量 P_{E1} 和 $t_{\mathrm{m}} \sim t_{\mathrm{qs}}$ 时段内引入的功率变量 P_{E2}，即可确定储能电池的虚拟惯性系数 M_{E} 和虚拟单位调节功率 K_{E}。对于确定的电网，Δp_{L} 能通过统计确定，S_{BASE}、$\Delta f_{\mathrm{qs\_max}}$、$K_{\mathrm{G}}$ 和 D 也为已知量，因此 M_{E} 的选取仅与 P_{E1} 相关，K_{E} 的选取仅与 P_{E2} 相关。一般通过以上两式首先确定 P_{E1} 与 P_{E2} 的值，t_0 时刻引入的功率变量 P_{E0} 取式（5-23）中的 $(\Delta p_{\mathrm{L}} + M \Delta o_{\mathrm{max}}) S_{\mathrm{BASE}}$，从而可得储能电池的功率需求 P_{E} 满足：

$$P_{\mathrm{E}} = \max (P_{\mathrm{E0}}, P_{\mathrm{E1}}, P_{\mathrm{E2}}) \tag{5-26}$$

通过 P_E 可最终确定储能电池的虚拟惯性系数 M_E 与虚拟单位调节功率 K_E 的值,即完成储能电池参与一次调频的动作深度确定。

3. 控制策略流程

基于以上动作时机与深度的分析,形成考虑储能电池参与一次调频动作时机与深度的控制策略,对应的流程如图 5-16 所示。

步骤 1,获取区域电网的基础参数;统计典型工况(非峰荷期和峰荷期等)下的最大过剩功率 $\Delta P_{\text{max surplus}}$(需要储能电池充电)和最大缺额功率 $\Delta P_{\text{max shortage}}$(需要储能电池放电),则对应工况下的最大负荷扰动 $\Delta p_{\text{L\_max}}$ 为 max($\Delta P_{\text{max surplus}}$,$\Delta P_{\text{max shortage}}$),此时需提出各工况下的调频评估指标要求。

步骤 2,基于步骤 1,利用灵敏度原理确定储能电池的初始投入时刻,同时选用虚拟惯性控制模式,并依据式(5-24)确定此调频时段对应的储能电池的虚拟惯性系数 M_E 与所需的功率变量 P_{E1} 之间的关系;再确定储能电池的控制模式切换时刻,同时选用虚拟下垂控制模式,并依据式(5-25)确定此调频时段对应的虚拟单位调节功率 K_E 与所需的功率变量 P_{E2} 之间的关系。最后利用式(5-26)确定储能电池的功率需求 P_E,进而得到 M_E 和 K_E 的值。

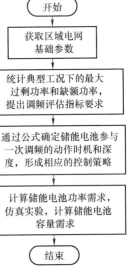

图 5-16 储能电池参与一次调频的控制策略实现流程

步骤 3,设储能电池的容量需求为 E_B,荷电状态运行参考值 $Q_{\text{SOC,ref}}$ 取为 0.5。基于步骤 1 确定的最大负荷扰动 $\Delta p_{\text{L\_max}}$ 和步骤 2 确定的储能电池的功率需求 P_E、虚拟惯性系数 M_E 和虚拟单位调节功率 K_E,仿真模拟对应工况下的充电或放电情况。记录 $t_0 \sim t_m$ 时段内第 i 时刻的动作深度 ΔP_{Ei},最大频率偏差 Δf_m 对应的时间 t_m,$t_m \sim t_{qs}$ 时段内第 j 时刻的动作深度 ΔP_{Ej},准稳态频率偏差 Δf_{qs} 对应的时间 t_{qs}。在满足一次调频要求的前提下,计算各调频阶段的所需的储能电池容量 E_B。

5.5.4 电池储能系统参与电网调频的运行控制实例

储能电池的额定功率 $P_{\text{ES.rated}}$ 和额定容量 E_{rated} 分别为 10MW 和 2.5MW·h,其荷电状态 Q_{SOC} 的下限 $Q_{\text{SOC,min}}$ 和上限 $Q_{\text{SOC,max}}$ 分别为 0.2 和 0.8,对应的储能电池容量下限 E_{min} 和容量上限 E_{max} 分别为 0.5MW·h 和 2MW·h。传统电源为火电机组,额定功率 $P_{\text{G.rated}}$ 为 800MW,调频备用容量 $P_{\text{G.cap}}$ 范围为 $-40 \sim 40$MW,爬坡速率为 24MW/min(3%·$P_{\text{G.rated}}$),其余为小水电机组;电网的惯性时间常

数 M 和负荷阻尼系数 D 分别取为 10 和 0.5。假设 0.03p.u.（基准值 1000MW）的小水电机组脱网，仿真时长为 250s，依托含储能电池的区域电网调频动态模展开仿真对比。

1. 电池储能系统参与电网一次调频的运行控制实例

假设负荷扰动与电网的惯性时间常数 M 和负荷阻尼系数 D 无关，基于此前提，对表 5-2 所述两种工况下储能的功率需求进行分析。对工况 1，若需控制 $\Delta o_0 \geqslant \Delta o_{\max}$，则 P_{E0} 需满足如下要求：$4.8\text{MW} \leqslant P_{E0} \leqslant 30\text{MW}$；若需控制 $\Delta f_m \geqslant \Delta f_{m\_max}$，则 M_1 应不小于 10.8s，此处取为 10.8s，可得 $P_{E1} \geqslant 11.4\text{MW}$；若需控制 $\Delta f_{qs} \geqslant \Delta f_{qs\_max}$，则可得 $P_{E2} \geqslant 10.344\text{MW}$。对工况 2，同理可得：$3\text{MW} \leqslant P_{E0} \leqslant 30\text{MW}$，$M_1$ 应取为 11.4s，$P_{E1} \geqslant 7.8\text{MW}$，$P_{E2} \geqslant 9.75\text{MW}$。由于两种工况下所需的储能功率分别为 11.4MW 和 9.75MW，考虑到储能的效率，确定储能的功率需求为 12MW。综上，可得具体的功率需求见表 5-3。

表 5-2　电网参考事故和调频评估指标要求

S_{BASE}/MW（2009）	工况 1（非峰荷期）	工况 2（峰荷期）
	150	250
Δp_{L_max}/（p.u. MW）	0.2	0.12
K_G/（p.u. MW/p.u. Hz）	23.34	20
M/s	7	9
D/（p.u. MW/p.u. Hz）	1	1
$\Delta o_{\max}$/（p.u. Hz/s）	0.024	0.012
Δf_{m_max}/（p.u. Hz）	0.02	0.013
Δf_{qs_max}/（p.u. Hz）	0.0072	0.005

表 5-3　储能的功率需求

配置参数	工况 1	工况 2
P_E/MW	12	
M_E/（p.u. MW·s/p.u. Hz）	3.8	2.4
K_E/（p.u. MW/p.u. Hz）	3.45	3

表 5-2 中，以对应工况下的电网额定容量 S_{BASE} 为基准，在储能功率需求为 12MW 的前提下，可得 M_E 和 K_E 的取值在工况 1 中分别为 3.8 和 3.45，在工况 2 中分别为 2.4 和 3。

基于前述功率需求计算结果展开仿真实验，对比仅含传统电源（Traditional Frequency Regulation，TFR）调频和传统电源与储能（TFR-ESS）联合调频两种方案，仿真和计算结果分别如图 5-17，图 5-18 和表 5-4 所示。图中传统电源和储能的动作深度均以对应工况下的电网额定容量 S_{BASE} 为基准。

表 5-4　调频评估指标计算结果

调频评估指标	工况 1		工况 2	
	仅 TFR	TFR-ESS	仅 TFR	TFR-ESS
$\Delta o_0/(\mathrm{p.\,u.\,Hz/s})$	−0.0286	−0.0186	−0.0134	−0.01
$\Delta f_m/(\mathrm{p.\,u.\,Hz})$	−0.0228	−0.02	−0.0139	−0.013
$\Delta f_{qs}/(\mathrm{p.\,u.\,Hz})$	−0.0082	−0.0072	−0.0057	−0.005
$G_{pm}/\mathrm{MW\cdot s}$	0.121	0.262	0.106	0.164
$G_{pqs}/\mathrm{MW\cdot s}$	1.476	1.65	1.149	1.234

对于工况 1 和工况 2，图 5-17a 和图 5-18a 均为频率偏差 $\Delta f(t)$ 曲线，结合表 5-4 中的初始频差变化率 Δo_0、最大频率偏差 Δf_m 和准稳态频率偏差 Δf_{qs} 指标可知，储能的引入显著改善了调频效果，且两种工况下的调频评估指标计算结果均能较好地与理论分析相吻合，即达到了参考事故下的频率控制要求，其中工况 1 的 Δo_0 从 −0.0286 变为 −0.0186p. u. Hz/s，工况 2 的 Δo_0 从 −0.0134 变为 −0.01p. u. Hz/s，满足了表 5-2 所述的频差变化率限值 Δo_{max} 要求，同时，Δf_m 和 Δf_{qs} 指标也满足了相应的最大频率偏差限值 Δf_{m_max} 和准稳态频率偏差限值 Δf_{qs_max} 要求。图 5-17b 和图 5-18b 均为仅 TFR 和 TFR-ESS 联合调频的动作深度，结合表 5-4 中的短时贡献电量 G_{pm} 和长时贡献电量 G_{pqs} 指标可知：相比仅 TFR 调频，TFR-ESS 联合调频的优势在于 $t_0 \sim t_m$ 时段的 G_{pm} 上，而在 G_{pqs} 上差距较小，这表明储能的引入在改善调频效果的同时，并未增加太多额外的调频电量需求。图 5-17c 和图 5-18c 为 TFR-ESS 联合调频时传统电源和储能各自的动作深度，由图可知，相比仅 TFR 调频，此时传统电源的动作深度相对减小，即引入储能可减轻它的调频负担；同时，理论分析得出的 12MW 储能可较好地满足各工况需求，其最关键的作用是在扰动瞬间提供了峰值功率，避免了初始频差变化率的突变及低频减载的启动，并将准稳态频率偏差控制在要求范围内。

通过对储能在各调频时段内的动作深度进行积分，可得到两种工况下的容量需求结果（包含额定功率与持续时间），见表 5-5。

表 5-5　储能的容量需求

工况	$t_0 \sim t_m$ 时段 E_B	$t_0 \sim t_{qs}$ 时段 E_B
1	12MW-1s	12MW-4. 3s
2	12MW-0. 7s	12MW-3. 6s

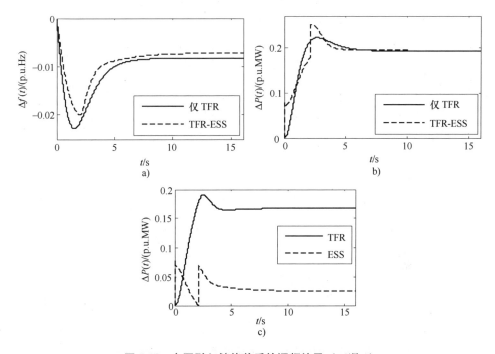

图 5-17　电网引入储能前后的调频结果（工况 1）

a）频率偏差曲线　b）仅 TFR、TFR-ESS 联合的动作深度　c）TFR-ESS 联合时各自的动作深度

由表 5-5 可知，在对应时段选择两种工况下所需容量的较大值，即在 $t_0 \sim t_m$ 时段内预留 12MW-1s、在 $t_0 \sim t_{qs}$ 时段内预留 12MW-4.3s 就能满足调频要求。为了避免储能的深度充放电而影响其使用寿命，且保持其在下一调频任务时处于可充和可放的状态（即控制荷电状态 Q_{SOC} 接近于运行参考值 $Q_{SOC,ref}$）并计及 PCS 的损耗，可得最终的储能容量需求方案为 12MW-9s。由于储能具有高倍率放电能力[152]，即使按上节所配置的 10MW 储能电池也能满足这两种工况的要求。

2. 电池储能系统参与电网二次调频的运行控制实例

仿真结果分别如图 5-19～图 5-21、表 5-6 和表 5-7 所示。图 5-19 为频率偏差 Δf 和区域控制误差信号 S_{ACE} 曲线；图 5-20 为储能的参与因子 α 和灵敏度 SES α 曲线；图 5-21 为储能的动作深度 ΔP_{ES}、传统电源参与二次调频的动作深度 ΔP_S、二次调频总动作深度 ΔP_{total} 和传统电源参与一次调频的动作深度 ΔP_F 曲线；表 5-6 和表 5-7 分别为与频率和贡献电量相关的指标计算结果。

针对上节所提策略，图 5-19a 和表 5-6 显示其结合了基于 ACE 信号的控制方式分析（下文统一称"模式一"）在抑制最大频率偏差 Δf_m、减小达到峰值的时

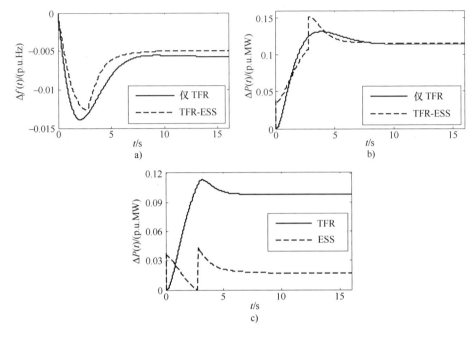

图 5-18　电网引入储能前后的调频结果（工况 2）

a）频率偏差曲线　b）仅 TFR、TFR-ESS 联合的动作深度

c）TFR-ESS 联合时各自的动作深度

间 t_m 和降低频率下滑速度 V_m 上的优势，及基于 ARR 信号的控制方式分析（下文统一称"模式二"）在减少达到稳态的时间 t_s 和提高频率恢复速度 V_r 上的优势，进而使得频率偏差 Δf 快速恢复至零。由图 5-19b 同样能得到此分析结果。由图 5-20a 可看出它的储能的参与因子 α 值是变化的，在阶段 1 和阶段 2 中分别为 0.294 和 0.2，对应的模式切换时刻为第 25s；图 5-20b 显示其使得灵敏度 SES α 在调频过程中恒小于 0，保留了模式一在阶段 1 和模式二在阶段 2 的灵敏度特性，避免了模式一因 SES α 过零而导致的阻碍作用，也较好地发挥了储能的辅助调频作用。

表 5-6　与频率相关指标的计算结果

策略	$\Delta f_m/\mathrm{p.u.}$	t_m/s	$V_m/(\mathrm{p.u./s})$	t_s/s	$V_r/(\mathrm{p.u./s})$
模式一	0.0016	1.31	0.0012	241	6.58×10^{-6}
模式二	0.0023	1.5	0.0015	144	1.61×10^{-5}
本案例策略	0.0016	1.31	0.0012	144	1.11×10^{-5}

表 5-7 与贡献电量相关指标的计算结果

策略	G_{ES}/MW·h	G_S/MW·h	G_{total}/MW·h	G_F/MW·h
模式一	0.1094	1.5260	1.6354	0.3662
模式二	0.2657	0.6561	0.9218	0.2740
本案例策略	0.2699	0.6727	0.9426	0.2547

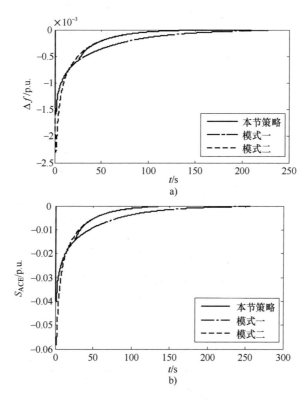

图 5-19 频率偏差和区域控制误差信号曲线

a) 频率偏差　b) 区域控制误差信号

图 5-21a 和表 5-7 的储能的贡献电量 G_{ES} 指标、图 5-21b 和表 5-7 的传统电源参与二次调频的贡献电量 G_S 指标表明其仅需储能和传统电源释放与模式二相当的能量就能获得更好的调频效果；由图 5-21c 和表 5-7 的二次调频总贡献电量 G_{total} 指标可看出它在保证调频效果最佳的前提下，需要的 G_{total} 虽稍多于模式二，但明显少于模式一，显著体现了本策略的优越性；图 5-21d 和表 5-7 的传统电源参与一次调频的贡献电量 G_F 指标可知它降低了传统电源参与一次调频的贡献电量，减少了相应的调频容量需求。

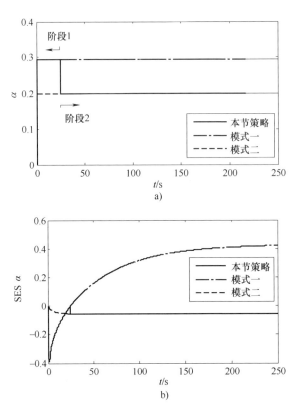

图 5-20　储能的参与因子和灵敏度 SES α 曲线

a）储能的参与因子　b）灵敏度 SES α

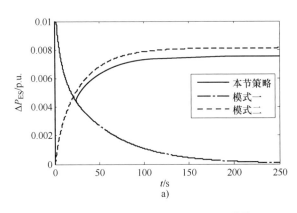

图 5-21　ΔP_{ES}、ΔP_S、ΔP_{total} 和 ΔP_F 曲线

a）储能的动作深度

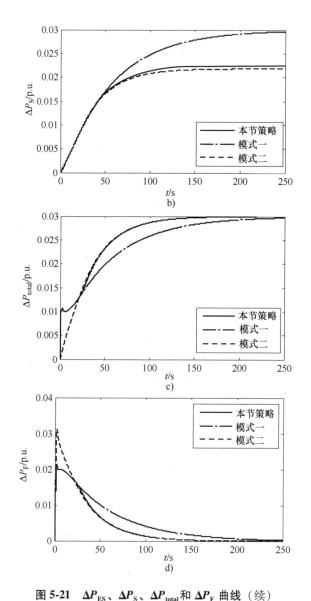

图 5-21　ΔP_{ES}、ΔP_{S}、ΔP_{total}和 ΔP_{F} 曲线（续）

b）传统电源参与二次调频的动作深度　c）二次调频总动作深度
d）传统电源参与一次调频的动作深度

　　应当指出，所提策略充分利用了储能的技术优势，使得电网能够更为准确地跟踪调频信号，避免了传统调频中出现的延迟、反向和偏差等现象，能达到有效改善暂/稳态频率质量的目标；同时，它能提高传统电源的运行效率，节省燃料且减少废气排放，进而带来了更多的间接效益；最后，它还能减少需要购买的调频服务量，避免了由于传统电源对调频信号的不准确响应而导致的高调频容量需求。

5.6 小结

本章对使用电池储能系统参与电网频率控制的背景、方法以及经济回报均进行了深入的探讨。通过介绍电池储能系统的物理结构和数学模型，展示了电池储能系统在快速响应能力方面的系统特性和技术优势。同时，介绍了电力系统AGC 的控制系统架构和各类运行单元的数学模型。在 AGC 运行环境下介绍了电池储能系统提供调频服务的运行策略。基于模型预测控制方法的运行原理，详细描述了模型预测控制器实现电池储能系统参与系统频率控制的具体方法和详细设计过程。探讨了电池储能系统的多种建模方法和相对应的物理问题。

第6章
电池储能参与电网调频的
控制策略应用案例

6

6.1　储能-火电系统参与电力调频控制技术

　　频率波动是发电和负荷需求不匹配造成的，调频的目标是让发电出力跟随负荷需求波动来调节。调频可分为一次调频、二次调频和三次调频。在维护电网安全中起着主要作用的是一次调频和二次调频。通常情况下，一次调频工作的开展，主要依赖于静态调频工作的运行，即各个环节工作的开展与静态调频机制相适应，只有满足这一点，才能确保各个环节正常运行，使一次调频辅助服务处于相对规范合理的运行状态，这是实际工作开展过程中不能忽视的重要存在。实际运行过程，并不是简单启动一次调频系统，这是一项系统化的工作，往往需要借助多方面的投入；一次调频是电网中快速地小的负荷变化需发电机控制系统在不改变负荷设定点的情况下监测到转速的变化，改变发电机功率，适应电网负荷的随机变动，保证电网频率稳定。二次调频通过 AGC 实现。AGC 是通过修改有功出力，从而在宏观上跟踪电力系统负荷变化、维持电网频率在额定值附近并满足互联电力系统间按计划要求交换功率的一种控制技术从电网安全、区域功率及频率控制角度考虑，一次、二次调频都非常重要，缺一不可。一方面，当系统出现异常的情况时，需要一次调频的快速支持，来维持系统的稳定；另一方面，由于目前电网结构较为复杂，潮流控制要求的精度高，这样电网更需要二次调频功能的支持，进行无差调节，使电网关键潮流点的频率和功率满足要求。一次二次调频存在缺点如下。

　　1）由于目前各区域一次调频是一种无偿行为，加之没有准确、有效的一次调频性能评价标准，实际运行中一些电厂为了减少机组磨损而自行闭锁一次调频功能的状况普遍存在，使得系统和各区域的一次调频能力并不能保证时刻都真正发挥作用。

　　2）事故发生时，存在机组一次调频量明显不足，甚至远未达到一次调频调节量理论值的问题，不利于频率的稳定和恢复。

3）国内进行二次调频的机组主要是火电机组，而火电机组的响应时滞长，不适合参与更短周期的调频。若电网机组的一次调频量不足，参与二次调频的火电机组响应跟不上，电网频率则面临崩溃的风险。

由上述可知，传统调频电源以火电燃煤机组为主，因起停磨煤机所致断点段、机炉跟随控制时滞和运行特性曲线爬坡约束等问题，跟踪自动发电控制（AGC）指令时常出现超调、欠调、反向调节[6,7]，难以满足频率控制精度和速度需求，即传统调频机组在一次、二次调频中有着各自的难以克服缺点。因此，为提高电网频率品质，亟需探索一种安全又快速的新的调频手段来对传统的一次、二次调频手段进行辅助。

传统一次调频是机组直接接收电网频率的偏差信号，通过改变机组的实际负荷，达到稳定电网频率的目的。二次调频是调度根据电网频差以负荷指令的形式分配给机组的调频方式。

应用储能系统进行一次调频是储能系统直接接收电网频率的偏差信号，通过改变储能系统中电池的功率输出，来稳定电网频率。参与二次调频则是储能系统接收调度下发的负荷指令，并进行跟踪。此方案设计遵循的原则是快速、安全与可靠，详见本书 8.2 节。

储能系统对电网进行一次调频与二次调频的控制沿袭火电机组的控制方式，只是进行适当的修改，即一次调频仍采取就地控制的方式。二次调频采用接收调度下发的 AGC 控制指令的方式。因为采取就地控制的方式才更能充分发挥一次调频反应迅速的优点，而调度 AGC 的调节则是对电网中功率进行宏观调控不可或缺的手段。

大规模电池储能系统应用于电网，辅助传统调频技术 AGC 调频是一个新的研究方向，其可行性逐步被业界认可。最近几年，日本、美国、欧洲及中东地区的一些国家正在大力推广和应用先进的大容量电池储能技术，通过与自动发电控制系统的有效结合，维护电力系统的频率稳定性。

6.1.1 储能-火电联合调频原理

电力系统频率的一次调节是指利用系统固有的负荷频率特性，以及发电机组调速器的作用，来阻止系统频率偏离标准的调节方式。即电力系统一次调频特性是系统内所有发电机和负荷的一次调频特性之和。定义系统的频率调节效应系数见式（6-1）：

$$K_S = K_G + K_L = -\Delta P_L / \Delta f \tag{6-1}$$

式中，K_L 为负荷的频率调节效应系数；K_G 为发电机组的频率调节效应系数（MW/Hz）；ΔP_L 为有功负荷变化量（MW）；Δf 为系统频率偏差（Hz）；K_S 表示引起系统频率单位变化的负荷变化量，其数值上等于等值机组的调节效应与全系统总负荷的调节效应之和。K_S 的值越大，表示负荷变化引起的频率波动越小，系统的频率也越稳定。

图 6-1 所示为火电一次调频模型。电力系统负荷的频率一次调节作用为：当电力系统中原动机功率或负荷功率发生变化时，必然引起电力系统频率变化。此时，存储在系统负荷的电磁场和旋转质量中的能量会发生变化，以阻止系统频率的变化，即当系统频率下降时，系统负荷会减小；当系统频率上升时，系统负荷会增加，具体如图 6-2 所示。

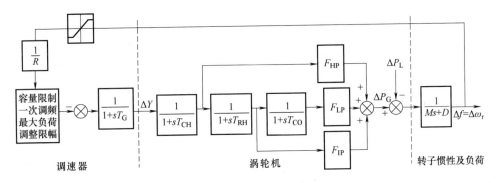

图 6-1　火电一次调频模型

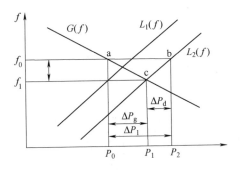

图 6-2　综合系统一次调频原理图

1）初始状态：运行于 $L_1(f)$ 与 $G(f)$ 的交点 a，确定频率为 f_0；

2）负荷功率增加 ΔP_1，负荷功频特性变为 $L_2(f)$，发电机进行一次调频，发出功率 ΔP_G，$L_2(f)$ 与 $G(f)$ 相交于 c 点，确定频率 f_1；

3）此时，频率的偏差为 Δf，一次调频结束；

4）若为瞬间的波负荷，ΔP_1 消失，频率回归；

5）若不为瞬间的波负荷，如需要频率回到 f_0，需进行二次调频，发电机增

发 ΔP_d 的功率。

当系统由于负荷等发生变化，引起系统频率发生变化时，要求电网的有功功率变化量 ΔP_{G1} 与频率变化量 Δf 满足一定的特性关系，即功率的变化量能补偿频率的变化量。电网的有功功率变化可以是改变发电机的出力，也可以是利用其他设备诸如储能系统的充放电来调节电网功率。当系统频率下降时，储能系统放电，释放电能于电网，使电网的有功功率上升；当系统频率上升时，储能系统充电，从电网吸收电能，使电网的有功功率下降，这就是储能系统的一次调频。

现代电力系统要求二次调频根据系统频率、输电线负荷变化或它们之间关系的变化，对某一规定地区内发电机有功功率进行调节，以维持计划预定的系统频率或限制其他地区商定的交换功率在一定限制之内。满足这一要求的控制也被称为负荷频率控制（Load Frequency Control，LFC），即二次调频。LFC 为 AGC 的两大功能之一，越来越多的现代电力系统机组具备 AGC 功能，可以不同程度地参与电力的二次调频。一般来说，狭义的 AGC 代指电力二次调频。AGC 的功能结构如图 6-3 所示。

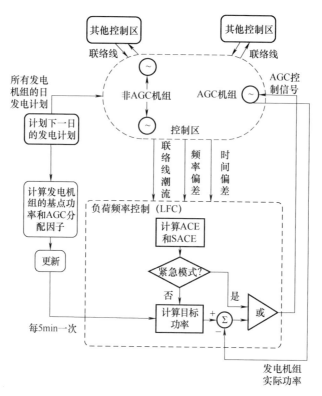

图 6-3 AGC 功能结构图

在 LFC 中，为了控制系统的频率以及联络线的净交换功率，将频率偏差和联络线的净交换功率偏差进行综合，便形成了 ACE 作为现代机组二次调频的控制信号。互联电力系统中任意区域的 ACE 是由联络线功率偏差加上一个用偏差因子加权的频率偏差构成。ACE 计算式的不同决定了 LFC 模式的不同，各区域将根据本身的区域控制误差 ACE 对该区域内的发电机组进行控制，使得在到达稳态时，区域控制误差为零。具体如下：

在 FFC 模式下，ACE 定义见式（6-2）：

$$ACE = B\Delta f \tag{6-2}$$

式中，Δf 为系统频率偏差；B 被称为该区域的频率偏差系数，一般取值为该区域的频率调节效应系数 K_s。

当经过控制使稳态下 ACE＝0 时，将得出 Δf＝0，从而系统稳态频率控制到额定值 f_N。

在定净交换功率控制（Flat Tie-line Control，FTC）模式下，ACE 定义见式（6-3）：

$$ACE = \Delta P_T \tag{6-3}$$

式中，ΔP_T 为联络线上的净交换功率。

在 FTC 模式下，当稳态下 ACE＝0 时，就得出 ΔP_T＝0，使稳态下区域的联络线净交换功率等于计划值。

在联络线频率偏差控制（Tie-line load frequency Bias Control，TBC）模式下，ACE 定义见式（6-4）：

$$ACE = \Delta P_T + B\Delta f \tag{6-4}$$

从式（6-4）可以看出，在 TBC 模式下，可以同时对系统频率和联络线交换功率进行控制。

当 B 取值为 K_s 时，按照 ACE 的大小，分为三种情况：若 ACE＝0，即 $\Delta P_T + B\Delta f$＝0 时，说明虽然通过联络线交换的净功率可能有所改变，但本区域的负荷却并未发生改变；若 ACE<0，则说明区域内的总负荷有所增加；反之，则说明区域内的总负荷有所减少。

在 TBC 模式下，区域控制误差 ACE 不仅可以用来判断负荷的变化是否发生在本区域内，还反映了本区域的负荷是增加还是减少以及具体的数量。采用该控制模式，各个区域都按照自己的区域控制误差来控制本区域内发电机组的输出功率，使得各个区域在稳态时都满足 ACE＝0，则不论系统中的负荷如何变化，各区域实际上只负责本区域内部机组输出功率与有功负荷之间的平衡。

在实际系统中，为了同时完成频率和联络线交换功率的控制，往往让所有的区域系统都采用 TBC 模式。但有时对个别容量较小的区域系统采用 FTC 模式，对容量较大的区域系统采用定频率控制，使容量较小的区域系统保持净交换功率不变，由容量较大的区域系统承担全系统的频率调整任务，而其他区域系统则依靠自我平衡能力负担本区域的负荷变化。此外，为了不使负荷频率控制过于频繁，在负荷频率控制周期内，将对区域控制误差进行滤波，滤去负荷中变化较快的随机部分，并设置一定的死区，使得区域控制误差在超过死区的情况下才能进行负荷频率控制。

储能系统二次调频的有功功率变化量是在调度控制模式下由调度 AGC 通过计算机监控系统自动给定的。当给定功率发生变化时，储能系统应通过下位机向储能系统的功率与容量控制系统发送调功指令，发出或吸收调度所指定的有功功率，以完成二次调频的有功功率变化。

在二次调频中，调度给机组下发 AGC 指令，火电机组自身的控制系统通过控制气门与锅炉，来达到改变功率输出的目的。电池储能系统则在收到调度下发的 AGC 指令后，通过控制功率与变量，来达到改变以及持续输出功率的目的。

AGC 数据从电网调度实时控制系统（即 EMS）到储能系统的传输方式如图 6-4 所示，EMS 和储能系统的控制系统之间的数据传输需要通过光纤通信和远程测控单元（RTU）实现。

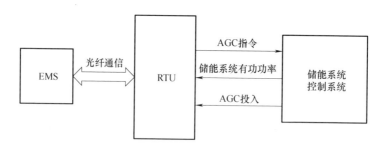

图 6-4　电网调度实时控制系统与储能控制系统的接口结构图

也就是说，该系统主要由三部分构成：一是 RTU 系统，负责与调度中心进行数据交换，获取调度中心的负荷指令，同时将储能系统的实时功率、容量上限、容量下限及储能系统的控制方式等信息传递给调度中心；二是储能控制系统，该系统将 RTU 系统送来的调度负荷指令依据储能系统的动态特性，按照控制策略形成储能系统的功率指令和容量指令；三是执行系统，储能系统的执行系统是储能系统的功率、容量、温度和电压等控制系统。储能系统的 AGC 控制策略如图 6-5 所示。

AGC 指令从 EMS 发出至电池储能系统的控制系统需要花费的时间有 EMS 控制站的扫描周期；数据通信和 A/D、D/A 转换过程；储能控制系统数据扫描和处理周期；储能控制系统的控制指令运算；储能系统电池对负荷的响应过程；将储能系统有功功率送回 EMS 控制站的时间等。

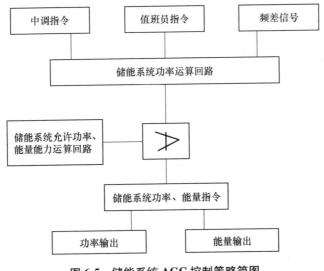

图 6-5 储能系统 AGC 控制策略简图

为了稳定电网，对储能系统应具备的二次调频要求为

1）电池储能系统具备 AGC 功能，功率的投用范围为储能系统的额定功率，容量的投用范围为（10%~90%）SOC；

2）电池储能系统的容量可随时满足所替代火电机组具备的频率上调与频率下调的容量需要。

3）电池储能系统必须实时送出储能系统 AGC 和一次调频功能投退状态信号。

6.1.2 储能-火电联合调频评价指标分析与设计

美国有独立的调频市场，近年来电储能和飞轮广泛参与电力调频。这些快速响应电源性能远高于传统电源，但容量极其有限。以调节容量作为主要计量依据的市场规则，已经无法公允地反映调频电源的性能和贡献度。对此，2011 年美国联邦能源监管委员会（FERC）出台 755 号法案[153]，要求各区域独立运营市场设计新的市场规则量化调频源性能，在此基础上支付补偿费用。美国 PJM 市场设计性能评分 PS 加权考核算法[154]，对 AGC 调频源的响应准确性（Accuracy）、时延（Delay）、跟踪精度（Precision）这 3 项子指标综合评分。子指标计算以 10s 为周期，需要 5min 长度的数据。综合性能得分 PS 则以调度小时为周期计算，适用于包括储能在内的所有调频源。我国华北区域电网对机组 AGC 的补偿考核指标包括可用率和调节性能两类，仅适用于装设 AGC 装置并且由相关电力调度机构 AGC 主站控制的火电机组和水电机组。调节性能 K_p 指标是调节速率

K_1、调节精度 K_2、响应时间 K_3 的综合体现，机组每参与一次调节即计算一次，月末将根据 K_1、K_2、K_3 的月均值，分项计算月考核电量。此外，每日所有 K_p 的均值 K_{pd} 用于机组 AGC 服务贡献日补偿费用计算，因此补偿费用按日统计。表 6-1 列出了 K_p 指标和 PS 性能评分的比较。

表 6-1　K_p 指标与 PS 性能评分比较

	子指标	对应时段	计算频次	适用性	计算数据
K_p	K_1	爬坡时段	每经历一次完整的调节过程即计算一次	火电机组水电机组	整个调节过程的机组出力数据、本次调节的 AGC 指令功率
	K_2	震荡平稳区			
	K_3	调节死区			
PS	a_c	5~10min	每 10s 一次	包括电储能的所有 AGC 调频资源	计算时刻之后 5 分钟的出力数据、所处调度小时的 AGC 指令均值
	d_1	5~10min			
	p_c	采样点时刻			

可以看出：①K_p 指标的各项子指标计算时段不一，需考虑机组的物理动作过程，计算周期不规则；PS 性能评分的各项子指标每隔 10s 计算一次，无需考虑过程特性。②K_p 只适用于传统调频电源，而 PS 适用性更广。③计算 K_p 时需采用整个调节过程的机组出力和 AGC 指令数据；PS 指标虽然有规则的计算周期，但是也采用了计算时刻之后 5~10min 的机组数据和该调度小时内的 AGC 指令。所以 K_p 和 PS 均属于后评估指标。

在实际运行时，无法实时评价调频源性能。储能-火电联合 AGC 调频时，K_p 和 PS 都不能基于现有数据对储能出力指令提供预估或导向作用，使二者联合调节效果最好。因此，需构建实时评价火储合出力对 AGC 指令跟踪性能的新指标体系，优化储能运行策略，以最大化调节效果和补偿收益。本节综合 K_p 和 PS 的优势，建立适用于储能-火电联合调频运行场景下的火储联合调频性能指标，包括响应时延、调节速率和调节精度。

1. 响应时延指标

K_p 指标中 K_3 和 PS 的 d_1 均用于评价调频源的响应延时。其中 K_3 受限于对机组跨死区运行时段的辨识；d_1 则只需分析电源和指令数据的相关性，易于操作，但需采用之后 5~10min 区间的数据，不适用于实时计算。

针对上述问题，所构建的响应时延指标在 d_1 基础上进行改进。

引入修正相关系数描述储能-火电联合出力对 AGC 指令的跟踪相关性，从当前开始回溯历史数据，找寻历史 AGC 指令和当前储能-火电设定合出力相关性最大的时刻，该时刻与当前的时间间隔即响应时延。

数据采样间隔设为 $\Delta t = 10s$。设当前为 t 时刻，在之前的 5min 内，以 10s 间隔采样得到机组和储能出力序列，则各序列有 $n = 31$ 个数据。

机组出力序列为：$P_G(t-30\Delta t), P_A(t-\Delta t), \cdots, P_G(t)$；

储能出力序列为：$P_B(t-30\Delta t), P_B(t-\Delta t), \cdots, P_B(t)$；

AGC 指令序列 $Y_{n,1}$：$P_A(t-30\Delta t), P_A(t-\Delta t), \cdots, P_A(t)$。

除当前储能出力 $P_B(t)=P_B^{\mathrm{ref}}(t)$ 为待决策量，其余均为历史数据或可测数据。则储能-火电联合出力序列 X_n 为：$P_{GB}(t-30\Delta t), P_{GB}(t-\Delta t), \cdots, P_{GB}(t)$。其中：

$$P_{GB}(t)=P_G(t)+P_B^{\mathrm{ref}}(t) \tag{6-5}$$

式中，$P_{GB}(t)$ 为 t 时刻火储合计出力（MW）；$P_G(t)$ 为 t 时刻火电机组合计出力（MW）；$P_B^{\mathrm{ref}}(t)$ 为 t 时刻设定的储能出力指令值，为待决策量（MW）。

以 Δt 为步长一次回溯 AGC 历史数据。如图 6-6 所示。

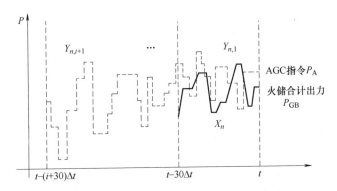

图 6-6　获取历史 AGC 指令序列示意图

根据图 6-6，第 i 次回滚后可得历史 AGC 指令序列 $Y_{n,i+1}$：$P_A[t-(i+30)\Delta t]$，$P_A[t-(i+1)\Delta t]\cdots P_A(t-i\Delta t)$，总共回滚 30 次，得到历史 P_A 序列 30 组，即依次取 $i=1, 2, \cdots, 31$。

向量余弦相似度 $\cos\gamma$ 和皮尔逊相关系数 ρ 均可以描述两组序列的相关性或相似性[155]。其中 $\cos\gamma$ 侧重两组序列的数值差异；ρ 更注重变化依赖关系。因此综合二者，构建修正相关系数 R，衡量火储合出力对 AGC 指令跟踪性，根据最大相似时刻与 t 时刻的时间间隔来确定响应时延。

依次计算 $Y_{n,i}$ 与 X_n 的修正相关系数 $R_{n,i}$（$i=1, 2, \cdots, 31$），见式（6-6）~ 式（6-8）：

$$\cos\gamma_i=\frac{X_n Y_{n,i}}{|X_n|\,|Y_{n,i}|} \tag{6-6}$$

$$\rho_1=\max\left\{0,\frac{\mathrm{cov}(X_n,Y_{n,i})}{\sqrt{DX_n DY_{n,i}}}\right\} \tag{6-7}$$

$$R_{n,i} = \sqrt{\cos^2\gamma_i + \rho_i^2} \tag{6-8}$$

式中，$\cos\gamma_i$ 为序列 X_n 和 $Y_{n,i}$ 的向量余弦值；ρ_i 为 X_n 和 $Y_{n,i}$ 的皮尔逊相关系数；$\mathrm{Max}\{\sim, \sim\}$ 为自变量中的最大值；$\mathrm{cov}(X_n, Y_{n,i})$ 为 X_n 和 $Y_{n,i}$ 的协方差（MW^2）；$\mathrm{D}X_n\mathrm{D}Y_{n,i}$ 为 X_n 的方差，$Y_{n,i}$ 的方差（MW^2）。

$$\begin{cases} \Delta T = 10(q-1) \\ d_s = 1 - \dfrac{\Delta T}{(n-1)\Delta t} \end{cases} \tag{6-9}$$

式中，ΔT 为储能-火电联合相应时延，即储能-火电联合出力对 AGC 指令跟踪性最好的时刻，到当前时刻的时间间隔（s）；q 为 $R_{n,i}$ 取得最大值时对应的 i 值；Δt 为序列中数据采样间隔，$\Delta t = 0$；n 为 X_n 和 $Y_{n,i}$ 序列的数据个数，$n = 31$；d_s 为响应时延指标，进行了归一化处理，因而有 $d_s \in [0,1]$。

当最大修正相关系数 $R_{n,q}$ 对应时刻越靠近当前时刻 t，ΔT 越小，则 d_s 越大，机组响应越快。

2. 调节速率指标

调节速率反映电源响应后爬坡跟踪出力是否迅速。K_p 指标中调节速率 K_1 无法实现实时计算，PS 则没有直接反映该项性能的子指标。

针对上述问题，所构建的调节速率指标基于 K_1 进行改进，不过受实时数据限制，该指标衡量的是相对于仅由机组调节，储能-火电联合调节时调节速率提高程度。

设储能出力指令下发周期为 T，在周期始端 t 时刻，计算储能-火电联合出力和机组单独出力两种情况下的调节速率比。则在 $[t, T]$ 时段内，两种情况下的调节速率可表示为

$$\begin{cases} v_G(t) = (P_G(t) - P_G(t-T))/T \\ v_{GB}(t) = (P_{GB}(t) - P_G(t-T))/T \end{cases} \tag{6-10}$$

式中，v_G 为 $[t-T, t]$ 时段内火电机组单独调节时的平均调节速率（$\mathrm{MW/s}$）；v_{GB} 为 $[t-T, t]$ 时段内储能-火电联合调节时的平均调节速率，v_{GB} 的计算式中，$P_{GB}(t)$ 的分量包括待决策量 $P_B(t)$（$\mathrm{MW/s}$）；T 为储能动作周期（s）。

所构建的储能-火电联合调节速率计算见式（6-11）：

$$r_s = \min\{|v_{GB}/v_G - 1|, 1\} \tag{6-11}$$

由式（6-11）可知 $r_s \in [0,1]$，当 r_s 越大，相对于仅有火电机组调节，储能-火电联合调节速率改善越大，以机组调节需求方向上调时为例进行说明。

机组正常上调但欠量时如图 6-7 所示，可知 $r_s = \min\{|\tan a_2/\tan a_1 - 1|, 1\}$，此时 $\tan a_2/\tan a_1 > 1$。储能出力 P_B 越大，则夹角 a_2 越大，从而 $|\tan a_2/\tan a_1 - 1|$ 越大，r_s 越大，趋近 AGC 指令的速度越快。

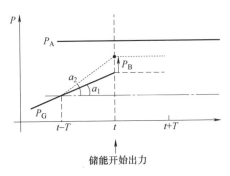

图 6-7　机组正常上调时 r_s 计算

图 6-8a 中 $0 < \tan a_2 / \tan a_1 < 1$，储能出力 P_B 越大则 $\tan a_2 / \tan a_1$ 越接近于 0，r_s 越大。图 6-8b 中 $\tan a_2 / \tan a_1 < 0$，$|\tan a_2 / \tan a_1 - 1| > 1$，从而 $r_s = 1$。与情形 1 相比，情形 2 调节力度更大，趋近 AGC 指令的速度很快。

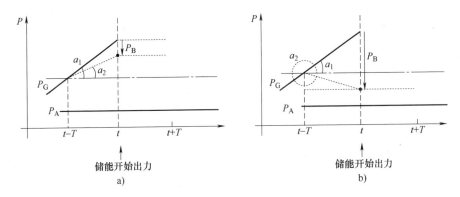

图 6-8　机组反向调节时 r_s 计算

a）反向调节情形 1　b）反向调节情形 2

机组过度调节时，如图 6-9 所示。$0 < \tan a_2 / \tan a_1 < 1$，$P_B$ 越大，a_2 越小，从而 $|\tan a_2 / \tan a_1 - 1|$ 越大，r_s 越大，趋近 AGC 指令的速度越快。

综合图 6-7~图 6-9，可知机组上调时，不论是正常调节、反向调节还是过度调节，r_s 的大小均可反映火储合出力趋近于 AGC 指令大小的速度，即可以衡量调节速率性能。当机组下调时，同样可推得该结论，此处不再赘述。

3. 调节精度指标

K_p 指标中的 K_2 和 PS 评分中的 p_c 均用于评价调频源的调节精度。其中 K_2 受限于对机组振荡平稳运行段的辨识，注重这个时段的电量偏差；p_c 只需对当前时刻求偏差值，但是需用到该调度小时的 AGC 指令均值，也不适用于实时计算。

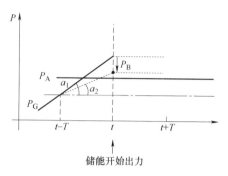

图 6-9 机组过度调节时 r_s 计算

针对上述问题,采用储能动作周期的里程完成度,即实际里程与需求里程的比值来描述储能-火电联合调节精度。需求里程为指令对储能-火电出力的需求调节量。

设 t_i 为新的 AGC 指令下发时刻,动作周期始端时刻为 t,且 $[t_i, t]$ 时段内未接收到新 AGC 指令,则

$$\begin{cases} m_r(t_i) = P_A(t_i) - P_{GB}(t_i) \\ m_r(t) = P_A(t_i) - P_{GB}(t) \end{cases} \tag{6-12}$$

式中,$m_r(t_i)$ 为 t_i 时刻的需求里程,即 AGC 指令与火储出力之差(MW);$m_r(t)$ 为 t 时刻的需求里程。

在 $[t_i, t]$ 时段,用实际里程表示与需求调节方向同向的储能-火电联合有效调节量与反向的无效调节量之差。可以证明,在当前 AGC 指令下,不论是储能-火电合力正常调节、反调或超调,储能动作周期始端的 t 时刻实际里程 m_a 均可以表示为

$$m_a = |m_r(t_i)| - m_r(t) \tag{6-13}$$

以机组上调为例,对正常调节、反调和超调这三种情况进行说明。

如图 6-10 所示,正常调节时,$m_r(t_i) > 0$,$m_r(t) > 0$。则机组与储能合出力朝指令方向的有效调节量即实际里程为:$m_a = m_r(t_i) - m_r(t) = |m_r(t_i)| - |m_r(t)| > 0$,正值表示储能-火电联合出力的正向有效调节量大于反向有效调节量。

图 6-10 中 ΔP_B 表示与上个周期相比,本周期始端时刻 t 储能设定出力的变化量。

机组反向调节时,储能有两种补偿情况,如图 6-11 所示。

图 6-11a 中,$m_r(t_i) < 0$ 且 $m_r(t) < 0$,则火储合出力的实际里程可表示为:$m_a =$

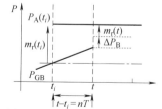

图 6-10 机组正常上调时 m_a 计算

$-m_r(t_i)-(-m_r(t))=\mid m_r(t_i)\mid-\mid m_r(t)\mid>0$。

图 6-11b 中，$m_r(t_i)<0$ 且 $m_r(t)<0$，则 $m_a=\mid m_r(t_i)\mid-\mid m_r(t)\mid<0$，负值表示储能-火电联合出力的反向无效调节量大于正向有效调节量。此时火电反调过于严重，即使储能也无法全部抵偿反向无效调节量。

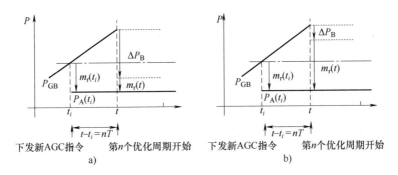

图 6-11　机组反向调节时 m_a 计算

a) 反向调节情形 1　b) 反向调节情形 2

图 6-12 所示为机组过度调节时的实际里程计算。此时 $m_r(t_i)>0$ 且 $m_r(t)<0$，则 $m_a=m_r(t_i)+m_r(t)=\mid m_r(t_i)\mid-\mid m_r(t)\mid$。

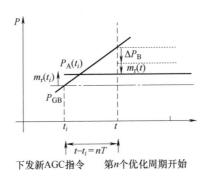

图 6-12　机组过度调节时 m_a 计算

由图 6-10～图 6-12 可知，调节需求方向为上调时，机组不论是正常调节、反向调节还是过度调节，当前动作周期内实际里程均可表示为式（6-14）。需求调节方向为下调时，同样可推得该结论，此处不再赘述。

综合上述，由储能-火电联合出力对 AGC 指令的里程完成度，即实际里程与始端需求里程的比值，作为该动作周期内的火储联合调节精度指标 P_s：

$$P_s=\max\left\{0,\frac{\mid m_r(t_i)\mid-\mid m_r(t)\mid}{\mid m_r(t_i)\mid}\right\}=\max\left\{0,1-\frac{m_r(t)}{m_r(t_i)}\right\} \tag{6-14}$$

由式（6-14）可知 $P_s \in [0,1]$。在前一个动作周期末端，即本周期始端，储能-火电联合出力与 AGC 指令差值越小，调节精度越高，对应 $m_r(t)$ 越接近于 0，P_s 值越大。

因此，对上述响应时延、调节速率、调节精度这 3 项子指标加权，建立储能-火电联合调频性能指标。

$$f_P = a_1 d_s + a_2 r_s + a_3 p_s \tag{6-15}$$

式中，a_1、a_2、a_3 分别为响应时延、调节速率、调节精度 3 项子指标的权重；f_P 为动作周期内的储能-火电联合调频性能指标。

6.1.3 储能-火电联合调频控制技术

储能系统在实现一次、二次调频功能的过程中，为了协调好一次调频与计算机监控系统二次调频的关系，提出的方案如下：

1）当系统频率超出（50±0.033）Hz 时，一次调频功能动作，电池储能控制系统输出"一次调频功能动作"信号，上送计算机监控系统。计算机监控系统收到此信号后闭锁该控制系统的 AGC 功能。

2）当一次调频持续 30s 后，一次调频退出，电池储能控制系统输出"一次调频功能退出"信号，上送计算机监控系统。计算机监控系统收到此信号后打开 AGC 功能。一次调频退出，AGC 功能投入。

对于火电机组来说，一次调频控制的对象是锅炉内的蓄热，二次调频控制的对象是修改发电机的有功出力给定值；而对于储能系统来说，一次调频与二次调频的控制对象是一样的，都是下指令给电池的功率与容量控制系统，然后输出所需的功率。

按说控制对象一样，就可采用一个控制策略，但若都采用一次调频的控制策略，功率偏差值是由频率偏差值换算来的，结果比较粗略，而且脱离调度的优化配置与宏观调控。但是由调度下发指令，响应周期长，而一次调频则需要快速地反应，进行功率的变化控制，因此就地控制能节省较多时间，有利于电网频率的稳定与恢复。因此，采用传统的控制方式（即一次调频进行就地控制，二次调频由调度远方调控）是有它的合理性的。

储能通过充放，实时吸收或增补火电机组出力与 AGC 指令之间的溢出功率或缺额功率，因此需要实时监测偏差量，整定储能出力指令。

电池储能系统辅助单台火电机组 AGC 调频控制结构如图 6-13 所示。电厂集散控制系统（Distributed Control System，DCS）接收 EMS 下发的 AGC 指令，一方面，将指令下发给机组跟踪，该部分与机组传统跟随控制无异；另一方面，在 DCS 与电池储能系统之间设有协调控制器，对上接收 PA 和机组实时出力，对下接收电池储能系统状态数据并发送电池出力指令，协调控制机组和电池储能系统双向变流器。EMS 侧的 K_p 计算器则根据机组出力和储能出力计算储能-火电联合 AGC 调频的性能指标，用于 AGC 服务补偿费用结算。

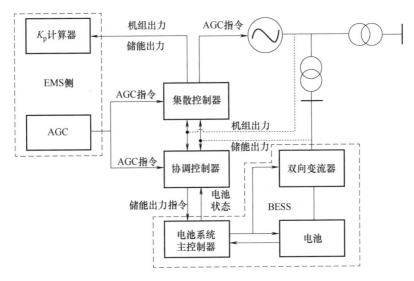

图 6-13 储能-火电联合 AGC 调频结构图

1. 储能-火电联合调频系统建模

（1）目标函数

对储能补偿度进行实时优化时，以联合调频性能指标 $f_P(\delta)$ 和储能电量平衡度函数 $f_B(\delta)$ 作为目标，衡量调节性能，并对动作区间的储能进行电量管理。

建立的储能-火电联合 AGC 调频策略模型的目标函数为

$$\text{Max}(f_P, f_B)\begin{cases} f_P(\delta) = a_1 d_s + a_2 r_s + a_3 p_s \\ f_B(\delta) = -\left| E_c - E_d \right| /((S_{\max} - S_{\min}) E_{\text{rate}}) \\ a_1 + a_2 + a_3 = 1 \end{cases} \tag{6-16}$$

本案例将 a_1、a_2、a_3 均取 1/3。由各子指标值域 $[0,1]$，可知 $f_P \in [0,1]$。f_P 越大，火储联合 AGC 调频时函括响应时延、调节速率和精度的综合调频性能越好。同时 $f_B \in [0,1]$，其值越大，储能双向工作的电量越平衡。

各区间储能补偿度 δ 的优化结果应尽可能使二者取得最大值。

（2）约束条件

储能实时补偿度必须满足最大充电功率 P_{cmax} 和最大放电功率 P_{dmax} 约束。即需满足储能功率约束：

$$-P_{\text{cmax}} \leqslant \delta(P_A(t) - P_G(t)) \leqslant P_{\text{dmax}} \tag{6-17}$$

149

为避免储能按补偿度充电或放电后 SOC 值越限，需设置受电量约束：

$$\begin{cases} 充电：S_{\min}<S(t)-\delta[P_A(t)-P_G(t)]T\eta_c<S_{\max} \\ 放电：S_{\min}<S(t)-\delta[P_A(t)-P_G(t)]T/\eta_d<S_{\max} \end{cases} \quad (6\text{-}18)$$

2. 储能-火电联合调频控制策略

储能出力完全弥补偏差量时，储能-火电联合出力可完全跟上 AGC 指令，跟踪效果很好。但实际上，对于性能较差的机组，具有持续时间较长且偏差较大的功率持续溢出或持续缺额时段，如果储能每时每刻都完全补偿偏差量，其荷电量容易耗尽或饱和，无法响应的时段较长，机组调频性能仅在局部时段得到改善，计量日内整体改善不佳。因此，在设定储能出力指令时，不仅要考虑储能-火电联合出力对指令的实时跟踪效果，还需要对储能进行实时电量管理，避免储能可用率低下。

针对上述问题，依靠可提供导向作用的储能-火电联合调频性能指标和储能工况指标来决策储能实时出力指令，在储能工况持续性与机组性能改善之间寻求平衡。

为方便储能电量管理和出力优化，引入储能补偿度 [0,1]。以合适的补偿度，实时设定 t 时刻储能出力指令，灵活补偿机组跟踪指令的实时偏差：

$$P_B^{ref}(t)=\delta[P_A(t)-P_G(t)] \quad (6\text{-}19)$$

式中，δ 为储能对 P_A 和 P_G 之间实时偏差的补偿度，且 $\delta\in[0,1]$；当 $\delta=1$ 时，储能完全补偿；$\delta=0$ 时，储能不响应；$P_G(t)$ 为 t 时刻机组实际出力（MW）；$P_A(t)$ 为 t 时刻 AGC 指令功率值（MW）。

（1）补偿度实时优化

从机组 DCS 接收到新 AGC 指令的 t_i 时刻起，依次划分时长为 T 的储能动作周期。机组协调控制器在各周期始端 t 时刻进行储能补偿度优化后，设定储能出力最优值为指令。在各周期内，电池储能系统执行该指令下的恒功率充电或放电，$t_d=t_c=T$。

为实现调频性能和储能 SOC 管理之间的相对平衡，将联合调频性能指标 f_P 和储能工况平衡度 f_B 作为目标函数。由前述可知，f_P 和 f_B 是以 t 时刻储能补偿度 δ 为自变量的函数，因此可在 t 时刻对 δ 进行决策，并设定 $[t,t+T]$ 时段的储能出力指令。

首次优化在 t_i+T 时刻进行，各目标函数计算时序如图 6-14 所示，该计算过程需调用火电机组、储能的前序出力数据以及 AGC 历史指令。

根据上图，在当前 AGC 指令下，各优化区间始端设定的储能补偿度 δ，应尽可能使前一区间联合调频性能指标 $f_P(\delta)$ 最大，同时使本区间末端即 $t+T$ 时刻预计的储能电量平衡度 $f_B(\delta)$ 尽可能大。

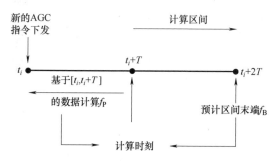

图 6-14　各优化区间的目标函数值计算时序

（2）储能过度充放保护

在每次优化开始时，需检验储能 SOC 进行是否越限，如果越限，则停止优化流程，转而以最大功率紧急充放。

若 $S(t)>S_{\max}$，则设定 $P_{\rm B}^{\rm ref}(t)=P_{\rm dmax}$；

若 $S(t)<S_{\min}$，则设定 $P_{\rm B}^{\rm ref}(t)=-P_{\rm cmax}$。

直至储能回归 SOC 限值区间 $[S_{\min},S_{\max}]$，再重新接入优化流程。

（3）储能动作时长及始端功率调整

AGC 有效指令更新时间不定，因此当前指令下最末区间时长往往小于 T，此时要调整储能充放电时长，即在接收到新指令时终止储能动作，并初始化下一轮优化。

此外，根据图 6-14 可知，在新指令下发时刻 t_i 后的首个区间始端，无法求取 $p_{\rm s}$ 和 $r_{\rm s}$，需直接初始化储能出力指令：

$$P_{\rm B}^{\rm ref}(t_i)=\begin{cases}0.5\times\min\{P_{\rm A}(t_i)-P_{\rm G}(t_i),P_{\rm dmax},E_{\rm d}(t)/T\}\\0.5\times\max\{P_{\rm A}(t_i)-P_{\rm G}(t_i),-P_{\rm cmax},-E_{\rm c}(t)/T\}\end{cases}\tag{6-20}$$

在新指令下发后的首个区间 $[t_i,t_i+T]$，由于无法计算目标函数值，需提前设定储能出力指令。本项目将首区间的补偿度设为 0.5，并设置了功率和电量约束。可以看出这种设定相对盲目，难免影响后续优化，但若周期 T 选取得当，可减小这种盲目性对优化的影响。本章后续小节就周期 T 对优化效果的影响进行仿真。

（4）储能死区设置

为限制储能小幅出力频繁，设置死区为 ±0.1MW。若优化后所得补偿度对应 $|P_{\rm B}^{\rm ref}(t)|<0.1{\rm MW}$，则禁止储能响应，将 $P_{\rm B}^{\rm ref}(t)$ 置为 0。

6.1.4　算例分析

以某省 Z 电厂 660MW 火电机组和 P 电厂 1000MW 火电机组某日 24h 内的出

力及 AGC 数据验证本项目策略和算法，原始数据线性插值后采样间隔取 1s。对不同储能配置、优化周期和策略下的火储合出力、日均 K_p 指标 K_{pd} 及对应补偿获益、PS 指标和储能可用率等进行分析。

查询已有工程储能配置[156]，将电池储能系统的额定功率/容量分别配置为：

1）2MW/0.5MWh（中国石景山，220MW 机组）；

2）9MW/4.5MWh（中国山西，320MW 机组）；

3）15MW/22.5MWh（德国，507MW 机组）；

4）20MW/5MWh（智利，544MW 机组）。

将上述配置的电池储能系统分别验证补偿度优化策略，不考虑倍率特性。采用多目标粒子群优化算法（MOPSO）求解，算法的参数和储能参数设置见表 6-2（其中 P_{cmax} 和 P_{dmax} 均取电池储能系统的额定功率 P_{rate}）。

表 6-2　仿真参数设置

储能电池参数				MOPSO 算法参数			
S_{min}	0.1	η_c	0.9	S_0	0.5	C_1	0.008
S_{max}	0.9	η_d	0.9	D_{im}	1	C_2	0.008
P_{cmax}	P_{rate}	P_{dmax}	P_{rate}	S_x	10	ω_{max}	1
-	-	-	-	M_{it}	100	ω_{min}	0.1

1. 不同场景结果对比

通过 MATLAB 对不同储能容量、优化周期组合下的储能补偿度进行实时优化计算，得到储能-火电合力跟踪 AGC 指令的 K_p 指标日均值 K_{pd}、补偿收益及 PS 指标，并与石景山策略进行比较，结果见表 6-3。分析可得：

1）配置 2MW 储能时，两台机组实时调节偏差量远超其最大充放功率，因此机组调频性能改善微弱，储能可用率极低。

2）优化周期 10s 和 15MW/22.5MW·h 储能配置下，两台机组均有最好的 K_{pd} 和可用率。但该配置对前期投资需求很高。

3）相同配置而不同策略下，储能可用率差异明显。补偿度策略所采取优化周期越短，储能可用率越高；石景山全补偿策略下储能可用率不高。

4）采用 9MW/4.5MW·h、15MW/22.5MW·h 和 20MW/5MW·h 这 3 种配置时，$T=10$s 时机组性能提高更明显，$T=30$s 时效果较弱。对于 K_p 指标，$T=10$s 的补偿度优化策略较石景山策略好；而对于 PS 指标，石景山策略稍显优势。因为石景山策略以 2s 间隔短充放补充实时偏差，对注重追踪性的 PS 改善较佳；而补偿度优化策略下 f_p 子项与 K_p 指标联系紧密，且储能持续时间较长，因此 K_{pd} 提高更大。

表 6-3　不同场景的每日优化计算次数及时长

储能容量	周期或策略	660MW 机组				1000MW 机组			
		K_{pd}	补偿收益/元	PS	储能可用率（%）	K_{pd}	补偿收益/元	PS	储能可用率（%）
—	无储能	2.5943	131931.8	0.7901	—	1.2192	104450.1	0.6732	0.6732
2MW/0.5MW·h	T=10s	2.6681	144789.8	0.7937	24.3	1.3644	126150.4	0.6807	36.4
	T=20s	2.6044	140567.3	0.7943	24.9	1.2788	117890.7	0.6862	34.2
	T=30s	2.6108	133569.6	0.7935	22.6	1.2570	113938.9	0.6906	33.6
	石景山	2.6353	151492.9	0.7958	23.2	1.3207	123451.1	0.6789	32.6
9MW/4.5MW·h	T=10s	3.1796	185358.0	0.7978	44.9	2.2927	216123.7	0.7083	63.3
	T=20s	2.9334	162997.3	0.8028	42.4	2.2403	204295.2	0.6938	60.1
	T=30s	2.8304	157303.7	0.8088	39.7	1.9933	183965.7	0.7168	59.3
	石景山	3.1140	184373.7	0.8293	42.8	2.1657	209635.4	0.7285	60.5
15MW/22.5MW·h	T=10s	3.9132	236259.5	0.8190	61.6	3.2286	314096.0	0.7120	77.2
	T=20s	3.7300	222384.5	0.8292	52.7	2.7278	257519.3	0.7242	74.3
	T=30s	3.5391	203050.6	0.8380	50.8	2.8150	259502.2	0.7108	72.7
	石景山	3.7299	232650.0	0.8496	55.3	2.9190	281450.0	0.7398	70.3
20MW/5MW·h	T=10s	3.5372	223666.0	0.8176	46.7	2.7051	271773.3	0.7126	65.0
	T=20s	3.5358	207374.7	0.8157	40.9	2.5293	243537.4	0.7088	61.1
	T=30s	3.2403	187190.5	0.8234	43.7	2.7525	257204.6	0.7050	58.1
	石景山	3.3353	223720.5	0.8358	44.7	2.6721	269852.7	0.7335	52.1

2. 不同策略下调节效果

分析 660MW 机组在不同优化周期和储能配置时的跟踪曲线，如图 6-15 所示。

由图 6-15a，优化周期为 10s，运行到 03：22：18 和 04：13：43，9MW/4.5MW·h 和 20MW/5MW·h 储能补偿度已趋于 0。在此之前，机组存在较长的电量溢出段，二者 SOC 接近饱和；而 15M/22.5MW·h 储能容量大，持续运行能力强，因此仍在补偿。

由图 6-15b，15MW/22.5MW·h 储能运行不同周期补偿度优化策略和石景山策略，05：25：43 时石景山策略下储能补偿度已趋于 0，因为储能此前经历了长时段满功率充电，可充裕度不足。而 30s 周期策略下，05：59：19 时补偿度趋于 0，则是因为储能状态数据更新时间间隔长，电量平衡度管理不及时。

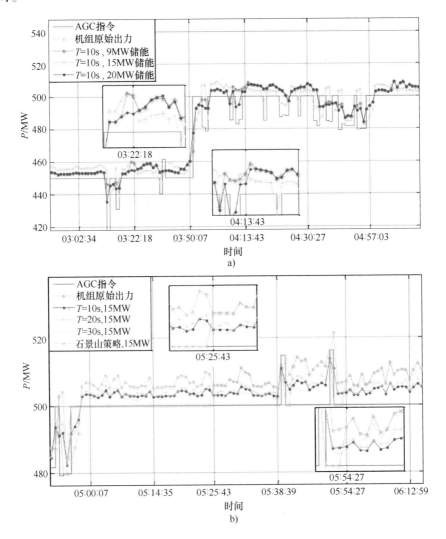

图 6-15　660MW 机组在不同场景的 AGC 跟踪曲线（见彩插）

a）　$T = 10s$ 时 3 种储能配置下 AGC 跟踪曲线（局部）

b）　15MW/22.5MW·h 储能不同策略 AGC 跟踪曲线

石景山策略和本节策略（$T = 10s$）下 660MW 机组配置 15MW 储能时的 AGC 调频效果，各项指标如图 6-16 所示。需指出，K_p、PS 的计算周期与本项目构建

的 f_P 和 f_B 指标各不相同。

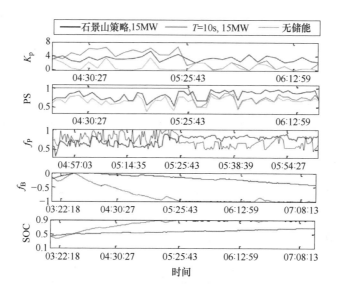

图 6-16　660MW 机组在两种策略配置 15MW/22.5MW·h 储能时指标对比（见彩插）

由图 6-16，05:25:43 之前，石景山策略下 K_p、PS 指标较本项目策略有显著优势，PS 一度达到满分；但长时间满功率充电后 SOC 达上限，之后储能处于不可用状态，指标下滑至无储能时的结果。而补偿度优化策略综合调节效果和电量管理，05:25:43 前各指标均处于劣势，但储能持续可用，在较长时段都对跟踪效果有所改善，因此全天性能改善较石景山策略好。

此外，根据图 6-16，不同策略的 f_P 和 f_B 变化趋势与 K_p、PS 相似，故 f_P 能够区分不同策略及不同时段的调频性能，同时 f_B 与 SOC 曲线显著相关，因此补偿度策略以二者为目标函数的优化导向是有效的。

需说明的是，考虑到所研究机组的溢出/短缺电量比失衡，上述优化周期和储能配置未必适用于其他机组。实际工程需结合机组具体特性，综合考虑调频效益和储能工程成本，选取配置合适的优化周期策略和储能功率容量。

储能各 SOC 区域的时长分布如图 6-17 所示。纵向比较，相同配置和策略下储能联合 660MW 机组跟踪 AGC 指令时，储能 SOC 在 $[0.7,0.9]$ 时长占比要高于 1000MW 机组。根据机组数据分析，660MW 机组跟踪 AGC 时的溢出/短缺电量比为 3.3∶1，1000MW 机组则为 2.4∶1，且持续充放时段分布不均，可解释该现象。横向比较，相同机组及储能配置下，短优化周期策略的储能 SOC 分布稍为均衡，电量管理相对较好；而石景山策略下，高 SOC 区域时长占比较大，该策略下储能可用率较低。

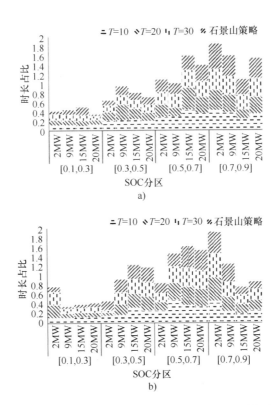

图 6-17　不同策略和总量组合下储能 SOC 区域时长占比

a）660MW 机组　b）1000MW 机组

3. 算法耗时分析

在双核、2.93GHz、1.96GB 内存的硬件系统上，本案例所采取的基于 MOPSO 的密切度择优算法在不同场景的优化计算时间见表 6-4。可以看出，采取 10s 优化周期时平均优化耗时最长，但小于 1s，满足实时计算需求。

表 6-4　不同场景的每日优化计算次数及时长

储能容量	优化周期/s	660MW 机组		1000MW 机组	
		日计算次数	平均时长/s	日计算次数	平均时长/s
2MW/ 0.5MW·h	10	9223	0.8928	9455	0.8640
	20	4947	0.7113	5303	0.6848
	30	3514	0.6802	3641	0.5796
9MW/ 4.5MW·h	10	9223	0.9209	9455	0.8547
	20	4947	0.7563	5303	0.7123
	30	3514	0.7043	3641	0.6563

（续）

储能容量	优化周期/s	660MW 机组		1000MW 机组	
		日计算次数	平均时长/s	日计算次数	平均时长/s
15MW/ 22.5MW·h	10	9223	0.9116	9455	0.8535
	20	4947	0.7560	5303	0.6411
	30	3514	0.7037	3641	0.6459
20MW/ 5MW·h	10	9223	0.9360	9455	0.9114
	20	4947	0.7756	5303	0.6390
	30	3514	0.6956	3641	0.6519

对于储能-火电联合调频的场景，二者均无法基于现有数据对储能出力指令提供预估或导向作用。对此，综合 K_p 和 PS 的优势特点，构建了可以实时评价储能-火电联合出力对 AGC 指令跟踪性能的新指标体系，包括储能-火电联合出力的机组的响应时间、调节速率和调节精度。储能-火电联合调频性能指标基于当前待决策的储能出力指令进行计算，可以作为目标函数来设定当前储能出力指令，提出一种设计的储能—火电联合 AGC 优化运行策略模型，以储能对机组出力与指令偏差的补偿度为决策变量，以实时计算的储能-火电联合调频性能和储能电量平衡度为优化目标，采用密切度择优的 MOPSO 算法，以时长为 T 的周期对储能补偿度进行实时优化。对两台机组不同储能配置/优化周期/策略的调频性能和储能能量进行仿真分析，验证该策略有效性。结果表明：补偿度短周期优化更利于储能电量平衡度管理和实时偏差补偿；在 10s 优化周期下，补偿度优化策略与石景山策略中储能满功率或满偏差补偿相比，储能工况持续性更好；储能补偿度优化策略平均计算耗时远小于优化周期，满足实时计算要求。

6.2 储能-风电系统参与电力调频控制技术

随着风力发电机装机容量不断增加，风电在电网中的渗透率越来越高，电力系统抗干扰能力逐渐下降，同时风电具有随机波动性的特点，给电力系统的安全稳定运行带来了一系列安全隐患问题[157]，主要表现在对电网频率的影响上。为了解决这种不确定因素所带来的难题，提高电力系统稳定运行安全性，电池储能技术常常被用于辅助风电系统参与电网调频，但是电池储能系统在正常运行时常常会受到外界高频大幅度的干扰而导致输出功率波动。为有效抑制系统外界高频大幅度扰动，实现扰动下新型电力系统频率振荡的快速稳定，设计了一种带滤波参数的（P+PD）控制与 PI 控制级联的 PI-(P+PD) 储能级串式控制器，来有效提高响应速度、克服干扰影响，通过改变负荷、风速和发电机参数实时观察系统频率变化情况及变化程度，然后充分考虑公用网络需求变化、风电出力不均匀以及充、放电流限制等重要因素，从电网系统功率波动造成频率扰动的机理进行分析，提出储能级串式调频控制策略研究，充分发挥电池储能系统的调频优势，提高电力系统的频率稳定性。

6.2.1 含储能-风电公用电网调频系统模型

本案例中选择的含储能-风电的电网系统模型结构如图 6-18 所示。其中 250MW 容量的风力发电厂通过总线 3 与 150MW 容量的电池储能系统互连。系统中的 730MW 火力发电厂与 7 号母线相连，公用电网为 500MV·A，与 6 号母线相连。与 4 号母线相连接的负荷表示公用电网负荷需求，为了满足实际需求的情况，在本案例后续工况中考虑了公用电网负荷需求和风力发电发生变化扰动时，BESS 和火力发电厂会根据电网频率等参数进行动作，及时跟踪负荷扰动，快速响应指令，从而维持所在电网系统频率的动态平衡。

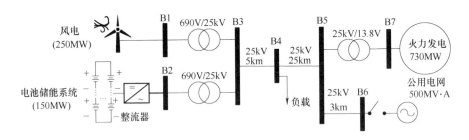

图 6-18 公用电网含储能-风电调频系统模型图

案例中采用的带有电池储能系统的双馈感应发电机（Doubly Fed Induction Generator，DFIG）模型的示意图如图 6-19 所示。DFIG 是现如今使用最广泛的发电机之一，它与传统发电中常用的大型同步发电机不一样，DFIG 产生的有功功率与电网频率解耦，这导致其无法利用传统发电机中转子所含的能量来减弱电网中的干扰，随着电气系统中风力涡轮机的增加，系统的整体惯性还会降低，导致其控制频率的能力降低甚至丧失，这对电力系统的安全稳定运行带来了一定的隐患。为避免大规模风电机组并入电网后造成系统惯性降低产生影响，采取双向可充可放特性的储能系统，可以改善频率响应不佳的状况。

DFIG 结构由一个螺旋转子感应发电机组成，该发电机通过齿轮箱与风力涡轮机互连。由于 DFIG 的定子与定子绕组和公用电网直接连接，为保持定转子产

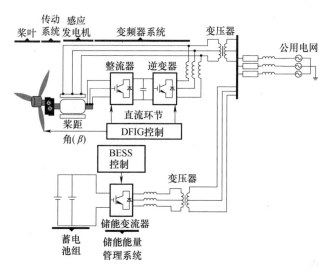

图 6-19　带电池储能系统的 DFIG 模型

生的旋转磁场相对静止，DFIG 的定子绕组和转子形成的磁链旋转频率须为
50Hz。为了保证该磁链旋转频率始终稳定在 50Hz，需要根据不同的转子转速来
调节转子侧变换器从而生成符合需求的转子绕组电流。

描述 DFIG 的工作状态时，首先需要说明定子磁链和转子均以逆时针方向旋
转。当转子机械转速低于同步转速时，通过控制转子侧变换器电流从而产生与转
子转向相同的磁链从而使转子磁链的旋转频率为 50Hz。当达到同步转速时，将
保持恒定频率为 50Hz 来切割定子上的磁链。而当转子机械转速高于同步速时，
则通过控制转子侧变换器产生反向旋转的电流来维持切割定子的磁链频率为
50Hz。通过以上分析可知，转子侧变换器控制转子绕组电流的频率应满足关系
式（6-21）：

$$f_1 = \frac{pn}{60} \pm f_2 \tag{6-21}$$

式中，$f_1 = 50\text{Hz}$，表示定子电流频率；p 为极对数；n 为转子转速；f_2 为转子电
流频率。

电池储能系统结构如图 6-20 所示，分为两个基本部分：第一部分由储能元
件组成，储能元件使用电化学电池负责将电能转换为电化学能，第二部分由能量
转换系统组成，使用 DC/AC 逆变器实现电池与 DFIG 的耦合。

储能电网侧变流器采用电网电压定向矢量控制策略，通过控制电网侧电流经
过 dq 变换得到的直交轴电流分量并建立数学模型如式（6-22）[158] 所示，能够保
持直流母线电压恒定，实现 P 与 Q 的解耦控制[159]。

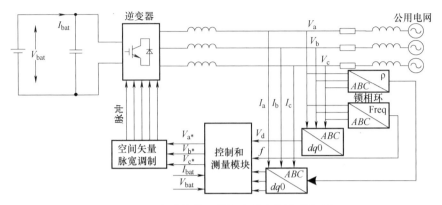

图 6-20　电池储能系统耦合逆变器简化框图

$$\begin{cases} u_d = -Ri_d - L\dfrac{di_d}{dt} + wLi_q + e_d \\[3mm] u_q = -Ri_q - L\dfrac{di_q}{dt} + wLi_d + e_q \end{cases} \qquad (6\text{-}22)$$

式中，u_d 和 u_q 为网侧变流器直交轴电压分量；R 和 L 为电网电阻和电网电感；i_d 和 i_q 为电网侧直交轴电流分量；e_d 和 e_q 为电网侧直交轴电压分量。

通过电流前馈解耦方式使系统对 P 和 Q 实现解耦单独控制，方程为式（6-23）：

$$\begin{cases} u_d = -\left(K_{dP} + \dfrac{K_{dI}}{s}\right)(i_{dref} - i_d) + \Delta u_d \\[3mm] u_q = -\left(K_{qP} + \dfrac{K_{qI}}{s}\right)(i_{qref} - i_q) + \Delta u_q \\[3mm] \Delta u_d = w_c Li_q + e_d \\[2mm] \Delta u_q = w_c Li_d - e_q \end{cases} \qquad (6\text{-}23)$$

式中，K_{dP} 和 K_{qP} 为转子侧控制电流内环直轴交轴比例系数；K_{dI} 和 K_{qI} 为转子侧控制电流内环直轴交轴积分系数；i_{dref} 和 i_{qref} 为电流内环直交轴下设定的电流参考值。结合式（6-23）解耦 dq 轴电流，P 和 Q 用式（6-24）表示：

$$\begin{cases} P = \dfrac{3}{2}(e_d i_d + e_q i_q) \\[3mm] Q = \dfrac{3}{2}(e_q i_d - e_d i_q) \end{cases} \qquad (6\text{-}24)$$

系统采用电压外环控制与电流内环控制的双闭环结构，令 $i_{qref} = 0$，使得系统运行在单位功率因数下；同时通过前馈解耦方式得到 u_d 和 u_q，采用空间矢量脉宽调制实现对网侧变流器的控制[160]。

储能系统放电时控制结构如图 6-21 所示，控制装置使用一个内部电路来控制电池的放电，并使用一个外部电路来监测和控制频率。

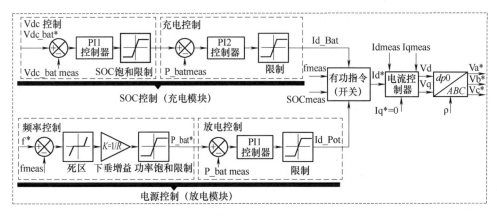

图 6-21　电池储能系统放电时控制结构图

充电时控制回路也如图 6-21 所示。内部回路的目的是控制电池组的充电，外部回路负责调节电池直流母线上的电压，并将 SOC 保持在最大和最小限值内。在这种情况下，将监测直流母线电压（V_{dc_bat}），以确保系统稳定性，然后采用 PI 控制器进行调节。生成的信号将作为电池电流 I_{d_Bat} 的参考，在电流控制块中使用。

为了避免一次调频动作频繁，电池储能系统出力辅助调频需要设有频率死区，系统频率超出设定死区范围时调速器才启动一次调频[161]，电池储能系统在一次调频中出力大小由系统与所设死区频差决定，其数学关系见式（6-25）：

$$\begin{cases} \Delta f = 0 & f_0 - e_f \leqslant f_n \ll f_0 + e_f \\ \Delta f = f_n - f_0 - e_f, & f_0 + e_f < f_n \\ \Delta f = f_n - f_0 + e_f, & f_n < f_0 - e_f \end{cases} \tag{6-25}$$

式中，Δf 为一次调频频差；f_n 为系统频率；f_0 为额定频率；e_f 为频率死区。

死区设置为 0.033Hz，该信号由下垂增益控制。在内部回路中，使用 PI 型控制器执行控制，生成的信号将作为电流（I_{d_Pot}）的参考。

6.2.2　基于 PI-（P+PD）级联算法的控制器设计

在本案例中，储能级串式控制器应用于电源控制模块的控制器结构中，如图 6-22 所示。PI-（P+PD）级联控制方法的引入可以有效地降低电网中来自风电机组出力及负荷需求变化等的干扰程度，使得控制系统中的交换功率更加均衡，系统响应速度更快，风电储能系统运行的稳定性得到改善，起到提高调频质量以及确保电网的安全稳定的作用。

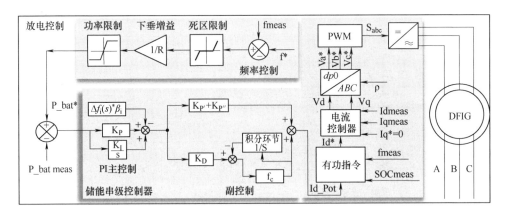

图 6-22　基于电池储能系统的级串式控制器方框图

设 $W_1(s)$、$W_2(s)$ 分别为级联控制器内、外环控制传递函数。控制器输出量 $P_{all}(s)$ 是控制调节指令，表达式见式（6-26）。图 6-23 所示为 BESS 底层 PI-(P+PD) 储能级串式控制器结构。

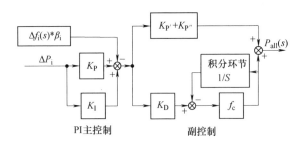

图 6-23　PI-（P+PD）级联控制器结构

$$\begin{cases} P_{all}(s) = -\Delta P_i' \times W_2(s) + W_1(s) \times W_2(s) \times \Delta P_i \\ W_2(s) = \dfrac{s(K_{P'} + K_D f_c + K_{P''}) + f_c(K_{P'} + K_{P''})}{s + f_c} \\ W_1(s) = K_P + \dfrac{K_I}{s} \end{cases} \tag{6-26}$$

式中，K_P、$K_{P'}$、$K_{P''}$ 为比例增益；K_I、K_D 为积分微分参数；f_c 为副控制器中的滤波参数；$\Delta P_i'$ 为控制误差；ΔP_i 为主控变量。

针对功率频率偏差，在控制中需要将 $\Delta P_i'$ 和 $\Delta f_i(s)$ 线性组合后进行误差控制计算，公式为式（6-27）：

$$\Delta p_i' = \Delta f_i(s) \times \beta_i \tag{6-27}$$

PI-（P+PD）级联控制器能通过利用外环 PI 控制器的定值控制和内环带滤波参数的（P+PD）控制器的随动控制双重作用，快速有效地抑制外部负荷扰动，降低系统动态响应超调量，克服传统 PI 控制方法当外界扰动或系统模型参数不确定性带来的系统频率稳定性下降问题。

电池储能系统底层储能级串式控制器将主控制量经过比例积分主控制器"细调"控制后的输出信号输入副控制器，快速抑制外界高频大幅度扰动 $d_1(s)$，实现高效率控制主控制量 $R(s)$，其原理图 6-24 所示。

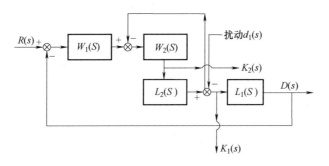

图 6-24　级联控制原理框图

级联控制器主控制、副控制传递函数见式（6-28）和式（6-29）：

$$D_1(s) = K_1(s)L_1(s) - d_1(s) \qquad (6\text{-}28)$$

$$D_2(s) = K_2(s)L_2(s) \qquad (6\text{-}29)$$

式中，$D_1(s)$、$D_2(s)$ 分别为主控制对象、副控制对象；$L_1(s)$ 的输入值是 $K_1(s)$；$L_2(s)$ 的输入值是 $K_2(s)$。系统总传递函数为式（6-30）：

$$G(s) = \frac{L_1(s)L_2(s)C_1(s)C_2(s)R(s) - L_1(s)d_1(s)}{L_2(s)C_2(s)(L_1(s)C_1(s)+1)+1} \qquad (6\text{-}30)$$

在电池储能系统接入的电力系统中应用级联控制方法后，由于火电机组的控制对象具有滞后性，且外部可能存在频次较高的随机扰动，因此在副控制中引入 f_c 滤波参数，f_c 的引入能够有效减小外界高频干扰对系统频率稳定带来的不利影响，实现"粗调"。系统的主控制器则采用比例积分控制，按照一定比例改变输入信号的大小，能够实现对主被控变量 ΔP_i 的精准控制，实现"细调"。

在 MATLAB/Simulink 平台中搭建含储能的风电场调频仿真模型，来验证本案例在高比例新能源发电储能联合系统中采用 PI-（P+PD）级联控制器控制系统频率稳定性的有效性。

为了更加了解各参数对控制性能的影响，需要对两种控制方法中的参数分别进行讨论。

图 6-25 所示为当 $K_i = 0.5$、$K_{p'} = -0.1$、$K_{p''} = 1$、$f_c = 10$、$K_D = 0.5$、K_p 分别取

为 0.5、0.05、0.005 时 PI-（P+PD）级联控制器的伯德图。

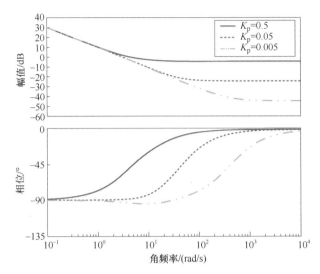

图 6-25　级联 PI-（P+PD）控制器下改变参数 K_p 的伯德图（见彩插）

从伯德图中可以分析出，K_p 的提高会提高系统动态响应速度和系统稳定性，但也会提高高频信号大小。

图 6-26 所示为当 $K_p = 0.05$、$K_{p'} = -0.1$、$K_{p''} = 1$、$f_c = 10$、$K_D = 0.5$、K_i 分别取为 21、2.1、0.21 时级联 PI-（P+PD）控制器的伯德图。

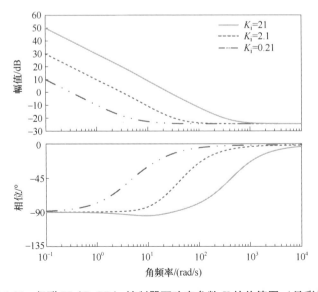

图 6-26　级联 PI-（P+PD）控制器下改变参数 K_i 的伯德图（见彩插）

从伯德图中可以分析出，在低频段部分斜率近似相同，K_i 的提高对低频信号有明显的放大作用；在中频段部分开环截止频率有明显提高，说明参数 K_i 的提高对控制动态响应速度的提高具有较明显的作用；在高频段信号作用控制效果几乎一致，但是在相位图中可知 K_i 的提高会在一定程度上降低系统的稳定性。

图 6-27 所示为当 $K_p = 0.05$、$K_i = 0.5$、$K_{p'} = 1$、$f_c = 10$、$K_D = 0.5$、$K_{p'}$ 分别取为 0.3、0.03、0.003 时级联 PI-（P+PD）控制器的伯德图。

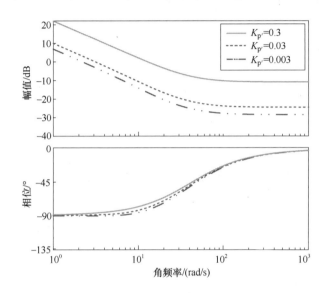

图 6-27　级联 PI-（P+PD）控制器下改变参数 $K_{p'}$ 的伯德图（见彩插）

从伯德图中可以分析出，$K_{p'}$ 的提高在能提高所有频率段的信号幅值，能在一定程度上提高系统的控制动态响应速度，在相位图中可知 $K_{p'}$ 的提高可以一定程度上提高系统稳定性，$K_{p''}$ 在控制器中与 $K_{p'}$ 参数都能对信号起到增益，加速信号响应速度的效果。

图 6-28 所示为当 $K_p = 0.1$、$K_i = 0.5$、$K_{p'} = -0.1$、$K_{p''} = 1$、$f_c = 1$，K_D 分别取为 0.5、5、50 时级联 PI-（P+PD）控制器的伯德图。

从伯德图中可以分析出，K_D 的提高会提高系统动态响应速度和系统稳定性，但也会提高高频信号大小。

图 6-29 所示为当 $K_p = 0.1$、$K_i = 0.5$、$K_{p'} = -0.1$、$K_{p''} = 1$、$K_D = 0.5$、f_c 分别取为 0.001、1、10 时级联 PI-（P+PD）控制器的伯德图。

从伯德图中可以分析出，在低频段部分斜率近似相同，f_c 的提高对低频信号的放大作用很小；在中频段部分开环截止频率有明显提高，说明参数 f_c 的提高对控制动态响应速度的提高具有较明显的作用；在一定程度上能提高高频段信号的增益，但是在相位图中可知 f_c 的提高可以提高系统的稳定性。

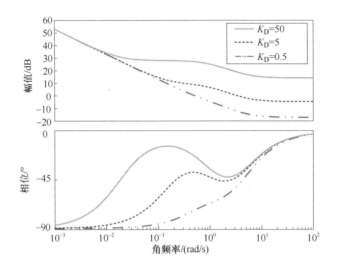

图 6-28　级联 PI-（P+PD）控制器下改变参数 K_D 的伯德图（见彩插）

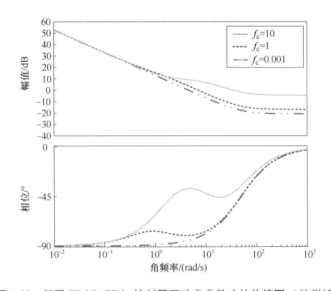

图 6-29　级联 PI-（P+PD）控制器下改变参数 f_c 的伯德图（见彩插）

通过对控制器伯德图的编程仿真的分析后，K_p 取中间值选择 0.05；K_i 提高虽然能提高系统响应速度，但是对低频段信号会有较大的增益影响，因此选择 $K_i = 2.1$，较高的 $K_{p'}$ 会增加信号幅值，但是较低的 $K_{p'}$ 不利于系统稳定性，因此取 $K_{p'} = 0.5$，参数 $K_{p''}$ 取值为 1，较低的 K_D 能提高系统在高频段的抗干扰能力，且系统稳定性较高，因此选择 $K_D = 0.5$；f_c 较低时虽然对高频段信号有减小增幅的作用，但是系统稳定性较低，为了提高系统稳定性，适当提高 f_c 的选择，因此取 $f_c = 10$。

在案例中，将传统 PI 控制、自抗扰控制与 PI-（P+PD）级联控制进行比较，将 PI 与 PI-（P+PD）控制器参数 K_P 与 K_i 设置值相同，自抗扰控制中的观测器带宽参数、控制器带宽参数和模型参数选取见表 6-5，进行仿真实验。

表 6-5　控制器参数

控制器	控制参数	
传统 PI	K_P	0.05
	K_i	2.1
自抗扰控制	W_0	40
	W_c	150
	b_0	40
串级 PI-（1+PD）控制	K_P	0.05
	K_i	2.1
	K_D	0.5
	$K_{P'}$	0.03
	$K_{P''}$	1
	f_c	10

从图 6-30 分析可知，PI、自抗扰和级串式 PI-（P+PD）三种控制控制方法在低角频率部分的倾斜程度接近一致，上述三种控制方法在低角频率部分系统稳态性能相仿，具有相似的稳态误差；中角频率阶段相比传统 PI 控制开环截止频率 1.43rad/s 和自抗扰控制开环截止频率 1.72rad/s，本案例所提级联控制的开环截止频率（又称剪切频率）较大，如图 6-30 所示为 1.86rad/s，开环截止频率越高说明级联控制瞬态响应速度越快，系统快速性越好；在高角频率阶段，系统开环对数幅频特性在高频段的幅值可以反映出系统抗高频干扰信号的能力，由于迅速衰减的特性，高频部分的幅值愈低，系统的抗高频干扰能力愈强，而从伯德图可知本案例中提出的提级联控制的曲线在高频段倾斜程度更大，说明了其对高频干扰信号有相对较高的抑制能力。综合以上三方面来看，本案例中提出的级联控制方法有更优越的控制性能。

综上所述，PI-（P+PD）级联控制的引入通过选取合适的参数特别是 $K_{P'}$，$K_{P''}$ 和 f_c，可以有效地降低频率的高频波动，使得控制系统中的交换功率更加均衡，系统响应速度更快，同时还能一定程度上改善系统稳定性，其优越的控制性能对提高调频质量以及确保电网的安全稳定具有独特的优势。

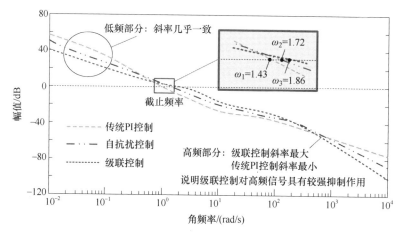

图 6-30 PI、自抗扰和 PI-（1+PD）级联控制的伯德图（见彩插）

6.2.3 算例分析

结合前面所提模型在 Simulink 平台中搭建风电储能公用电网调频系统模型，并在 BESS 底层中采用 PI-（P+PD）储能级串式控制器设计方法，其中传统火力发电机组容量设置为 730MW，BESS 容量为 100MW/300MW·h，表 6-6 中数据为案例所搭建调频仿真模型参数。系统额定频率 $f = 50$Hz，控制参数 K_P、$K_{P'}$、$K_{P''}$、K_i、K_D 取值范围为 $[-10,10]$，副控制器中的滤波参数 f_c 的取值范围为 $[0,300]$。设置阶跃负荷扰动和连续负荷扰动两种典型工况，对本案例中所提三种不同控制器进行结果综合对比分析。

表 6-6 系统仿真参数

参数	数值	参数	数值
T_{BESS}	0.1	F_s	1.8
T_{HP}	0.3	n	1500
N	100	S_m	0.33
R_a	44	L_r	0.0025
R_s	0.0026	L_{am}	7.2
u	0.34	P_{DFIG}	2
P_o	72	a_{HP}	0.8
S_e	14	a_{BESS}	0.2
S_i	0.0661	T_{delay}	0.1
P_{HP}	2	J_{DFIG}	90
D_{HP}	0.1	D_{DFGI}	0.1

设置 PI-(P+PD) 级联控制器参数 $K_P = 0.5$、$K_i = 10$、$K_{P'} = 1$、$K_{P''} = 0.8$、$K_D = 0.000009$、$f_c = 100$，PI 控制器 K_P、K_i 参数与前者保持一致，自抗扰控制方法参数 $W_0 = 40$、$W_c = 150$、$b_0 = 40$。当电网中发生负荷阶跃扰动时，结果如图 6-31 所示。针对外界发生高频干扰的情况，采用传统 PI 控制抑制能力有限；而与传统 PI 控制相比，采用自抗扰控制时响应速度提高了，超调量较小，外界干扰抑制能力也得到了提升，采用案例设计的 PI-(P+PD) 级联控制时，系统的动态响应性能相比前两者得到进一步提升，有效降低了外界干扰对于系统动态响应性能的不利影响。评价指标为超调量最大绝对值 $|H_{max}|$ 与稳定时间 t，两者值越小，则表明 PI-(P+PD) 级联控制器接入电网对系统所产生的动态响应性能越高。从图 6-31 可知，采用该控制时，$|H_{max}| = 1.21$、$t = 0.083\text{s}$，相较于自抗扰控制时 $|H_{max}| = 1.268$、$t = 0.095\text{s}$，指标 $|H_{max}|$ 减小了 4.5%，相较于传统 PI 控制时 $|H_{max}| = 1.28$、$t = 0.1\text{s}$，指标 $|H_{max}|$ 减小了 5.47%，PI-(P+PD) 级联控制相比其他两种控制方法超调量降低并且响应速度明显更快，从定量角度也证明了 PI-(P+PD) 级联控制性能更优越。

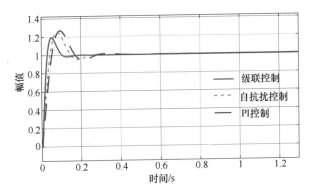

图 6-31　阶跃负荷扰动工况下三种控制性能比较（见彩插）

设置 PI-(P+PD) 级联控制器参数 $K_P = 0.04$、$K_i = 0.01$、$K_{P'} = 0.5$、$K_{P''} = 0.8$、$K_D = 0.000007$、$f_c = 50$，PI 控制器 K_P、K_i 参数与前者保持一致，自抗扰控制方法参数 $W_0 = 40$、$W_c = 150$、$b_0 = 40$。评价指标为功率偏差最大值 $|P_{max}|$ 和频率偏差最大绝对值 $|f_{max}|$，其值越小，则表明控制器性能越优越。

从图 6-32 和图 6-33 可知，在电网发生连续高频扰动的情况下，采用级串式 PI-(P+PD) 控制对频率的波动整体抑制效果更好，系统稳定性越高。由图 6-32 中取 $4.0205 \sim 4.024\text{s}$ 时间段的定量指标可知，采用级串式 PI-(P+PD) 控制方法时 $|P_{max}| = 147\text{MW}$，与 PI 控制时 $|P_{max}| = 151.6\text{MW}$ 相比，评价指标 $|P_{max}|$ 降低了 3.034% 相比于自抗扰控制时 $|P_{max}| = 149.3\text{MW}$，评价指标 $|P_{max}|$ 降低了 1.54%。说明在连续负荷扰动工况下，PI-(P+PD) 级联控制能有效地降低电网频率偏差

峰值，具有更强的抗扰能力。

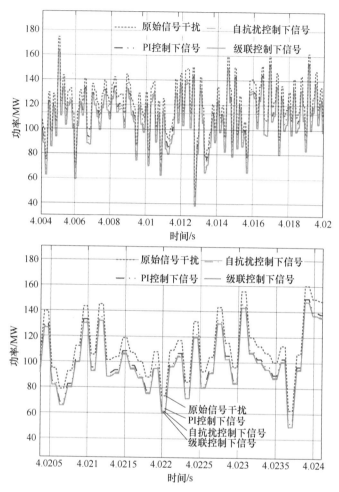

图 6-32　连续负荷扰动工况下三种控制性能比较（见彩插）

由图 6-33 可知，与传统的 PI 控制指标 $|\Delta f_{max}| = 0.188Hz$ 和自抗扰控制指标 $|\Delta f_{max}| = 0.134Hz$ 相比，采用 PI-（P+PD）级联控制时 $|\Delta f_{max}| = 0.062Hz$，评价指标频率偏差 $|\Delta f_{max}|$ 分别降低了 67.02% 和 53.73%。说明在连续高频扰动工况下，级串式 PI-（P+PD）控制可以有效地降低电网频率波动峰谷差，同时减小频率差，具有更强的抗扰能力。

通过在不同工况下对含储能的风力发电调频系统的仿真验证与分析可得，在高比例风电渗透下，本案例所提出的级串式 PI-（P+PD）控制器相比于传统 PI 控制方法和自抗扰控制方法在提升系统响应性能等方面有更好的控制效果，可以提高系统速度，抑制外界扰动等。

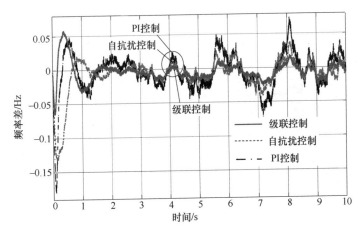

图 6-33　连续负荷扰动工况下系统频率变化图（见彩插）

考虑到公用电网需求较低及公用电网极端运行的情况，参见图 6-18，仿真中模拟公用电网 3.5s 时会与 6 号母线断开。模拟总时间为 9s，总线 4 中接入的负载功率为 1030MW，风力发电的风速保持在其标称值（11.5m/s），DFIG 提供功率为 250MW[162]。图 6-34 给出了有无电池储能系统的系统频率变化情况，没有电池储能系统情况下，频率下降明显甚至会低于 49Hz，加入电池储能系统后，频率下降速率明显降低，此仿真结果表明电池储能系统对极端运行情况下的系统频率下降具有良好调节控制作用。在电池储能系统参与系统调频时，采用 PI-（P+PD）级联控制时系统频率下降最少，并最快得到恢复，电能质量明显提高，对图 6-34 中定量指标可知，采用 PI-（P+PD）级联控制时 $|\Delta f_{max}| = 0.28$Hz，相比于 PI 控制方法 $|\Delta f_{max}| = 0.42$Hz 和自抗扰控制方法 $|\Delta f_{max}| = 0.31$Hz，评价指标 $|\Delta f_{max}|$ 分别降低了 33.3% 和 9.68%。说明在连续低负荷需求扰动工况下，采用 PI-（P+PD）级联控制方法时系统频率下降最少，电能质量明显提高。

考虑到电气系统负载的可变性，总线 4 中接入的负载功率增加 50MW，为 1080MW。其他运行情况与前述情况保持一致。

如果没有 BESS，频率甚至会下降到 48Hz，这会导致系统崩溃造成严重事故。在 BESS 参与系统调频时，采用 PI-（P+PD）级联算法时系统频率下降最少，并最快得到恢复，电能质量明显提高，对图 6-35 中定量指标可知，采用 PI-（P+PD）级联控制时 $|\Delta f_{max}| = 0.35$Hz，相比于 PI 控制方法 $|\Delta f_{max}| = 0.45$Hz 和自抗扰控制方法 $|\Delta f_{max}| = 0.39$Hz，评价指标 $|\Delta f_{max}|$ 分别降低了 22.2% 和 10.26%。说明在连续高负荷需求扰动工况下，采用 PI-（P+PD）级联控制方法时系统频率下降最少，电能质量明显提高。

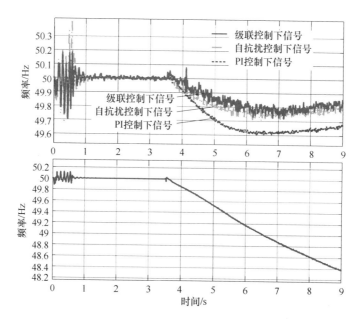

图 6-34　低需求工况下级联、PI 控制与自抗扰控制方法和
有无 BESS 参与调频的系统频率变化图（见彩插）

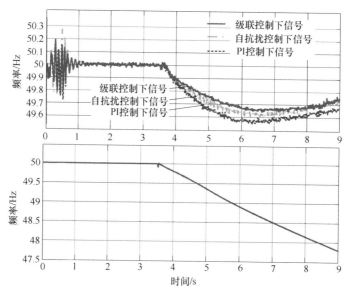

图 6-35　高需求工况下级联控制、PI 控制与自抗扰控制方法和
有无 BESS 参与调频的系统频率变化图（见彩插）

风速波动导致发电量变化进而导致系统频率变化，这在新能源利用中十分常见，因此对风速变动这一工况的仿真也具有十分重要的意义，风速变化如图 6-36 所示。仿真时间为 15s，公用电网在整个模拟时间内一直保持连接状态。

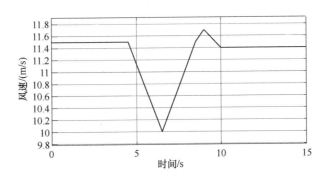

图 6-36　风速变化图

系统频率变化如图 6-36 所示，在风电出力功率变化的最关键点（发生在 5~10s），如果使用 BESS，BESS 会通过向系统注入功率来补偿模拟过程中发生的频率振荡，因此系统频率能保持在允许的振荡区内，并且快速恢复到正常频率附近，但如果没有 BESS，系统频率会降到 47.5Hz 以下，直到仿真结束频率仍然没有恢复正常范围。在图 6-37 中，评价指标系统频率第一次降低为 $|\Delta f_{max1}|$，第二次降低为 $|\Delta f_{max2}|$，采用 PI-（P+PD）级联控制时 $|\Delta f_{max1}| = 2.24Hz$，$|\Delta f_{max2}| = 0.65Hz$，相比于 PI 控制 $|\Delta f_{max1}| = 2.88Hz$，$|\Delta f_{max2}| = 1.12Hz$ 降低了 22.22%，41.96% 和自抗扰控制方法 $|\Delta f_{max1}| = 2.59Hz$，$|\Delta f_{max2}| = 0.97Hz$ 降低了 13.51%，32.989%，仿真结果表明采用 PI-（P+PD）级联控制方法时系统频率下降最少，自抗扰控制其次，传统 PI 控制方法下系统频率下降最多，再次说明采用 PI-（P+PD）级联控制方法对系统频率的恢复作用更好。

本案例在含风电储能公用电网调频系统基础上，考虑到系统运行时外界实际存在大量高频干扰影响电网频率稳定性的问题，充分考虑公用网络需求变化、风电出力不均匀等重要因素，在 BESS 底层采用 PI-（P+PD）级联控制策略。首先对控制器进行了控制性能分析，如图 6-38 所示，结果表明在阶跃负荷扰动工况下采用 PI-（P+PD）级联控制时，超调量相比两种控制器分别下降了 5.47%、4.5%，系统响应时间也从 0.1s、0.095s 减少到了 0.083s。在连续负荷扰动工况下，超调量相比两种控制器分别下降了 3.034%、1.54%。最后，与传统 PI 控制和自抗扰控制在不同工况下进行仿真结果对比分析，仿真结果表明系统采用 PI-（P+PD）级联控制时，电网频率动态变化更加稳定平滑，频率跌落降低，支

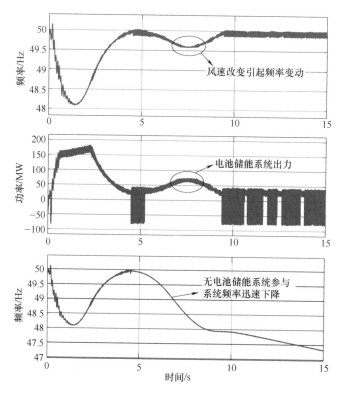

图 6-37 有电池储能系统参与调频的系统频率和
电池储能系统功率出力图（见彩插）

撑电网频率能力更强。所提储能级串式控制器在 BESS 中的应用可以优化对电力系统的调频调峰效果，减轻系统负载和风电出力波动对系统频率带来的影响，显著改善系统的电能质量。

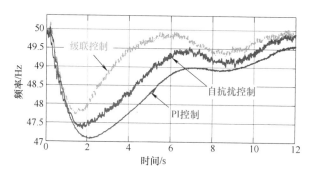

图 6-38 电池储能系统参与调频时级联控制、**PI** 控制与
自抗扰控制方法下的系统频率图（见彩插）

6.3　构网型储能参与电力调频控制技术

随着电网中风电渗透率日益增高，系统惯性逐渐下降，同时风电具有随机波动性以及电力系统运行时自身存在负荷高峰低谷变动、频率电压不稳定等问题，电力系统的安全稳定运行受到了严重威胁。面对以上风电及电力系统内部双重不稳定因素，构网型储能凭借其灵活且快速的能量存储和释放特性，以及能为电网提供足够惯性支撑和可以根据给定功率进行能量分配达到增强调频效果的特点，成为解决分布式电源并网稳定性的有效方法。考虑电力系统中干扰信号快速抑制以及系统控制性能优化的问题，本案例在有功频率控制支路角频率输出端配合线性主动抗扰控制（Linear Active Disturbance Rejection Control，LADRC）引入前馈控制环节，提出一种基于改进型 LADRC 的构网型储能调频控制策略，从有功频率控制结构角度，通过补偿角频率的偏差量并叠加到原始输出有功功率中有效地降低功率冲击，加速系统有功指令追踪速度，消除一次调频特性与虚拟阻尼控制相互耦合难以兼顾的问题，有效增强了系统频率稳定性。

6.3.1　构网型储能系统模型

本案例搭建的含储能-风电联合系统及公用电网的调频系统模型如图 6-39 所示。其中风力发电系统通过总线 3 与电池储能系统相连，火力发电系统通过 5 号母线与公用电网相连，综合负荷与 4 号母线相连接。其中，电池储能系统会根据运行时电网频率等重要参数进行实时动作响应并能快速反馈外界干扰信号，保持新型电力系统的频率动态平衡[163]。

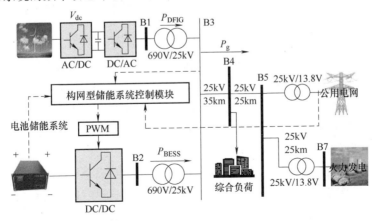

图 6-39　含储能-风电联合系统及公用电网的调频系统模型图

储能-风电联合系统结构框图如图 6-40 所示。双馈感应风力发电机（DFIG）实际上是异步感应发电机，风力发电机组能通过变桨距控制技术和功率跟踪控制技术，检测风机转子的转速，调节风能利用系数，使得机组能够追踪实际风速进行自我调节而运行在最大功率追踪（Maximum Power Point Tracking，MPPT）模式下。它与传统发电中常用的大型同步发电机不一样，风机转子中存储的能量与定子输出功率之间耦合关系很弱，机组输出的有功 P_{DFIG} 与电网频率 f 解耦，这导致在电网受到扰动或者出现故障时，其无法利用传统发电机中转子所含的能量来抑制电网中干扰带来的频率波动，本身不能主动的向电网提供惯量支撑的能力，甚至，随着电力系统风机装机容量持续升高，电力系统整体控制频率变化能力持续降低，这对电力系统的安全稳定运行带来了巨大挑战。

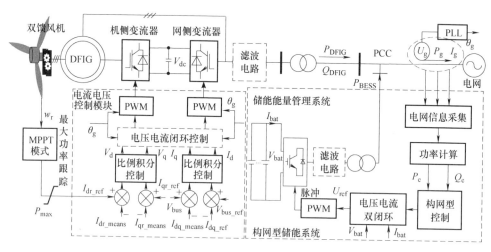

图 6-40 储能-风电联合系统结构图

电池储能系统采取具有双向可充可放特性控制模式进行调频策略研究。所采用电池储能系统变流器控制策略结构如图 6-40 所示，其中直流侧采用恒定电压源；交流侧经线路阻抗及滤波电路后为公共连接点（Point of Common Coupling，PCC）的区域负荷供电。在构建电池储能系统模型时，充分考虑系统频率频繁波动导致电池储能系统频繁起停动作系统寿命降低和系统运行成本增加等方面，BESS 模型设置频率死区参数为 $\pm 0.033\text{Hz}$[164]。

构网型储能控制结构模型图和控制原理图如图 6-41 所示。该控制结构是由典型 VSG 控制构成的功率外环和电压电流双闭环构成的内环共同组成。

VSG 控制通过模拟同步发电机转子运动的二阶方程，能够精确的模拟同步机运行特性。同步机转子运动二阶方程为

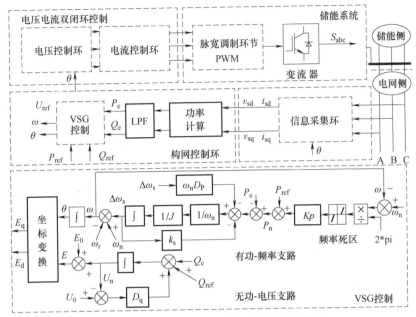

图 6-41　构网型储能系统控制原理结构框图

$$\begin{cases} J\dfrac{\mathrm{d}\omega}{\mathrm{d}t}=T_{\mathrm{m}}-T_{\mathrm{e}}-D_{\mathrm{p}}(\omega-\omega_{\mathrm{n}})\approx\dfrac{P_{\mathrm{ref}}}{\omega_{\mathrm{n}}}-\dfrac{P_{\mathrm{e}}}{\omega_{\mathrm{n}}}-D_{\mathrm{p}}(\omega-\omega_{\mathrm{n}}) \\[3mm] k_{\mathrm{e}}\dfrac{\mathrm{d}E}{\mathrm{d}t}=(Q_{\mathrm{ref}}-Q_{\mathrm{e}})+D_{\mathrm{q}}(U_{\mathrm{n}}-U_{0}) \\[3mm] \omega=\dfrac{1}{Js}\big[D_{\mathrm{p}}(\omega_{\mathrm{n}}-\omega)+(P_{\mathrm{ref}}-P_{\mathrm{e}})\big] \end{cases} \tag{6-31}$$

式中，J 为虚拟转动惯量；ω 为 VSG 输出角频率；T_{m} 为机械转矩；T_{e} 为电磁转矩；D_{p} 和 D_{q} 分别为 P-f 支路的阻尼系数和 Q-V 支路的阻尼系数；ω_{n} 为系统参考角频率；P_{ref} 和 Q_{ref} 分别为 VSG 有功功率、无功功率参考值；P_{e} 和 Q_{e} 为从 PCC 采集电压电流参数信息计算得出后经过低通滤波输出的有功、无功功率；k_{e} 为同步电压增益系数；E 为 VSG 输出电势幅值；s 为拉普拉斯算子；U_{n} 为网侧额定电压幅值；U_{0} 为网侧交流电压幅值。

由典型 VSG 控制原理框图分析易知，P_{e} 实际上直接受到有功参考值 P_{ref} 与电网侧角频率 ω_{r} 两种信号的影响，因此需要通过两者的小信号模型来分析对 P_{e} 的影响关系，构建 P_{ref}、ω_{r} 至 P_{e} 的小信号模型分别为 $G_{p_{\mathrm{ref1}}}$、$G_{\omega_{\mathrm{r1}}}$：

$$\begin{cases} G_{P_{\mathrm{ref1}}}=\dfrac{\Delta P_{\mathrm{e}}}{\Delta P_{\mathrm{ref}}}\bigg|_{\Delta\omega_{\mathrm{r}}=0}=\dfrac{k_{\mathrm{e}}}{J\omega_{\mathrm{n}}s^{2}+(D_{\mathrm{p}}\omega_{\mathrm{n}}+k_{\mathrm{s}})s+k_{\mathrm{e}}} \\[4mm] G_{\omega_{\mathrm{r1}}}=\dfrac{\Delta P_{\mathrm{e}}}{\Delta\omega_{\mathrm{r}}}\bigg|_{\Delta P_{\mathrm{ref}}=0}=-\dfrac{J\omega_{\mathrm{n}}k_{\mathrm{e}}s+k_{\mathrm{e}}(D_{\mathrm{p}}\omega_{\mathrm{n}}+k_{\mathrm{s}})}{J\omega_{\mathrm{n}}s^{2}+(D_{\mathrm{p}}\omega_{\mathrm{n}}+k_{\mathrm{s}})s+k_{\mathrm{e}}} \end{cases} \tag{6-32}$$

式中，$\Delta\omega_r = \omega_r - \omega_n$；$k_s$ 为有功频率支路反馈系数；系统振荡角频率 ω_1、阻尼比 ξ_1 表示为

$$\begin{cases} \omega_1 = \sqrt{k_e/(J\omega_n)} \\ \xi_1 = \dfrac{k_s + D_p\omega_n}{2}\sqrt{1/(k_e J\omega_n)} \end{cases} \qquad (6\text{-}33)$$

当 $\omega_r - \omega_n \neq 0$ 时，根据式（6-32）可以得到有功输出的稳态误差：

$$\underset{s\to 0}{\mathrm{Lim}}\, G_{\omega_{r1}}\Delta\omega_r = -(k_s + \omega_n D_p)\Delta\omega_r \qquad (6\text{-}34)$$

从式（6-33）分析可知，D_p 值的增大会导致阻尼比 ξ_1 增大，此时系统的动态振荡变小；取值相反时则结果也相反，结合式（6-34）分析知，D_p 与 k_s 互耦强相关共同影响有功输出稳态误差，因此两者之间的合理取值对系统性能影响至关重要，但是在复杂的运行工况下两者难以同时兼顾，因此提出一种能解耦 D_p 与 k_s 的改进型 LADRC 构网型储能策略。

6.3.2 基于改进 LADRC 的构网型储能调频策略

图 6-42 给出了一种基于改进型 LADRC 的构网型储能控制原理图。自抗扰控制器主要包含了跟踪微分器（Tracking Differentiator，TD），线性扩展状态观测器和线性状态误差反馈器（Linear State Error Feedback，LSEF）三部分，具体结构如图 6-43 所示。为了解决构网型储能系统在复杂运行工况下进行动作时的 D_p 与 k_ω 强相关难以同时兼顾的问题，同时满足储能系统应该具备优的动态响应特性，本案例提出基于改进型 LADRC 的构网型储能调频控制策略，相较于传统构网型储能控制和 LADRC 控制可以更有效的降低电网中来自风电机组出力及负荷需求变化等的干扰影响程度，避免由于锁相环繁杂操作带来的误差，同时能够给电力系统提供惯性支撑，使得控制系统响应速度更快，可以根据给定功率进行能量快速分配，起到提高调频质量以及确保电网在极端运行条件下安全稳定运行的作用。

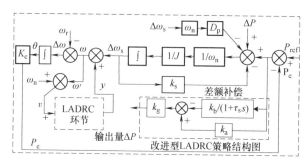

图 6-42 基于改进型 LADRC 的构网型储能控制策略框图

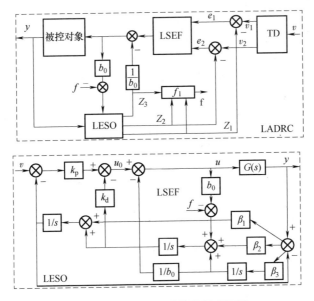

图 6-43　LADRC 结构及原理框图

图 6-42 和图 6-43 中，v 为输入参考信号；v_1 和 v_2 为目标跟踪信号；y 为被控对象输出量，Z_1、Z_2 和 Z_3 分别为系统输出的观测值、输出微分的观测值和系统总扰动的观测值；b_0 是系统总扰动的补偿系数；u 是补偿后的控制信号；β_1、β_2 和 β_3 是观测器增益；f 表示为系统内外总扰动，a 和 b 是微分方程 y' 和 y 的系数，相关公式如下：

$$\ddot{y} = -a\dot{y} - by + (b - b_0)u + b_0 u = f(y, \dot{y}, w, t) + b_0 u \tag{6-35}$$

扩张状态观测器为

$$\begin{cases} e = y - z_1 \\ \dot{z}_1 = z_2 + \beta_1 e \\ \dot{z}_2 = z_3 + \beta_2 e + b_0 u \\ \dot{z}_3 = \beta_3 e \end{cases} \tag{6-36}$$

式中，e 为系统跟踪误差。

通过式（6-36）将 LESO 的状态方程进行拉普拉斯变换可得

$$\boldsymbol{Z}(\boldsymbol{s}) = \frac{1}{s^3 + \beta_1 s^2 + \beta_2 s + \beta_3} \times \begin{bmatrix} b_0 s & \beta_1 s^2 + \beta_2 s + \beta_3 \\ b_0 s^2 + b_0 \beta_1 s & \beta_2 s^2 + \beta_3 s \\ -b_0 \beta_3 & \beta_3 s^2 \end{bmatrix} \begin{bmatrix} \boldsymbol{U}(\boldsymbol{s}) \\ \boldsymbol{V}(\boldsymbol{s}) \end{bmatrix} \tag{6-37}$$

式中，$\boldsymbol{Z}(\boldsymbol{s})$ 为系统观测向量矩阵；$\boldsymbol{U}(\boldsymbol{s})$ 为将补偿后的控制信号 u 进行拉普拉斯变换后的向量矩阵；$\boldsymbol{V}(\boldsymbol{s})$ 为将 y 进行拉普拉斯变换后的向量矩阵。根据状态观测可以得到 LSEF 原理为

$$u = \frac{k_p(v-z_1)-k_d z_2 - f - z_3}{b_0} = \frac{-z_3 - f + u_0}{b_0} \tag{6-38}$$

式中，k_p 和 k_d 是 LSEF 的增益，同时注意这里设 $u_0 = k_p(v-z_1)-k_d z_2$ 且 $-k_d z_2$ 代替了 $-k_d(v'-z_2)$，输入信号的微分考虑为零值，因此闭环传递函数成为没有零点的二阶传递函数。结合式（6-37）和式（6-38）得

$$U(s) = \frac{1}{b_0}\left[k_p R(s)C(s) - V(s)H(s)C(s)\right] \tag{6-39}$$

$$C(s) = \frac{s^3 + \beta_1 s^2 + \beta_2 s + \beta_3}{s^3 + (\beta_1 + k_d)s^2 + (\beta_1 k_d + \beta_2 + k_p)s} \tag{6-40}$$

$$H(s) = \frac{(k_p \beta_1 + k_d \beta_2 + \beta_3)s^2 + (k_p \beta_2 + k_d \beta_3)s + k_p \beta_3}{s^3 + \beta_1 s^2 + \beta_2 s + \beta_3} \tag{6-41}$$

将式（6-36）和式（6-39）~式（6-41）联合参考可以得到 LADRC 的控制框图，如图 6-44 所示。

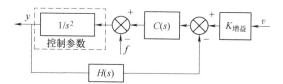

图 6-44 LADRC 系统传递函数框图

可推导出控制系统闭环传函为

$$L(s) = \frac{s^3 + \beta_1 s^2 + \beta_2 s^1 + \beta_3}{s^5 + a_1 s^4 + a_2 s^3 + a_3 s^2 + a_4 s + k_p \beta_3} \tag{6-42}$$

式中，$a_1 = \beta_1 + k_d$；$a_2 = k_d \beta_1 + \beta_2 + k_p$；$a_3 = k_d \beta_2 + k_p \beta_1 + \beta_3$；$a_4 = k_p \beta_2 + k_d \beta_3$。

结合自抗扰控制框图，将虚拟同步机控制中有功频率模块作为主要控制对象，将角频率作为输入信号；LSEF 对输出信号的观测反馈补偿被控变量，使输出信号及时跟踪输入信号。

图 6-45 中，ω_0 为自抗扰控制中的观测器带宽，ω_c 为控制器带宽。为了更加了解 ω_0 和 ω_c 对控制性能的影响，将 LADRC 中参数 ω_c 设置为 10，将 ω_0 从 $0.1 \sim 10$ 进行取值，得到自抗扰控制系统伯德图 6-45a，发现随着 ω_0 取值增大，系统对高频信号抑制能力先降低后逐渐提高。ω_0 取值较小时，系统在低频率段会有干扰抑制能力和相位裕度剧烈浮动的现象，这对电力系统安全稳定运行不利；ω_0 取值在中间时，系统在中频率段干扰抑制能力有一定降低，并且在中频段相位裕度也有所下降，但是系统在高频段稳定性提高；ω_0 取值较大时，系统对干扰信号的抑制 ω_0 取值较小时响应推迟，相位裕度在高频段也有所下降。通过伯德图参数对比发现，在 ω_0 取值为 3 左右时性能较好，能同时满足抑制干扰和相位裕度

充足的条件。将参数 ω_0 设置为 3，将 ω_c 从 $3\sim15$ 进行取值，得到自抗扰控制系统伯德图 6-45b，从伯德图分析发现随着 ω_0 的增大，系统的抗干扰性能逐渐提升，在中频率段附近相位裕度有了明显的提高，系统抵御外界干扰能力增强，与此同时，ω_c 的增大对低频处的扰动也有了更好地抑制效果。综上所述，同时考虑 LADRC 中 ω_c 与 ω_0 参数关系，选择 $\omega_c = 15$，$\omega_0 = 3$。

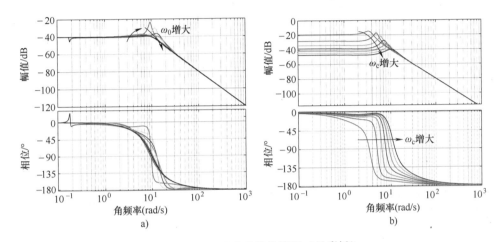

图 6-45　LADRC 系统伯德图（见彩插）

a）ω_0 增大时控制系统伯德图　　b）ω_c 增大时控制系统伯德图

对 P-F 支路整体系统进行传递函数推导，求出参考有功 P_{ref} 至有功功率输出 P_{e} 的小信号模型 $G_{P_{\mathrm{ref2}}}$、电网侧角频率 ω_{r} 至 P_{e} 的小信号模型 $G_{\omega_{\mathrm{r2}}}$，见式（6-43）：

$$\begin{cases} G_{P_{\mathrm{ref2}}} = \dfrac{\Delta P_{\mathrm{e}}}{\Delta P_{\mathrm{ref}}}\bigg|_{\Delta\omega_{\mathrm{r}}=0} = \dfrac{k_{\mathrm{e}}k_{\mathrm{g}}k_{\mathrm{a}}\tau_s s + k_{\mathrm{e}}k_{\mathrm{g}}(k_{\mathrm{a}}-k_{\mathrm{b}})}{\left[J\omega_{\mathrm{n}}\tau_s s^3 + (\tau_s k_s + \tau_s D_p\omega_{\mathrm{n}} + J\omega_{\mathrm{n}})s^2 + (k_s + D_p\omega_{\mathrm{n}} + k_{\mathrm{e}}k_{\mathrm{g}}k_{\mathrm{a}}\tau_s)s + k_{\mathrm{e}}k_{\mathrm{g}}(k_{\mathrm{a}}-k_{\mathrm{b}}) \right]} \\[4mm] G_{\omega_{\mathrm{r2}}} = \dfrac{\Delta P_{\mathrm{e}}}{\Delta\omega_{\mathrm{r}}}\bigg|_{\Delta P_{\mathrm{ref}}=0} = \dfrac{-k_{\mathrm{e}}\left[J\omega_{\mathrm{n}}\tau_s s^2 + (\tau_s k_s + J\omega_{\mathrm{n}} + \tau_s D_p\omega_{\mathrm{n}})s + k_s + D_p\omega_{\mathrm{n}} \right]}{\left[J\omega_{\mathrm{n}}\tau_s s^3 + (J\omega_{\mathrm{n}} + \tau_s k_s + \tau_s D_p\omega_{\mathrm{n}})s^2 + (k_s + D_p\omega_{\mathrm{n}} + k_{\mathrm{e}}k_{\mathrm{g}}k_{\mathrm{a}}\tau_s)s + k_{\mathrm{e}}k_{\mathrm{g}}(k_{\mathrm{a}}-k_{\mathrm{b}}) \right]} \end{cases}$$

$$(6\text{-}43)$$

式中，k_{g} 为前馈差额增益系数；τ_s 为差额系数；k_{a} 为前馈增益系数；k_{b} 为差额增益系数。将式（6-43）中的阻尼系数 D_p 设置为 0，以消除阻尼参数在系统中的影响，见式（6-44）：

$$\begin{cases} G_{P_{\mathrm{ref2}}} = \dfrac{\Delta P_{\mathrm{e}}}{\Delta P_{\mathrm{ref}}}\bigg|_{\Delta\omega_{\mathrm{r}}=0} = \dfrac{k_{\mathrm{g}}k_{\mathrm{e}}k_{\mathrm{a}}\tau_s s + k_{\mathrm{g}}k_{\mathrm{e}}(k_{\mathrm{a}}-k_{\mathrm{b}})}{\left[J\omega_{\mathrm{n}}\tau_s s^3 + (\tau_s k_s + J\omega_{\mathrm{n}})s^2 + (k_s + k_{\mathrm{g}}k_{\mathrm{e}}k_{\mathrm{a}}\tau_s)s + k_{\mathrm{g}}k_{\mathrm{e}}(k_{\mathrm{a}}-k_{\mathrm{b}}) \right]} \\[4mm] G_{\omega_{\mathrm{r2}}} = \dfrac{\Delta P_{\mathrm{e}}}{\Delta\omega_{\mathrm{r}}}\bigg|_{\Delta P_{\mathrm{ref}}=0} = \dfrac{-k_{\mathrm{e}}\left[J\omega_{\mathrm{n}}\tau_s s^2 + (\tau_s k_s + J\omega_{\mathrm{n}})s + k_s \right]}{\left[J\omega_{\mathrm{n}}\tau_s s^3 + (\tau_s k_s + J\omega_{\mathrm{n}})s^2 + (k_s + k_{\mathrm{g}}k_{\mathrm{e}}k_{\mathrm{a}}\tau_s)s + k_{\mathrm{g}}k_{\mathrm{e}}(k_{\mathrm{a}}-k_{\mathrm{b}}) \right]} \end{cases}$$

$$(6\text{-}44)$$

将式（6-32）与式（6-44）对比可发现，在 LADRC 控制前端引入补偿控制环节，能够改变传统构网型储能有功频率支路闭环控制系统的零极点分布，也相应地改变了有功功率输出 P_e 发生扰动时的动态响应特性。通过去除小信号模型中对系统稳定性影响极小的项，将式（6-44）仅包含 τ_s 但不包含 k_f 的参数项直接省略，可得到小信号模型 G_{P2}，见式（6-45）所示：

$$G_{P2} = \frac{k_g k_e k_a \tau_s s}{J\omega_n s^2 + (k_s + e_e k_g k_a \tau_s)s + k_e k_g (k_a - k_b)} + \frac{k_e k_f (k_a - k_b)}{J\omega_n s^2 + (k_s + k_e k_f k_a \tau_s)s + k_e k_g (k_a - k_b)}$$

$$(6\text{-}45)$$

此时，系统振荡角频率 ω_2、阻尼比 ξ_2 见式（6-46）：

$$\begin{cases} \omega_2 = \sqrt{\dfrac{k_e k_g (k_a - k_b)}{J\omega_n}} \\[3mm] \xi_2 = \dfrac{D_p \omega_n + k_e k_a k_g \tau_s + k_s}{2\sqrt{k_e k_g (k_a - k_b) J\omega_n}} \end{cases}$$

$$(6\text{-}46)$$

对于如式（6-45）的二阶系统，如果阻尼比小于 1 则系统会产生振荡幅度和调节时间较大的现象，因此设置阻尼比大于等于 1。由此整理式（6-46），有式（6-47）：

$$k_g \tau_s \geq \frac{-(k_s + D_p \omega_n) + 2\sqrt{2k_e k_g (k_a - k_b) J\omega_n}}{k_e k_a}$$

$$(6\text{-}47)$$

结合式（6-47）及参数表 6-6，完成改进型 LADRC 策略在惯性参数不同时参数 k_a 和 k_b 变化的伯德图和极点根轨迹图，具体如图 6-47 和图 6-48 所示，同上完成传统构网型储能控制策略的伯德图和极点根轨迹图，具体如图 6-46 所示。

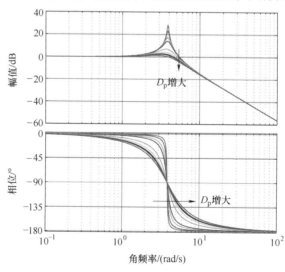

图 6-46　传统构网型储能控制系统伯德图（见彩插）

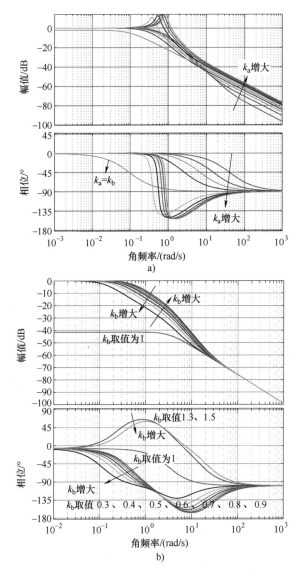

图 6-47　改进型 LADRC 系统伯德图（见彩插）

a）k_a 变化时改进型 LADRC 控制系统伯德图　b）k_b 变化时改进型 LADRC 控制系统伯德图

　　研究分析发现，传统构网型储能控制中将阻尼参数 D_p 从 5 增大到 150 时，可以有效降低系统中干扰信号的幅值，在低频段时系统相位裕度稳定性有所降低，但是在高频段稳定性得到了提升。阻尼系数可以显著改变系统控制性能，但是在实际参数整定中阻尼参数 D_p 与有功频率支路反馈参数 k_s 相互影响，难以同时兼顾，因此提出基于改进型 LADRC 的构网型储能调频控制策略。设置 k_a 取值

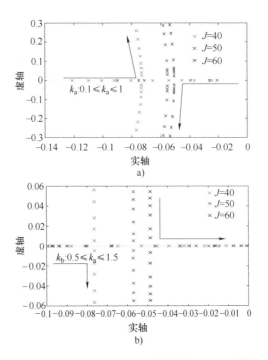

图 6-48 改进型 LADRC 系统根轨迹图（见彩插）

a）k_a 变化时改进型 LADRC 系统根轨迹图　b）k_b 变化时改进型 LADRC 系统根轨迹图

范围从 0.1 到 1 逐渐增大（k_b 取值为 0.5），发现随着参数 k_a 的增大，系统整体相位裕度稳定性降低，在高频段系统对干扰信号抑制效果会有所降低，并且 k_a 取值过高或者过低时，在中频率段信号会有增幅，因此 k_a 取值适当接近 k_b 既可以提高系统相位裕度也可以提高系统对干扰信号抑制能力。k_b 取值范围从 0.5 到 1.5 逐渐增大（k_a 取值为 1），发现随着 k_b 的增大系统在高频段的相位裕度稳定性会逐渐增加，系统对干扰信号抑制能力提高；当 k_b 增大到比 k_a 值大后，随着 k_b 的增大系统对干扰信号抑制能力逐渐降低，说明在实际参数设计时 k_b 应该小于 k_a 值，并且发现当 k_a 与 k_b 取值接近时，系统对信号干扰抑制能力最强，相位裕度最好。同时根据图 6-48 分析发现，系统的一对共轭极点随着 k_a 减小或 k_b 增大而逐渐接近并最终落在负实轴上，系统输出功率的动态振荡与功率超调的控制效果好，与前面结论一致。

结合图 6-46~图 6-48 可以发现，在传统构网型储能控制策略下时，信号频率到 100rad/s 以后才逐渐开始被抑制，并且在接近系统基频附近会有震荡产生，这对电力系统安全运行产生了极大威胁，传统构网型储能控制策略满足不了当前电网对频率稳定性的需求，而在基于改进型 LADRC 的构网型储能调频策略下，信号频率到（10~1）rad/s 之前就已经得到抑制，采用后者控制策略时系统相位裕度明显更加充足，因此本案例所提基于改进型 LADRC 的构网型储能调频策略具有更强的抗外界干扰能力，系统稳定性更强。

综上所述，在参数设置合理时，基于改进型 LADRC 的构网型储能调频策略能够通过响应频率偏差信号对电网有功缺额进行补偿，能够有效消除由于 D_p 与 k_s 参数互耦造成输出有功功率 P_e 在复杂运行工况下系统振荡与稳态误差难以同时考虑的问题，同时基于改进型 LADRC 的构网型储能调频策略的引入可以有效抵抗外界干扰信号，提升系统整体控制性能。

6.3.3 算例分析

结合前文分析及表 6-7 中仿真模型参数在 Simulink 仿真系统中搭建储能-风电联合系统并网调频系统仿真模型，BESS 储备变流器控制采用基于改进型 LADRC 的构网型储能调频策略，其中传统火力发电机组容量设置为 750MW，风电机组容量为 300MW，BESS 容量为 100MW/300MW·h。

设置阶跃负荷扰动和连续负荷扰动两种典型工况，将本案例所提基于改进型 LADRC 的构网型储能调频策略，与传统自抗扰控制和传统构网型储能控制方法进行结果对比分析，进而验证本案例所提控制策略对电力系统的频率稳定性控制效果。

表 6-7 系统仿真参数

含义	参数	数值
储能响应时间常数	T_{BESS}	0.1
火电机组响应时间常数	T_{HP}	0.3
系统参考角频率	ω_n	$2\times50\times\pi$
火电机组涡轮机机械转矩	F_s	1.8
储能初始电荷状态	SOC_I	0.75
有功频率支路反馈系数	k_s	0.15
前馈差额增益系数	k_g	0.4
火电机组额定功率	P_T	7.8e8
风电机组额定功率	P_{DFIG}	2e8
前馈增益系数	k_a	1
电力系统额定频率	f	50
差额增益系数	k_b	0.9
风机虚拟惯量参数	J_{DFIG}	90
风机阻尼参数	D_{DFIG}	0.1

设置自抗扰控制方法参数 $\omega_0 = 3$、$\omega_c = 15$、$b_0 = 4$，其他参数按表 6-7 中取值。当电网中发生负荷阶跃扰动时，结果如图 6-49 所示。采用传统构网型储能控制策略时，动态响应过程出现响应速度慢，外界高频干扰抑制能力有限的情况；采用传统 LADRC 时相比前者响应速度提高了，外界干扰抑制能力也得到了提升，采用基于改进 LADRC 的构网型储能调频策略时，动态响应性能进一步升高，也具备了对于响应性能更好的抵御外界干扰的能力。

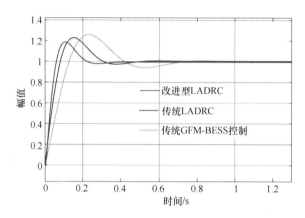

图 6-49　系统在阶跃负荷扰动工况下的动态响应（见彩插）

在阶跃负荷扰动工况下，评价指标为动态响应超调量 $|H_{max}|$ 和稳定时间 t。从图 6-49 中定量指标可知，采用改进型 LADRC 策略时 $|H_{max}| = 0.192$、$t = 0.11\mathrm{s}$，相较于传统 LADRC 时 $|H_{max}| = 0.221$、$t = 0.47\mathrm{s}$ 和传统构网型储能控制策略时 $|H_{max}| = 0.273$、$t = 0.73\mathrm{s}$ 指标超调量和稳定时间分别降低了 13.12%、76.596% 和 29.67%、84.931%。阶跃信号扰动工况结果表明，本案例所提基于改进型 LADRC 的构网型储能调频策略相比其他两种策略响应速度更快控稳性能更强。

由图 6-50 和图 6-51 可见，电网中在发生连续高频扰动时，与传统的控制方法相比，采用改进型 LADRC 策略对频率的波动整体抑制效果更好，系统能够获得更好的稳定性。由图 6-50 中取 $4.0205 \sim 4.024\mathrm{s}$ 时间段的定量指标可知，采用改进型 LADRC 策略时 $|P_{max}| = 137.8\mathrm{MW}$，相比于传统构网型储能控制时 $|P_{max}| = 148.6\mathrm{MW}$，评价指标 $|P_{max}| =$ 降低了 7.267%，相比于传统 LADRC 策略时 $|P_{max}| = 142.3\mathrm{MW}$，评价指标 $|P_{max}|$ 降低了 3.162%。说明在连续负荷扰动工况下，改进型 LADRC 策略能有效地降低电网频率偏差峰值，具有更强的抗扰能力。

由图 6-51 中定量指标可知，采用改进型 LADRC 策略时 $|\Delta f_{max}| = 0.062\mathrm{Hz}$，相比于采用传统构网型储能控制时 $|\Delta f_{max}| = 0.134\mathrm{Hz}$ 和采用传统 LADRC 策略时

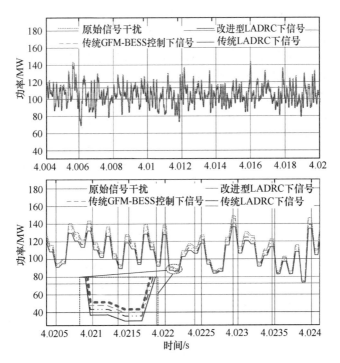

图 6-50　系统在连续负荷扰动工况下的动态响应（见彩插）

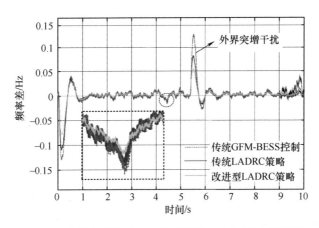

图 6-51　连续负荷扰动工况下系统频率变化图（见彩插）

$|\Delta f_{max}| = 0.082\text{Hz}$，评价指标频率偏差 $|\Delta f_{max}|$ 分别降低了 53.731% 和 24.39%。通过含储能的风力发电调频系统在连续高频扰动工况下的仿真验证与量化分析可以看出，采用改进型 LADRC 控制，系统可以更好地抵御外界干扰，同时该控制方法也有效提高了系统响应速度，使得响应超调量降低，系统的动态响应性能获

得明显提升，改进型 LADRC 策略能有效地降低电网频率偏差峰值，同时可以显著减小频率波动的峰谷差，新型电力系统具有更强的抗扰能力。

考虑到电网负荷需求不稳定性的情况，总线 4 中接入的负载功率在 1.5s 时增加 50MW，从 1030MW 增加到 1080MW，模拟总时间为 3.5s，风力发电的风速保持在其标称值（11.5m/s）。

对图 6-52 中定量指标可知，采用改进型 LADRC 策略时 $|\Delta f_{max}| = 0.11\text{Hz}$，相比于传统构网型储能控制的 $|\Delta f_{max}| = 0.21\text{Hz}$ 和传统 LADRC 策略时 $|\Delta f_{max}| = 0.16\text{Hz}$，评价指标 $|\Delta f_{max}|$ 分别降低了 47.62% 和 31.25%。仿真结果说明在负荷需求突然变化工况下，改进型 LADRC 策略可以降低系统频率下降的幅值，提高电能质量。

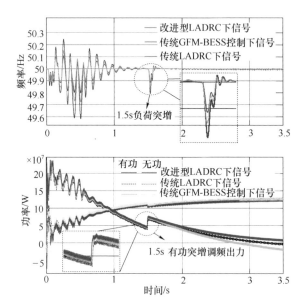

图 6-52　负荷突需求变化工况下系统频率变化图（见彩插）

考虑到电网中极端运行工况，在 2s 时刻大电网与电力系统断开，电力系统中提供频率惯量的主力也就断开了，此时储能出力参与调频为系统提供惯量支撑。在传统构网型储能控制下，由于不能提供足够的系统惯量，系统频率会迅速降低至 48.7Hz 以下，这会直接导致电力系统面临崩溃甚至造成严重停电事故。BESS 变流器采用传统 LADRC 策略参与系统调频后，系统频率会快速恢复稳定。采用改进型 LADRC 策略时系统频率稳定性最好，对图 6-53 从 2s 之后定量指标可知，采用改进型 LADRC 策略时 $|\Delta f_{max}| = 0.017\text{Hz}$，相比于采用传统 LADRC 策略时 $|\Delta f_{max}| = 0.078\text{Hz}$ 和采用传统构网型储能控制方法时 $|\Delta f_{max}| = 0.324\text{Hz}$，评价指标 $|\Delta f_{max}|$ 分别降低了 78.21% 和 94.75%。说明在大电网断开极端运行工况

下，采用改进型 LADRC 策略能提供足够的系统惯量支撑，能有效抑制外界扰动
对系统稳定性带来的不利影响，同时通过迅速改变提升有功出力，降低系统频率
下降幅度和速率。

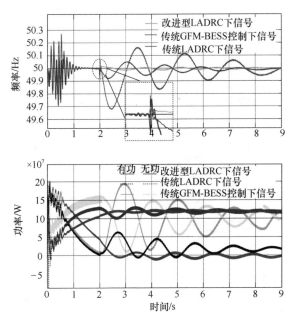

图 6-53　有负荷需求时大电网断开工况下系统频率变化图（见彩插）

考虑到电力系统中电压的不稳定，总线 5 中公用电网接入的电压在 2s 时先
降低 0.1p.u. 为 0.9p.u.，后在 2.5s 时增加至 1.1p.u. 的电压值。图 6-54 仿真
结果表明，在大电网电压突变工况下，2s 和 2.5s 时电压突增 0.1p.u. 和突降
0.1p.u.，BESS 无功出力发生突变，可以迅速达到稳定系统电压的效果，但是由
于系统中有功和无功仍然存在弱耦合关联，电力系统频率会发生较弱的波动，对
电力系统安全稳定运行带来了不利影响。对图 6-54 从 2s 之后的定量指标可知，
采用改进型 LADRC 策略时 $|\Delta f_{max}| = 0.068$Hz，相比于采用传统 LADRC 策略
$|\Delta f_{max}| = 0.074$Hz 和采用传统构网型储能控制方法 $|\Delta f_{max}| = 0.087$Hz，评价指标
$|\Delta f_{max}|$ 分别降低了 8.108% 和 21.839%。通过对图 6-54 波形图分析，发现采用改
进型 LADRC 策略可以有效抑制电压突变对系统频率带来的扰动，在较小的频率
波动情况下 BESS 提供较足够的有功支撑，系统频率快速恢复。

考虑到电力系统中频率的不稳定，总线 5 中公用电网接入的频率在 6s 时突
降 0.4Hz。图 6-55 仿真波形结果表明，在频率突变工况下，BESS 通过有功出力
突增对电力系统进行调频，采用改进型 LADRC 策略时有功增量比其他两种方法
多，这是前馈控制环节对有功差额补偿快速响应的结果。

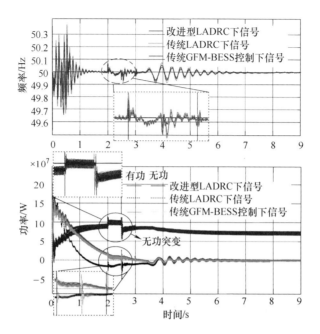

图 6-54　电压变化工况下系统频率变化图（见彩插）

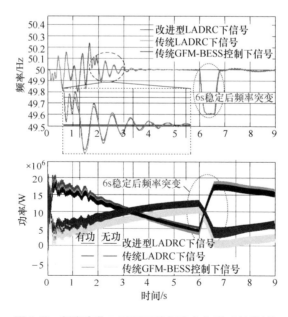

图 6-55　频率变化工况下系统频率变化图（见彩插）

考虑到风速变化情况，系统频率变化如图 6-56 所示，风速变化在 3.5～7s，

BESS 会通过向系统注入功率来补偿模拟过程中发生的频率振荡，因此系统频率能保持在允许的振荡区内，并且快速恢复到正常频率附近。系统仿真 3s 后频率第一次降低为 $|\Delta f_{max1}|$，第二次降低为 $|\Delta f_{max2}|$，第一次上升为 $|\Delta f_{max1'}|$，第二次上升为 $|\Delta f_{max2'}|$，采用改进型 LADRC 策略时 $|\Delta f_{max1}| = 0.057\mathrm{Hz}$，$|\Delta f_{max2}| = 0.065\mathrm{Hz}$，$|\Delta f_{max1'}| = 0.093\mathrm{Hz}$，$|\Delta f_{max2'}| = 0.023\mathrm{Hz}$，相比于仅仅采用传统 LADRC 策略时的 $|\Delta f_{max1}| = 0.058\mathrm{Hz}$，$|\Delta f_{max2}| = 0.087\mathrm{Hz}$，$|\Delta f_{max1'}| = 0.095\mathrm{Hz}$，$|\Delta f_{max2'}| = 0.037\mathrm{Hz}$ 降低了 1.724%，25.287%，21.052%，37.837% 和采用传统构网型储能控制方法时 $|\Delta f_{max1}| = 0.1\mathrm{Hz}$，$|\Delta f_{max2}| = 0.107\mathrm{Hz}$，$|\Delta f_{max1'}| = 0.128\mathrm{Hz}$，$|\Delta f_{max2'}| = 0.024\mathrm{Hz}$ 降低了 43%、39.252%、27.343%、4.167%。仿真结果表明改进型 LADRC 策略时相比另外两种方法可以更有效抑制风机出力不稳定给系统频率带来的不利影响，说明所提改进型 LADRC 策略对外界干扰的抑制具有优良效果，能够显著改善风机出力给系统频率波动带来的不利影响。

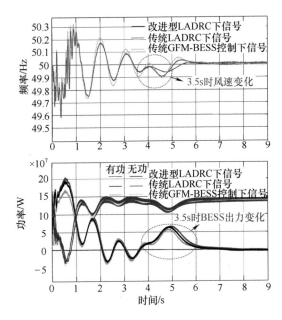

图 6-56　风速变化工况下系统频率变化图（见彩插）

表 6-8 对比了不同工况下系统调频指标的结果。所提改进型 LADRC 构网型储能调频控制策略，将有功控制环节和角频率输出环节串联控制，实现整体出力的优化控制。在阶跃扰动、连续负荷扰动、综合负荷突然需求变化、风速变化以及电网出现故障等复杂工况下，相比其他两种控制策略具有更优的调频效果，能够为电网频率提供充足的支撑。

表 6-8   不同工况下系统调频指标结果

工况1：阶跃负荷扰动工况		
控制策略	参数指标	
	$\Delta f/\text{Hz}$	t_m/s
改进型 LADRC	0.192	0.11
传统 LADRC	0.221	0.47
传统 GFM-BESS	0.273	0.73

工况2：连续负荷扰动工况		
控制策略	参数指标	
	$|P_\text{max}|/\text{W}$	$\Delta f/\text{Hz}$
改进型 LADRC	137.8	0.062
传统 LADRC	142.3	0.134
传统 GFM-BESS	148.6	0.082

工况3：负荷需求变化工况	
控制策略	参数指标
	$|\Delta f_\text{max}|/\text{Hz}$
改进型 LADRC	0.11
传统 LADRC	0.16
传统 GFM-BESS	0.21

工况4：有负荷需求时大电网断开工况	
控制策略	参数指标
	$|\Delta f_\text{max}|/\text{Hz}$
改进型 LADRC	0.017
传统 LADRC	0.078
传统 GFM-BESS	0.324

工况5：电压突变扰动工况	
控制策略	参数指标
	$|\Delta f_\text{max}|/\text{Hz}$
改进型 LADRC	0.068
传统 LADRC	0.074
传统 GFM-BESS	0.087

工况6：风电变化扰动工况				
控制策略	参数指标			
	$|\Delta f_\text{max1}|/\text{Hz}$	$|\Delta f_\text{max2}|/\text{Hz}$	$|\Delta f_\text{max1'}|/\text{Hz}$	$|\Delta f_\text{max2'}|/\text{Hz}$
改进型 LADRC	0.057	0.065	0.093	0.023
传统 LADRC	0.058	0.087	0.095	0.037
传统 GFM-BESS	0.1	0.107	0.128	0.024

6.4　小结

　　本章通过实例对火电-储能系统参与电力调频控制技术、风电-储能系统参与电力调频控制技术及构网型储能参与电力调频控制技术进行了深入的探讨。通过对三个典型应用场景的理论分析及算例仿真，展示了电池储能系统在电网调频中的实际应用。

第7章

电池储能参与电力调频的经济性评估

7

7.1 经济性评估模型

7.1.1 电池储能系统寿命计算

电池储能系统在实际运行过程中，其循环寿命因受温度、峰值电流和放电深度（DOD）等因素影响，难以准确测定，而电池储能寿命的长短直接影响整个储能系统的投资运行成本。为规划电池储能的报废更换进程，可利用实测的具体类型电池储能的 DOD 与其最大循环次数 N 的曲线，将运行过程中不同 DOD 下的循环次数等效为满充满放条件（即 DOD=1）下的循环次数，据此折算得到电池储能的实际运行寿命，具体流程如图 7-1 所示。

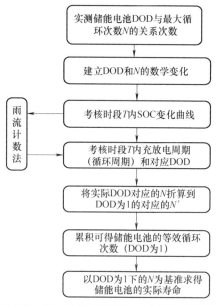

图 7-1 电池储能等效运行寿命计算流程图

图 7-2 所示为某型号锂电池最大循环次数与 DOD 的关系曲线，具体见式（7-1）：

$$f(x) = -1210000x^9 + 6225000x^8 - 13770000x^7 + 17180000x^6 - 13350000x^5$$
$$+ 6750000x^4 - 2272000x^3 + 523800x^2 - 87200x + 12870 \qquad (7\text{-}1)$$

式中，x 为 DOD；$f(x)$ 为电池最大循环次数。

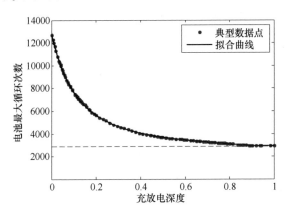

图 7-2　锂电池最大循环次数与 DOD 的关系曲线

对于电池储能实际运行过程中的 DOD，需根据其每个循环周期确定。本研究中利用 SOC 曲线及雨流计数法来确定此变量。雨流计数法广泛应用于工程界对疲劳寿命的计算。其主要思想是把变量-时间历程的数据记录转过 90°，时间轴竖直向下，对原数据的峰谷值数量加以统计，如图 7-3 所示。

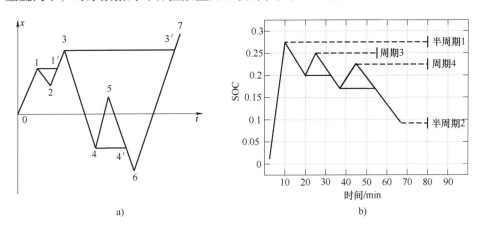

图 7-3　雨流计数法示意图

a）雨流计数法示意图　b）雨流计数法确定电池储能循环周期

由 SOC 曲线得到每个循环周期后，其实际 DOD_x 值计算见式（7-2）：

195

$$\text{DOD}_x = \text{SOC}_{max} - \text{SOC}_{min} \tag{7-2}$$

式中，SOC_{max} 和 SOC_{min} 分别为第 x 个循环周期内的 SOC 最大值和最小值。

定义电池储能的等效循环系数 α 见式（7-7）：

$$\alpha(\text{DOD}_x) = N(1)/N(\text{DOD}_x) \tag{7-3}$$

式中，$\alpha(\text{DOD}_x)$ 的含义是指电池储能在实际放电深度为 DOD_x 时循环 1 次等效为满充满放条件即 DOD=1 时的循环次数，取值范围为 0~1。$N(\text{DOD}_x)$ 为实际放电深度为 DOD_x 时电池储能的最大循环次数，$N(1)$ 为 DOD=1 时电池储能的最大循环次数。在考核时段 T 内，由雨流计数法求得电池储能实际的循环周期数量为 n，对应的 DOD 分别为 DOD_1，$\text{DOD}_2,\cdots,\text{DOD}_n$，则电池储能等效循环次数 N' 计算见式（7-4）：

$$N' = \sum_{x=1}^{n} \alpha(\text{DOD}_x) \tag{7-4}$$

因此，电池储能实际运行寿命（考核周期 T 的若干倍）的计算如下式：

$$T = N(1)/N' \tag{7-5}$$

7.1.2 电池储能系统技术经济评价

1. 经济评价方法

对某方案进行经济评价时，首先应用货币来量化投入和产出，同时考虑资金时间价值，进行相关折算使不同方案在同样的条件下进行比选。常用方法有费用现值法（PC）和费用年值法（AC）。

（1）费用现值法

费用（亦可理解为成本）现值法是指将技术方案逐年的投资与寿命期内各年的经营费用按基准收益率折算成期初的现值，然后对各方案的费用现值总和进行比较选择的方法，计算如下：

$$\text{PC} = \sum_{t=1}^{n} \text{CO}_t(P/F, i_0, t) \tag{7-6}$$

式中，PC 为费用现值；CO_t 为第 t 年的现金流出；n 为技术方案的寿命周期；i_0 为基准收益率（基准折现率）；$(P/F, i_0, t)$ 为一次支付的现值系数，计算式为 $(1+i_0)^{-t}$。

费用现值法反映费用大小而非收益，故只可用于多方案的比选，不能判断单方案的经济可行性。在比较方案的寿命周期相同时，费用现值最小的方案为优。

（2）费用年值法

费用年值法是指将方案逐年的投资与寿命期内各年的经营费用按基准收益率换算成年值，然后对各方案的费用年值进行比较，以选出最优方案的方法，计算如下：

$$AC = \sum_{t=1}^{n} CO_t (P/F, i_0, t)(A/P, i_0, t) \tag{7-7}$$

式中，AC 为费用年值；$(A/P, i_0, n)$ 为资金回收系数 CRF；计算式为 $i_0(1+i_0)^n /$ $((1+i_0)^n - 1)$。

对多方案比选时，其判别准则是费用年值最小的方案为优。

2. 储能系统成本分析

考虑储能系统的成本，可从投资和运行两个层面出发。

（1）投资层面

1）初始投资：指储能系统工程投建初期一次性投入的固定资金，占总成本的比重最大。

2）追加投资：指在储能系统运行期间，根据实际情况，为获得更大的效益或满足实际情况的变化而投入的大量资金，通常用以扩大储能系统的规模。

（2）运行层面

1）置换成本：指储能系统运行期间，用以更换储能系统设备而支出的资金，通常是电池的置换。

2）运行维护成本：指为保证储能系统在使用年限内正常运行而动态投入的资金，通常由 PCS 决定的固定部分和储能系统充放电电量决定的可变部分组成，以年为单位。

3）报废处理成本：指寿命期内储能设备报废后进行无害化处理以及回收所产生的费用。

4）其他成本：包括系统由于没有完全满足供电需求而承受的缺电惩罚成本、因系统过剩生产电能而导致浪费的弃电损失成本等。

在成本分析的基础上，可建立全寿命周期成本（LCC）模型，从而进行相应的经济性分析。

LCC 是指储能系统在寿命周期内，设计、研究和研制、投资、使用、维修及保障中发生的或可能发生的一切直接的、间接的、派生的或非派生的所有费用的总和。假设储能系统的寿命为 T 年（不考虑追加投资），电池置换 n 次（共投入电池 $(n+1)$ 次），额定容量为 E_{rate}（每批置换的电池容量都是这个值，全寿命周期内投入的电池总容量为 $(n+1)E_{rate}$），PCS 在寿命周期内不更换，额定功率为 P_{rate}，利用费用现值法将所有的成本折算为现值，折现率为 i，则可得如下所示的成本计算公式。

初始投资及置换成本：

$$C_{inv} = C_{PCS} P_{rate} + \sum_{k=0}^{n} C_{bat} E_{rate} (1+i)^{-[kT/(n+1)]} \tag{7-8}$$

式中，C_{PCS} 为单位功率 PCS 成本（元/MW）；C_{bat} 为单位容量电池成本（元/MW·h）。

运行维护成本：

$$C_{\text{O\&M}} = C_{\text{PO\&M}} P_{\text{rate}} \{ [(1+i)^T - 1] / [i(1+i)^T] \} + \sum_{t=1}^{T} C_{\text{EO\&M}} W(t)(1+i)^{-t}$$

$$(7-9)$$

式中，$C_{\text{PO\&M}}$ 为单位功率运维成本（元/MW）；$C_{\text{EO\&M}}$ 为单位电量运维成本（元/MW·h）；$W(t)$ 为电池储能系统年充放电电量（MW·h）。

报废处理成本：

$$C_{\text{scr}} = C_{\text{Pscr}} P_{\text{rate}} (1+i)^{-T} + \sum_{j=1}^{n+1} C_{\text{Escr}} E_{\text{rate}} (1+i)^{-[jT/(n+1)]}$$

$$(7-10)$$

式中，C_{Pscr} 为单位功率报废处理成本（元/MW）；C_{Escr} 为单位容量报废处理成本（元/MW·h）。

缺电惩罚成本：

$$C_{\beta} = \sum_{x=1}^{T} \beta E_{\text{lack}}(t)(1+i)^{-x}$$

$$(7-11)$$

式中，β 为缺电惩罚系数（元/MW·h）；$E_{\text{lack}}(t)$ 为年缺电量（MW·h）。

弃电损失成本：

$$C_{\alpha} = \sum_{y=1}^{T} \alpha E_{\text{loss}}(t)(1+i)^{-y}$$

$$(7-12)$$

式中，α 为弃电损失系数（元/MW·h）；$E_{\text{loss}}(t)$ 为年弃电量（MW·h）。

综上，储能系统的 LCC 模型为

$$\text{LCC} = C_{\text{inv}} + C_{\text{O\&M}} + C_{\text{scr}} + C_{\beta} + C_{\alpha}$$

$$(7-13)$$

3. 储能系统效益分析

针对储能系统参与电力调频应用，其效益主要包含三个方面：静态效益、动态效益和环境效益。

1）静态效益：储能系统参与电力调频能改善常规机组的运行条件，它的引入可使常规机组在运行过程中不必频繁增减出力或开停机组，从而保持高效稳定运行。静态效益主要包括节省电力系统投资和固定运行的费用。

2）动态效益：储能系统的快速响应和灵活运行使其在参与电力调频时比常规机组高效，它的引入可带来减少电力系统的旋转备用容量、减少区域控制误校正所需的调控容量以及因所需常规机组调频容量减少而间接的成本降低等。

3）环境效益：为满足调频需求而迫使火电机组过多运转会导致更多温室气体的产生，储能系统的引入不仅能显著提高电网对风光等可再生能源的接纳能力，而且可以减少常规燃料的消耗，从而达到减排的目的。且其自身清洁生产，因此具有一定的环境效益。

然而，中国目前尚未有专门的政策机制支持储能进入电力调频市场，但在国家发展改革委印发的《电力需求侧管理城市综合试点工作中央财政奖励资金管理暂行办法》中提到"对通过需求响应临时性减少的高峰电力负荷,每千瓦奖励 100 元",这将降低用于调频类辅助服务的电池储能系统的投资成本,对电池储能系统在电力调频中的应用可起到积极的促进作用。英格兰地区把调频性能指标纳入调频装置成本中,实施"按效果付费"。美国电力市场也建议出台按效果付费的方法及相关的政策,以完善储能系统参与电力调频的价格机制,推动其在电力调频中的广泛应用。

4. 储能系统参与电力调频的技术经济模型

为研究储能系统参与电力调频的经济性,全寿命周期内储能容量效益和电量效益必须与资金、运行维护和更新替换成本进行比较,具体如下:

$$\text{Profit} = \text{NPV}_{\text{RES}} - \text{NPV}_{\text{BESS}} \tag{7-14}$$

$$\text{NPV}_{\text{RES}} = \sum_{t=1}^{T} \frac{\text{Revenue}}{(1+r)^t} \tag{7-15}$$

$$\text{NPV}_{\text{BESS}} = \sum_{t=1}^{T} \frac{\text{Cost}}{(1+r)^t} \tag{7-16}$$

式中,Profit 为净效益;NPV_{RES} 为现值效益;NPV_{BESS} 为现值成本;T 为储能系统的全寿命周期(一般取 20 年);r 为折现率;Revenue 和 Cost 分别为年效益和年成本,通过费用现值法将全寿命周期内的效益和成本折算到项目投资的初始时刻(第零年),两者相减可得到储能参与电力调频应用的净效益。

7.2　电池储能参与电力调频回报分析

电池储能系统的运行经济性是除电池储能系统的技术性能外决定其是否能够成功应用于为电力系统提供调频服务的重要考量因素。根据各国不同的电力系统运行机制,主要可以分为市场运行环境和非市场运行环境。在市场运行环境下,电池储能系统可以通过在电力市场中向不同类型的服务产品竞标的方式获得相应的经济回报[165]。在非市场环境下,电池储能系统也可以凭借自身的技术优势,根据一定的运行规则获取相应的经济回报。本节主要针对电池储能系统提供调频服务的经济回报进行详细分析和介绍。

7.2.1　电池储能系统在电力市场环境下获取收益途径

以美国为例,目前电池储能系统可以基于电力市场环境,通过参与市场报价获取提供调频服务的经济回报。储能系统可以通过参与能量市场、调频产品、旋转备用产品、非旋转备用产品以及黑启动产品获取经济收益。通常而言,调频产品的价格高于旋转备用产品，旋转备用产品的价格高于非旋转备用产品。

对于能量市场，储能系统可以基于日前和实时能量市场中一天内不同时刻存在的价格差异和日前能量市场和实时能量市场在相同时间段内存在的价格差异进行价格套利。前者比较容易理解，即利用日内负荷曲线的峰谷差异导致的价格差异，采取低谷时段充电、高峰时刻放电的运行策略获取收益的运行策略。如果进一步考虑日前市场和实时能量市场的价格差异，在实际运行中，储能系统可以根据自身实际剩余可用容量水平和当前系统发用电平衡情况，进一步决策当前是否进行额外的充放电操作，获取额外收益。考虑上述情况，电池储能系统所能够获取收益的大小涉及系统峰谷电价差异、电池储能系统运行效率以及能量市场价格套利控制策略的影响。

针对辅助服务市场，系统调频服务商可以通过参与调频产品、旋转备用产品、非旋转备用产品以及黑启动产品基于所提供的容量大小获取容量收益。具体到调频产品，在美国电力市场早期阶段，系统调频服务商只能通过调频服务容量市场获取经济回报。调频服务容量市场是指决定调频服务提供商所分配得到的调频容量的市场机制。电网独立运行商（ISO）根据系统运行规则和所有服务商的报价，决定各个调频服务提供者所被选定提供的调频服务容量。在随后的实际运行中，即使调频服务商并没有实际提供调频服务，其也可以按照之前被选中的容量数目获得相应的调频服务回报。为了准确计算调频服务提供者提供的有效调频容量，其能够获得确认的具体调频容量还会受到 5min 内爬坡能力的限制。例如一台 300MW 容量的发电机组，具有 100MW 的运行裕量，爬坡能力为 10MW/min，其参与调频容量市场的上限为运行裕量和 5min 爬升容量的较小值，即 50MW。此外，当调频服务商在实际提供调频服务时，往往伴随着调频服务提供商和电网之间一定的能量交换。这部分能量交换一般需要按照当时的电力市场实时能量价格进行结算。

目前随着美国日益重视以电池储能系统为代表的快速调频响应资源，系统调频服务商可以从市场上获取除容量收益外的运行表现收益，使原有的单一容量收益增加为两部分收益[166]。这类运行表现收益以运行里程收益为代表，这对于提升以电池储能系统为代表的高性能调频服务者的经济回报具有重要的意义。这一指标首先由美国新英格兰 ISO 所提出。除美外，英国目前也通过基于调频服务响应速度对调频服务商进行划分以提升电网运行质量和提升高性能调频服务商的经济收益。

7.2.2　电池储能系统参与调频服务回报分析

以美国为例，其调频收益包括容量收益和里程收益两部分，见式（7-17）：

$$R^{\text{total}} = R^{\text{cap}} + R^{\text{mil}} \tag{7-17}$$

式中，R^{total} 为电池储能系统获取的的全部调频服务收益；R^{cap} 为电池储能系统获取的调频容量收益；R^{mil} 为电池储能系统获取的调频里程收益。其中调频里程的计算方法是统计调频系统输出功率的累计绝对变化量，即见式（7-18）：

$$S^{\text{mil}} = \sum_{k=1}^{T-1} \left| P_{k+1}^{\text{fr}} - P_{k}^{\text{fr}} \right| \tag{7-18}$$

式中，k 为运行时刻；T 为统计总时长；S^{mil} 为调频里程总量；P_{k}^{fr} 为 k 时刻的调频输出功率。考虑到调频服务是需要调频服务提供者改变其自身输出功率以满足平衡系统发用功率平衡的目的，调频里程的这一计算方式是可以量化反映调频服务提供者提供调频服务的总量。

此外 NYISO 还首先应用了运行表现因子考核调频服务商的调频质量。调频服务商所能获取的调频收益需要在额定值上乘以相应的性能考核因子。见式（7-19）：

$$R^{\text{total}} = R^{\text{cap}} Q^{\text{cap}} + R^{\text{mil}} Q^{\text{mil}} \tag{7-19}$$

式中，Q^{cap} 和 Q^{mil} 为所提供调频服务的性能考核因子，取值范围为 0～1。性能考核因子主要针对调频服务商响应调频输出功率指令的精度和响应时间方面进行考核。

在具体调频产品方面，美国各个 ISO 存在着一定的差异。美国东部地区最大的电力独立运行商（ISO）PJM 定义的与调频相关的辅助服务包括调频、旋转备用和非旋转备用。其中，调频和备用辅助服务均是通过市场化竞标的方式确定价格和服务提供方。调频辅助服务按照服务提供方的响应时间及运行性能分为 RegA 和 RegD 两种。对于任意的区域调频指令，PJM 将其分解为 RegA 和 RegD 两部分，其中 RegA 部分可以认为更加适合受爬坡能力约束的传统火电机组承担，RegD 部分更加适合不受爬坡能力约束的电池储能系统承担。需要注意的是当 PJM 的调频控制器认为电池储能系统的剩余能量无法在某个调度周期内完全响应其控制指令，那么其 RegD 部分的调频工作量将被降为 0。通常情况下参与 RegD 部分的调频服务将能够获得最大的经济收益。由此，电池储能系统 SOC 控制单元需要确保电池储能系统始终具有适当的剩余能量水平用于支撑其提供向上和向下的调频服务。SOC 控制单元的运行性能将直接影响到全系统的运行收入水平。

美国加利福尼亚州的 CAISO 有类似 PJM 的产品分类，但细节上与 PJM 有一定差别，其规定中定义了向上调频产品、向下调频产品、旋转备用产品以及非旋转备用产品等 4 类和电池储能系统相关的辅助服务产品。具体的产品价格和服务提供商通过报价系统进行计算和选定。此外，CAISO 还根据未来时段的负荷预测结果确定系统所需的向上和向下爬坡容量。但此类产品的价格和服务提供商不是通过报价系统进行选定，而是被当作系统约束在其计算程序中加以考虑。

美国 MISO 考核调频服务商的调频里程计算方法有其自身的特点。首先 MISO 根据调频服务商的历史运行数据确定其单位输出功率的调频里程因子 c^{mil}，随后根据调频服务商被选中的调频容量 P^{fr} 计算其预计的调频工作量 $P^{fr}c^{mil}$。之后在系统实际运行后，根据调频服务商的实际表现调整其最终的调频工作量 $P^{fr}c^{mil}-M^{adj}$。当实际调频里程小于其预计的调频里程时，通过 M^{adj} 将其调整为实际里程。当其实际调频里程大于预期调频里程时，会将增加其调频里程。但如果实际调频输出与调频指令相反，MISO 将会考核其工作量为负，这一规定与 CAISO 中考核为 0 的结果有一定差异。

7.3　小结

电池储能系统的运行经济性是除电池储能系统的技术性能外决定其是否能够成功应用于为电力系统提供调频服务的重要考量因素。本章主要介绍了储能系统参与电力调频的经济性评估方法，建立了一种储能经济评估模型和技术经济评价模型，并对比分析了储能系统与常规调频电源参与电力一次调频时的高效性。

第8章
电池储能系统调频典型设计方法

8

传统调频机组在一、二次调频中有着各自难以克服的缺点，为了提高电网频率品质，探讨将新的调频手段-储能系统应用于电力系统中参与电网的一、二次调频。现就某调频电厂中的某一台 200MW 火电机组用电池储能系统（BESS）来替代，对替代后的一、二次调频回路、协联策略和应用方案进行设计。

8.1　进行方案设计的背景与意义

频率波动是发电和负荷需求不匹配造成的，调频的目标是让发电出力跟随负荷需求波动来调节。调频分为一次调频、二次调频和三次调频，在维护电网安全中起着主要作用的是一次调频和二次调频。

一次调频是电网中快速的小的负荷变化，需发电机控制系统在不改变负荷设定点的情况下监测到转速的变化，改变发电机功率，适应电网负荷的随机变动，保证电网频率稳定。

二次调频通过 AGC 实现，AGC 是通过修改有功出力给定来控制发电机有功出力，从而从宏观上跟踪电力系统负荷变化、维持电网频率在额定值附近并满足互联电力系统间按计划要求交换功率的一种控制技术。

从电网安全及区域功率、频率控制角度考虑，一、二次调频都非常重要，缺一不可。一方面当系统出现异常的情况时，一次调频的快速支持，能够维持系统的稳定；另一方面由于目前电网结构较为复杂，潮流控制要求的精度高，电网二次调频功能的支持，能够进行无差调节，使电网关键潮流点的频率和功率满足要求。

目前一、二次调频均存在着一些难以克服的、影响着电网频率的安全及品质的缺点，归纳如下。

1）由于目前各区域一次调频是一种无偿行为，加之没有准确、有效的一次调频性能评价标准，实际运行中一些电厂为减少机组磨损而自行闭锁一次调频功能的状况普遍存在，使得系统和各区域的一次调频能力并不能保证时刻都真正发挥作用。

2）事故发生时，一次调频存在机组一次调频量明显不足以及远未达到一次调频调节量理论值的问题，不利于频率的稳定和恢复。

3）国内进行二次调频的机组主要是火电机组，但火电机组的响应时滞长，不适合参与更短周期的调频。而若电网机组的一次调频量不足，参与二次调频的火电机组响应跟不上，则电网频率面临着崩溃的风险。

因此，需要探索一种安全又快速的新的调频手段对传统的一、二次调频手段进行辅佐。

大规模电池储能系统应用于电网，辅佐传统调频技术手段来调频是一个新的研究方向，其可行性逐步被业界认同。最近几年，日本、美国、欧洲及中东地区国家正在大力推广和应用先进的大容量电池储能技术，通过与自动发电控制系统的有效结合，维护电力系统的频率稳定性。

8.2 设计思想与原则

传统一次调频是机组直接接受电网频率的偏差信号，通过改变机组的实际负荷，达到稳定电网频率的目的。二次调频是调度根据电网频差以负荷指令的形式分配给机组的调频方式。

应用储能系统进行一次调频是储能系统直接接受电网频率的偏差信号，通过改变储能系统中电池的功率输出，来稳定电网频率。参与二次调频则是储能系统接受调度所下发的负荷指令，并进行跟踪。

此应用方案设计遵循的原则是：快速、安全与可靠。

1）快速：一次调频的目的在于快速消除电网小幅度的负荷扰动，改善其瞬态品质。当传统调频机组的一次调频量不够时储能系统能快速的发出或吸收功率，维护电网的有功平衡。当一次调频结束，参与二次调频的火电机组响应速度慢而导致二次调频容量欠缺时，储能系统也能在此时快速地参与对电网频率的调整。

2）安全：由于参与调频时需要持续的输出功率，会引起电池 SOC 的大幅变化，所以为保证储能系统电池的 SOC 在规定的范围内，不至过充或过放，因此，应对电池的 SOC 变化进行实时的监测与控制。此外，调频结束后，在不越过电网频率一次调频死区的情况下，将电池的 SOC 调整到最佳的水平，为下一次的调频做好准备。

3）可靠：储能系统的容量满足所替代机组具备的频率上调与频率下调时所

需容量的要求，随时都能可靠地提供容量。

　　储能系统对电网进行一次调频与二次调频的控制沿袭火电机组的控制方式，只是进行适当的修改。即一次调频仍采取就地控制的方式，二次调频采取接受调度下发的 AGC 控制指令的方式。因为采取就地控制的方式才更能充分发挥一次调频反应迅速的优点，而调度 AGC 的调节则是对电网中功率进行宏观调控不可或缺的手段。

8.3　电池储能系统调频的原理

8.3.1　储能系统一次调频的原理

　　当系统由于负荷等发生变化，引起系统频率发生变化时，要求电网的有功功率变化量 ΔP_{G1} 与频率变化量 Δf 满足一定的特性关系，即功率的变化量能补偿频率的变化量。电网的有功功率变化可以改变发电机的出力，也可以利用其他设备诸如储能系统的充放电来调节电网功率。当系统频率下降时，储能系统放电，释放电能于电网，使电网的有功功率上升；当系统频率上升时，储能系统充电，从电网吸收电能，使电网的有功功率下降，这就是储能系统的一次调频。

8.3.2　储能系统二次调频的原理

　　储能系统二次调频的有功功率变化量 ΔP_{G2} 是在调度控制方式下由调度自动发电控制（AGC）通过计算机监控系统自动给定的。当给定功率发生变化时，储能系统应通过下位机向储能系统的功率与容量控制系统发送调功指令，发出或吸收调度所指定的有功功率，以完成二次调频的有功功率变化。

8.4　方案设计

　　本节以某火电厂的一台 200MW 的机组参与电网的一次、二次调频为例，现应用电池储能系统替代此火电厂来完成调频的任务。

8.4.1　储能系统功率与容量的确定

　　机组一次调频的参数：机组的转速不等率为 4%、频差死区 2r/min、频率调节范围 12r/min、负荷调节幅度±20.0MW。即由额定转速阶跃至（3000±12）r/min 对应±10%P_e的负荷变化幅度，一次调频响应之后时间为 5s，一次调频稳定时间为 40s。

机组二次调频的参数：

1）机组投入 AGC 功能时，目标负荷调节响应时间应小于 30s（从调度中心侧命令发出至调度中心监视到命令完成的时间），二次调频持续时间至频率波动的 3min。

2）机组 AGC 功率调节范围（50%~100%）P_e。

3）机组 AGC 每分钟功率变化率不得低于额定功率的 1.0%。

1. 一次调频所需功率与容量确定

为了避免电池系统频繁的动作，对频差死区的规定参考火电机组，设定频率偏差死区 $\Delta f_{SQ} = \pm 0.033\text{Hz}$（更为合理的值在投入试验中可进行不断的修正得到）。

当越过频率偏差死区以后，一次调频动作，由此火电机组的负荷变化限幅±10%P_e 可得，替代此机组进行一次调频的电池储能系统所需功率为

$$P = \text{火电机组的负荷变化限幅} = 10\%P_e = 0.1 \times 200\text{MW} = 20\text{MW}$$

所需容量设为 Q，因为电池储能系统工况特性要求，避免进行深充深放，且需要保证调频的可靠性，因此，电池储能系统所应配备的容量等级为

$$Q = 2P_t + \text{SOC}_{\text{下限幅}} + \text{SOC}_{\text{上限幅}}$$

要求一次调频稳定时间为 40s，设电池所规定的 SOC 上下限要求分别为 ±10%SOC，那可求储能系统所需容量为

$$Q = \frac{2 \times 20 \times 40}{3600} + 10\%Q + 10\%Q$$

解方程，可得 $Q = 0.556\text{MW} \cdot \text{h}$。

2. 二次调频所需功率与容量确定

火电机组 AGC 功率调节范围为（50%~100%）P_e，要求机组 AGC 每分钟功率变化率不得低于额定功率的 1.0%，而火电机组每分钟功率变化率最高为额定功率的 3% 左右。则此火电机组 3min 内可达到的 AGC 调节的最大功率为

$$P = P_{\max} = P_e \times 3\% \times 3 = 18\text{MW}$$

电池储能系统替代此火电机组进行二次调频，储能系统所需功率为

$$P = P_{\max} = 18\text{MW}$$

二次调频持续时间为 30s~3min，那么，电池储能系统所需容量为

$$Q = \frac{18 \times 2 \times (180-30)}{3600} + 10\%Q + 10\%Q$$

$$Q = 2P_t + 10\%Q + 10\%Q$$

解方程，可得 $Q = 1.875\text{MW} \cdot \text{h}$

3. 具备一、二次调频能力的储能系统功率与容量的确定

用储能系统代替具有一、二次调频能力的 200MW 火电机组进行调频，若储能系统具备一次调频和二次调频能力的话，则功率取一、二次调频中所需的最大功率，即为一次调频的功率；容量的选取则假设此系统进行了一次调频后又接着投入二次调频，那么储能系统的容量为一、二次调频所需的总和。则有

$$P_{stor} = Max(P_1, P_2) = 20MW$$

$$Q_{stor} = Q_1 + Q_2 = 0.556 + 1.875 = 2.431MW \cdot h$$

所以，与 200MW 火电机组具有同等调频能力的电池储能系统的功率与容量约为 20MW/2.5MW·h。

4. 储能系统与火电机组调频能力的比较

功率与容量分别为 20MW/2.5MW·h 的储能系统拥有的一、二次调频能力比 200MW 的火电机组的调频性能强，可靠性高。

1）以火电机组的负荷变化限幅 $\pm 10\% P_e$ 来计算电池储能系统一次调频时所需提供的最大功率，得出的功率值将大于火电机组在一次调频时实际能提供的功率值，因为火电机组的蓄热不一定就能足够支持这个功率值，而电池储能系统在实际中也能输出这么大的功率值。那么计算出的电池储能系统实际提供的容量值也将大于 200MW 机组所能提供的容量值；

2）火电机组的爬坡速度为 3% 额定功率值，此火电机组在 3min 时才能达到最大的功率值 18MW，而 3min 前火电机组能提供的功率值是小于 18MW 的，因此以 2.5min 内持续以 18MW 的功率输出所计算出的二次调频容量值将远大于火电机组实际所能输出二次调频容量值。

3）火电机组在一次调频时受炉内蓄热的影响，二次调频时受机组爬坡速率的影响，其功率值是波动的，实际的输出功率值是小于理论计算的最大功率值。而储能系统则能持续的以额定功率值输出。

因此，20MW/2.431MW·h 的电池储能系统所拥有的一、二次调频能力将大于 200MW 的火电机组的调频能力。

应注意，如果想求得比较接近于 200MW 火电机组调频能力的电池储能系统，则可在所求得的储能系统功率与容量值的基础上乘以一个小于 1 的系数，系数的确定可通过实际的试验不断地进行修正得到。

8.4.2　储能系统参与调频的控制策略设计

电池储能系统一、二次调频的控制策略可在火电机组一、二次调频控制策略的基础上进行适当的修改即可。

在一次调频中，火电机组控制系统捕获到越过死区后的频差信号后，调整发电机的调速系统，控制汽门的大小，达到增或减功率的目的。电池储能系统则可

在控制系统捕获到越过死区后的频差信号后，将频差换算成功率值，然后给储能系统的电池下发功率与容量的指令。

在二次调频中，调度给机组下发 AGC 指令，火电机组自身的控制系统通过控制汽门与锅炉，来达到改变功率输出的目的。电池储能系统则在收到调度下发的 AGC 指令后，通过控制功率与容量，来达到改变以及持续输出功率的目的。

1. 一次调频控制策略

当系统负荷突增（减），电网中的发电机组功率不能及时变动而使机组减（增）速，系统频率下降（升高）；电池储能系统的控制系统捕获到频差信号，就地将其换算成功率偏差信号，同时对电池储能系统的功率与容量进行运算，没有异常就下发功率与容量指令，令电池储能系统输出指定的功率。一次调频系统的结构框图如图 8-1 所示。

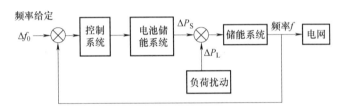

图 8-1　一次调频系统结构框图

为了稳定电网，对电池储能系统应具备的一次调频要求为：储能系统具备一次调频功能，调节死区为频率偏差等于 0.033Hz，一次调频稳定时间为 30s，最大的一次调频出力为储能系统额定功率，储能系统的容量随时可满足频率上调和下调的需要。

2. 二次调频控制策略

AGC 数据从电网调度实时控制系统（EMS）到储能系统的传输方式如图 8-2 所示。EMS 和储能系统的控制系统之间的数据传输需要通过光纤通信和远程测控单元（RTU）实现。

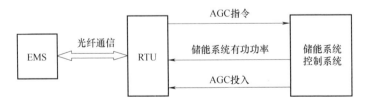

图 8-2　电网调度实时控制系统与储能控制系统的接口结构图

也就是说，该系统主要由三部分构成：一是 RTU 系统，负责与调度中心进行无数数据交换，获取调度中心的负荷指令，同时将储能系统的实时功率、容量上限、容量下限及储能系统的控制方式等信息传递给调度中心；二是储能控制系统，该系统将 RTU 系统送来的调度负荷指令依据储能系统的动态特性，按照控制策略形成储能系统的功率指令和容量指令；三是执行系统，执行系统是储能系统的功率、容量、温度和电压等控制系统。储能系统的 AGC 控制策略如图 8-3 所示。

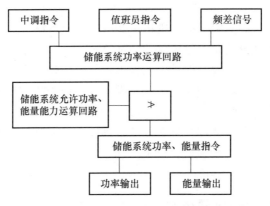

图 8-3   储能系统的 AGC 控制策略简图

AGC 指令从 EMS 发出至电池储能系统的控制系统需要花费的时间有：EMS 控制站的扫描周期；数据通信和 A/D、D/A 转换过程；储能控制系统数据扫描和处理周期；储能控制系统的控制指令运算；电池对负荷的响应过程；将储能系统的有功功率送回 EMS 控制站时间。

为了稳定电网，对储能系统应具备的二次调频要求为

1）电池储能系统具备 AGC 功能，功率的投用范围为储能系统的额定功率，容量的投用范围为（10%~90%）SOC；

2）电池储能系统的容量可随时满足所替代的 200MW 火电机组具备的频率上调与频率下调的容量需要；

3）电池储能系统必须实时送出储能系统 AGC 和一次调频功能投退状态信号。

3. 一、二次调频联调控制策略

储能系统在实现一次、二次调频功能的工作过程中，为了协调好一次调频与计算机监控系统二次调频的关系，提出的方案如下：

1）当系统频率超出 50 ± 0.033Hz 时，一次调频功能动作，电池储能控制系统输出"一次调频功能动作"信号，上送计算机监控系统，计算机监控系统收到此信号后闭锁该储能控制系统的 AGC 功能。

2）当一次调频持续 30s 后，一次调频退出，电池储能控制系统输出"一次

调频功能退出"信号，上送计算机监控系统，计算机监控系统收到此信号后打开 AGC 功能。一次调频退出，AGC 功能投入。

对于火电机组来说，一次调频控制的对象是锅炉内的蓄热，二次调频控制的对象是修改发电机的有功出力给定值；而对于储能系统来说，一次调频与二次调频的控制对象是一样的，都是下指令给电池的功率与容量控制系统，然后输出所需的功率。

按常理，如果控制对象一样，则可采用一个控制策略。但若都采用一次调频的控制策略，功率偏差值是由频率偏差值换算来的，结果比较粗略，而且脱离了调度的优化配置与宏观调控。但是由调度下发指令，响应周期长，而一次调频则需要快速的反应，进行功率的变化控制，因此就地控制能节省很多的时间，有利于电网频率的稳定与恢复。因此，采用传统的控制方式，即一次调频进行就地控制，二次调频由调度远方调控，是有它的合理性的。尤其储能系统扮演的是辅佐传统调频机组进行一、二次调频的角色，与传统调频机组进行同类型的控制策略，也有利于合理的经济调度。

8.4.3 电池储能系统容量控制设计

由于要求在一次调频中功率输出稳定时间为 40s 左右，在二次调频中功率输出稳定时间为近三分钟，因此，二次调频对储能系统容量的要求会大得多。因此，相比较一、二次调频，更需要在二次调频中对储能系统的容量进行控制。

对电池储能系统容量控制的目的是保证二次调频时功率输出的可靠性。控制的目标是在需要储能系统以额定功率放电时，有足够的容量保证功率稳定持续的输出 2min 30s；在需要储能系统以额定功率充电时，有足够的容量空间保证功率稳定持续的充电 2min 30s。也就是说，以额定功率充放电，都随时能满足上调频率与下调频率所需的容量要求。

对储能系统的容量控制分为调频时的控制与调频结束后的控制：

1）每次调频开始时，电池储能系统的电池容量处于 50%SOC 处。当电网频率上升，储能系统进行下调频率控制，从电网吸收有功功率以响应电网频率信号或 AGC 信号；当电网频率下降，储能系统进行上调频率控制，释放有功功率至电网以响应频率变化信号或 AGC 信号，如图 8-4 所示。

2）每次调频结束后，在不影响电网频率越过调频死区的情况下，对电池的容量进行调整，要保持电池容量处于 50%SOC 处，为下一次的调频做好准备，可满足频率上调或频率下调的需要。也就是说，调频结束后若电池容量大于50%SOC，则储能系统小功率的对电网进行放电，至电池容量为 50%SOC 时结束；调频结束后若电池容量小于 50%SOC，则储能系统小功率从电网吸收功率，至电池容量为 50%SOC 时结束。

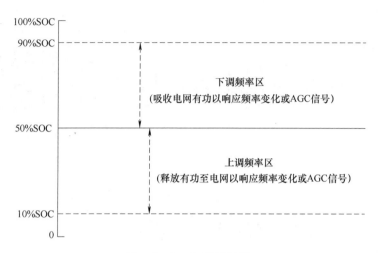

图 8-4　上、下调频区图

8.5　小结

本章以某常规火电厂一台 200MW 机组为例，探讨了应用电池储能系统替代其进行调频的可行性，并根据实际应用情况对替代后的一、二次调频回路、协联策略和应用方案进行设计。

第9章

9

电池储能调频运行评估技术

电力系统的一、二次调频是一项复杂的系统工程，储能系统参与电力调频又是一项新的应用，技术要求高，又涉及储能与电网两方，为使设备和系统能发挥预期作用，调试是不可或缺的工作。只有合理地安排和高质量地完成储能系统的一、二次调频控制系统的调试工作，方能给工程的实施带来圆满的结果。

调试工作主要包括确定项目、制定方案、安排人员、进行调试和编写报告等内容。

9.1.1 储能系统一次调频控制系统调试

对电池储能系统一次调频控制系统调试的主要目的是测试储能系统的控制器和电池能否快速而可靠的满足电网频率变化的需要。对于储能系统，进行一次调频的控制器是对频率或负荷变化进行响应、对储能系统的输出输入功率与容量进行控制的控制器。

一次调频要求储能系统能对越过动作死区的频率变化进行精确的响应，并将其转化成功率变化信号。在其功率与容量的调节范围内，控制器的输入与储能系统功率的输出呈线性关系。当控制器按整定的功率和容量进行控制时，对电池等带来的影响应当在允许的范围以内。当功率要求和容量范围超限或控制系统故障时，相关的控制保护能正确动作。

1. 调试项目

储能系统的调试、储能控制系统的现场调试、储能控制系统对频率变化时的响应能力的调试，控制器对频率变化转换成功率变化值的换算调试等。控制试验分下面两个阶段进行。

1）储能系统控制器与电池的调试：储能系统控制器对于储能系统来说就是

功率与容量协调控制系统。试验其控制系统和电池是否能满足一次调频中对功率调节的要求。

2）储能系统对频率变化响应能力的调试：试验储能系统控制器能否对频率变化信号进行快速而可靠的响应，并是否能将其转换成对应的功率变化信号。

2. 调试目的

测试储能系统一次调频控制器是否满足频率变化的要求，主要内容包括：

1）储能系统控制器能正确接收转换的功率控制信号，在其调节范围内，控制器的功率输入与储能系统的功率输出成线性关系；

2）控制器按整定的额定功率和容量范围进行控制时，电池的功率、容量和温度等参数在允许的范围内波动；

3）控制器保护措施严密，当储能系统功率输出超出调节范围或容量大小超出调节范围，或控制系统故障时，相关控制保护正确动作；

4）调频结束后，在对电网频率造成的波动不越过死区的情况下，储能系统容量是否能逐步调回 50%SOC 的设定值。

3. 试验内容

1）储能系统的功率与容量协调控制置于"当地控制"方式，测试储能系统功率与容量的调节范围、在以额定功率充放电而容量不越限的情况下可持续的时间，电池电压的变化范围及是否越限，电池温度变化情况。

按表 9-1 设置的功率整定值增量，每点间隔 20s，连续增加，记录储能系统的功率变化变化情况。

表 9-1　储能系统功率与容量手动调节试验

功率整定值增量（%P_e）	20%SOC	40%SOC	50%SOC	60%SOC	80%SOC
对应功率设定值/MW					
储能系统实际功率/MW					

2）模拟频率变化输出，测试控制器对频率变化信号接收的准确与可靠性，并将频率变化信号转换成负荷变化信号的精确度记录于表 9-2 中。

表 9-2　频率变化与功率变化对应表

频率变化量/Hz	对应的功率变化量/MW	理论计算的功率变化量/MW

3）测试控制装置的输入信号越限或中断保护。

9.1.2　储能系统二次调频控制系统调试

对储能系统二次调频控制系统调试的主要目的是测试储能系统的控制器和电

池能否满足 AGC 的要求。对于储能系统，控制器就是储能系统的功率与容量控制器。

AGC 要求储能系统能正确接收主站的控制信号，在其功率与容量的调节范围内，控制器的输入与储能系统功率的输出呈线性关系。当控制器按整定的功率和容量进行控制时，对电池等带来的影响应当在允许的范围以内。当功率要求和容量范围超限或控制系统故障时，相关的控制保护能正确动作。

1. 调试项目

储能系统的调试、储能控制系统的现场调试、RTU-储能系统的调试、通道信号测试、SCADA 系统的线性度试验和储能控制系统的联调。控制试验分下面几个阶段进行。

（1）储能系统控制器与电池的调试

储能系统控制器对于储能系统来说就是功率与容量协调控制系统。试验其控制系统和电池是否能满足 AGC 调节的要求。

（2）RTU 与 PLC 接口调试

由 AGC 试验人员在电厂端的储能系统处进行，可采用 RTU 仿真器设备作为 RTU 的输出控制信号，相当于 AGC 发出的控制命令。在试验中，应检查试验的接口信号是否对应，路径是否开通，RTU 的输出与储能系统控制器的输入是否呈线性关系。从主站的 SCADA 系统，发出遥调控制信号，测试主站到 RTP 及机组控制设备之间的下行信号是否稳定与准确，RTU 及储能控制系统收到的信号是否准确。

（3）AGC 闭环调试

通过调度中心主站与 AGC 软件进行。通过设置一定的控制方式、控制曲线来观测参加 AGC 的储能系统的控制性能是否满足控制技术要求。控制性能包括储能系统的响应速度、响应延迟时间、控制灵敏度、储能系统的过调/欠调情况等。据此获得储能系统与主站合理的控制参数。

2. 调试目的

测试储能系统控制器和机组是否满足 AGC 的要求，主要内容包括：

1）储能系统控制器能正确接收主站的控制信号，在其调节范围内，控制器的功率输入与储能系统的功率输出呈线性关系；

2）控制器按整定的额定功率和容量范围进行控制时，电池的功率、容量和温度等参数在允许的范围内波动；

3）控制器保护措施严密，当储能系统功率输出超出调节范围或容量大小超出调节范围，或控制系统故障时，相关控制保护正确动作；

4）调频结束后，在对电网频率造成的波动不越过死区的情况下，储能系统容量是否能逐步调回 50%SOC 的设定值；

5）储能系统 AGC 设备的功能和参数满足设计要求，运行稳定，具备进行 AGC 单系统闭环调试的条件。

3. 试验内容

1）储能系统的功率与容量协调控制置于"当地控制"方式，测试储能系统功率与容量的调节范围、在以额定功率充放电而容量不越限的情况下可持续的时间，电池电压的变化范围是否越限及电池温度变化情况。

① 储能系统的功率与容量协调控制置于"当地控制"方式，以额定功率充电或放电，而在保证储能系统容量不越限的情况下，可持续的充电或放电时间，电池电压及电压温度是否正常，记录于表 9-3 中。

表 9-3　储能系统充放电试验表

试验操作	持续时间	电池电压	电池温度
持续充电			
持续放电			

② 按表 9-4 设置的功率整定值增量，每点间隔 20s，连续增加，记录储能系统的功率变化、容量变化情况。

表 9-4　储能系统功率与容量手动调节试验

功率整定值增量（%P_e）	20%SOC	40%SOC	50%SOC	60%SOC	80%SOC
对应功率设定值/MW					
储能系统实际功率/MW					
储能系统实际容量/MWh					
储能系统理论计算容量/MWh					

③ 调频结束后，在对电网频率造成的波动不越过死区的情况下，储能系统容量是否能逐步调回 50%SOC 的设定值。

2）模拟 RTU 输出，测试遥调接口的正确性：试验内容设计同火电机组的 AGC 的试验内容。

3）测试控制装置的输入信号越限或中断保护。

9.2　电池储能系统调频控制性能评价

储能系统进行一、二次调频的效果与性能表现如何，需与被替代的 200MW 火电机组的调频效果与性能进行比较。

1）一次调频中对容量欠额情况的分析比较；

2）二次调频中对 AGC 功率指令的跟踪追随情况的分析比较。

如果在一次调频中，储能系统能解决火电机组所存在的一次调频量明显不足的问题，则储能系统就能减少一次调频的无差调节程度，减轻二次调频的压力，有利于电网频率的恢复与稳定。

在二次调频中，若储能系统跟踪追随调度 AGC 指令的精确程度远远高于火电机组的话，则能：

1）减少电网对调频的需求；

2）减少因火电机组反向调节而造成的能源的浪费；

3）储能系统的高效可减少电力系统中的旋转备用容量。

9.3 市场风险评估

"十三五"期间，储能技术将开始逐步商业化。目前来看，影响我国储能调频系统投资市场的主要风险因素体现在以下几方面。

9.3.1 政策风险

在推动储能调频系统发展方面，政策仍处在初期阶段，具体考核办法比较明确，但推动力不够。缺乏细化的技术发展路线图，政策的递进性以及可持续性难以保障。

在示范项目建设方面，各项目之间关联性少，不利于项目之间的互相验证与对比，同时对一种储能技术的试验研究缺乏持续性、连续性。示范项目的作用和效果还有待通过政策明确和加强。且新型储能示范项目缺乏跟踪和及时反馈，没有明确的电价成本核算、成本回收等方案。

在财政补贴方面，目前有关储能调频系统的政策和办法落实的省份还比较少，部分省份缺乏财政实施计划如步骤、进度和限额控制。在储能相关政策中，有关补贴的多变性、模糊性也都难以达到补贴所设想的目标和效果。另外，示范项目政策中还应再细化投资成本，考虑示范项目后期产出及其运维需要，试验期满后实行商业运行获利等一系列问题，使项目能发挥长远效益。

9.3.2 技术风险

要重视技术原始创新，重视基础研究，促进和加大储能技术研发，坚持不懈、持之以恒地解决核心技术瓶颈，促进储能技术的发展，同时也要进一步提高我国工业发展和装备制造业等基础产业的水平。

能够参与调频的储能产业主要技术瓶颈有：飞轮储能的高速电机、高速轴承和高强度复合材料等关键技术尚未突破；化学电池储能中关键材料制备与批量化/规模技术，特别是电解液、离子交换膜、电极、模块封装和密封等与国际先进水平仍有明显差距；超级电容器中高性能材料和大功率模块化技术，以及超导储能中高温超导材料等尚未突破。另外，一些新型储能技术的研究和知识产权布局没有得到足够的重视和支持。

从技术角度看，关键材料、制造工艺和能量转化效率是这些储能技术面临的共同挑战，在规模化应用中还要进一步解决稳定、可靠、耐久性的问题，一些重大技术瓶颈还需要持之以恒的解决。另外，国内精密材料、高端前沿材料的加工工艺与美国、日本差距很大，商用产品的开发技术也是短板。

9.3.3　标准体系风险

标准是技术实现产业化的基础，也是支持行业健康发展的重要因素。国内外储能调频系统的标准尚处于探索阶段，标准数量很少，标准体系的建立刚刚起步。各个国家都在积极制定储能辅助服务标准，我国也应加快储能辅助服务相关标准的制定工作，紧跟国际标准的步伐，在国际标准中争取更多话语权，争取将我国的技术及示范项目技术成果纳入国际标准中，避免出现标准滞后于市场的现象。

由于相关技术标准的缺失，储能调频系统在生产和应用各个环节，如储能装置的接入位置、招投标、制造、验收、接入试验与调试、设备交接以及运行维护等方面存在诸多不便。我国在储能调频领域已经开展了一定的科研与示范，具有了一定的技术积累与应用经验，但还不具备建立储能调频标准体系的基本条件。制定储能调频系统产业链各个环节的技术标准，推动储能调频技术标准化建设工作，是实现储能调频产业工程化应用的先决条件。

9.4　小结

本章主要介绍电池储能系统辅助/替代传统火电机组调频工程的调试、控制性能评价及市场风险评估，对储能系统与传统调频机组调频的效果、可靠性等展开分析与讨论。

参 考 文 献

[1] 李国庆，刘先超，辛业春，等. 含高比例新能源的电力系统频率稳定研究综述 [J]. 高电压技术，2024，50 (3)：1165-1181.

[2] 李兆伟，吴雪莲，庄侃沁，等. "9·19" 锦苏直流双极闭锁事故华东电网频率特性分析及思考 [J]. 电力系统自动化，2017，41 (7)：149-155.

[3] 曾辉，孙峰，李铁，等. 澳大利亚 "9·28" 大停电事故分析及对中国启示 [J]. 电力系统自动化，2017，41 (13)：1-6.

[4] 孙华东，许涛，郭强，等. 英国 "8·9" 大停电事故分析及对中国电网的启示 [J]. 中国电机工程学报，2019，39 (21)：6183-6191.

[5] 张礼浩，刘翔宇，顾雪平，等. 新型电力系统频率安全稳定研究综述及展望 [J]. 浙江电力，2024，43 (10)：12-26.

[6] WALAWALKAR R，APT J，MANCINI R. Economics of electric energy storage for energy arbitrage and regulation in New York [J]. Energy Policy，2007，35 (4)：2558-2568.

[7] 李建林，屈树慷，马速良，等. 电池储能系统辅助电网调频控制策略研究 [J]. 太阳能学报，2023，44 (3)：326-335.

[8] MAKAROV Y V，LU S，MA J，et al. Assessing the value of regulation resources based on their time response characteristics [R]. Pacific Northwest National Laboratory，2008.

[9] 杨水丽，李建林，李蓓，等. 电池储能系统参与电网调频的优势分析 [J]. 电网与清洁能源，2013，29 (2)：43-47.

[10] 陈大宇，张粒子，王澍，等. 储能在美国调频市场中的发展及启示 [J]. 电力系统自动化，2013，37 (1)：9-13.

[11] SAIZ-MARIN E. Econnomic Assessment of the participation of wind generation in the secondary regulation market [J]. IEEE Transactions on Power Systems，2012，27 (2)：866-874.

[12] LIN J，DAMATO J，HAND P. Energy storage-a cheaper，faster & cleaner alternative to conventional frequency regulation [R]. Strategen，CESA，2011：1-15.

[13] SALAMEH Z M，CASACCA M A，LYNCH W A. A Mathematical model for lead-acid batteries [J]. IEEE Transactions on. Energy Conversion，1992，7 (1)：93-98.

[14] SHANKAR R，CHATTERJEE K，BHUSHAN R. Impact of energy storage system on load frequency control for diverse sources of interconnected power system in deregulated power environment [J]. International Journal of Electrical Power & Energy Systems，2016，79：11-26.

[15] PILLAI J R，BAK-JENSEN B. Integration of vehicle-to-grid in the western danish power system for frequency regulation in an island power system [J]. IEEE Transactions on Sustainable Energy，2011，2 (1)：12-19.

[16] 陈大宇，张粒子，王澍，等. 储能在美国调频市场中的发展及启示 [J]. 电力系统自动化，2013，37 (1)：9-13.

[17] 李建林，杨水丽，高凯. 大规模储能系统辅助常规机组调频技术分析 [J]. 电力建设，

2015, 36 (5)：105-110.

[18] 赵书强, 刘大正, 谢宇琪, 等. 基于相关机会目标规划的风光储联合发电系统储能调度策略 [J]. 电力系统自动化, 2015, 39 (14)：30-36.

[19] STEBER D, BAZAN P, GERMAN R. SWARM-strategies for providing frequency containment reserve power with a dis-tributed battery storage system [C]//IEEE International Energy Conference, Leuven：IEEE, 2016：1-6.

[20] 国家能源局华北监管局. 华北区域发电厂并网运行管理实施细则（修订版）[A]. 北京：国家能源局华北监管局, 2012.

[21] 国家能源局华北监管局. 华北区域并网发电厂辅助服务管理实施细则（修订版）[A]. 北京：国家能源局华北监管局, 2012.

[22] 陆志刚, 王科, 刘怡, 等. 深圳宝清锂电池储能电站关键技术及系统成套设计方法 [J]. 电力系统自动化, 2013, 37 (1)：65-69.

[23] 商淼, 张建成, 李庚银, 等. 超级电容器储能系统短时供电控制技术研究 [J]. 中国科技论文在线, 2002.

[24] GRBOVIC P J, DELARUE P, LE MOIGNE P, et al. A bidirectional three-level DC-DC converter for the ultracapacitor applications [J]. IEEE Transactions on Industrial Electronics, 2010, 57 (10)：3415-3430.

[25] SPYKER R I, NELMS R M, MERRYRNAN S I. Evaluation of double layer capacitor for power electronic application [C]. APEC Conference Proceedings, 1996, 725-730.

[26] 赵洋, 梁海泉, 张逸成. 电化学超级电容器建模研究现状与展望 [J]. 电工技术学报, 2012, 27 (3)：188-195.

[27] 张双乐, 李鹏, 陈超, 等. 智能电网中微网控制中心的应用研究 [J]. 陕西电力, 2012 (9)：1-4, 23.

[28] MADUREIRA A, MOREIRA C, PECAS L J. Secondary load-frequency control for micro grids in islanded operation [C]. International Conference on Renewable Energy and Power Quality, Palma, 2005.

[29] BOSE S, LIU Y, BABEI-ELDIN K, et al. Tieline controls in microgrid applications [C]. iREP Symposium-Bulk Power System Dynamics and Control-Ⅶ, Revitalizing Opera-tional Reliability, Charleston：2007.

[30] GUERRERO J M, DE VICUNA L G, MATAS J, et al. A wirelesscontroller to enhance dynamic performance of parallel inverters in distributed generation systems [J]. IEEE Transactions on Power Electronics, 2004, 19 (5)：1205-1213.

[31] MOHAMED Y, E1-SAADANY E F. Adaptive decentralized droop controller to preserve power sharing stability of paralleled inverters in distributed generation microgrids [J]. IEEE Transactions on Power Electronics, 2008, 23 (6)：2806-2816.

[32] 韩肖清, 曹增杰, 杨俊虎, 等. 风光蓄交流微电网的控制与仿真 [J]. 电力系统自动化学报, 2013, 25 (3)：50-55.

[33] 张靠社, 亓婷. 微电网中并列运行逆变器控制策略研究 [J]. 电网与清洁能源, 2012,

28（10）：74-77.

[34] 刘梦欣，王杰，陈陈. 电力系统频率控制理论与发展［J］. 电工技术学报，2007，22（11）：136-145.

[35] 赵婷，戴义平，高林. 多区域电网一次调频能力分布对电网安全稳定运行的影响［J］. 中国电力，2006，39（5）：18-22.

[36] 戴义平，赵婷，高林. 发电机组参与电网一次调频的特性研究［J］. 中国电力，2006，39（11）：37-41.

[37] 赵攀，戴义平，常树平. 河北南网一次调频特性研究［J］. 中国电力，2008，41（7）：5-10.

[38] KUNDUR P. 电力系统稳定与控制（影印版）［M］. 北京：中国电力出版社，2001：389-410.

[39] 刘乐，刘娆，李卫东. 互联电网频率调节动态仿真系统的研制［J］. 电网技术，2009，33（7）：36-41.

[40] OUDALOV A，CHARTOUNI D. Optimizing a battery energy storage system for primary frequency control［J］. IEEE Transactions on power systems，2007，22（3）：1259-1266.

[41] MEREIER P，CHERKAOUI R，OUDALOV A. Optimizing a battery energy storage system for frequency control application in an isolated power system［J］. IEEE Trans. on Power Systems，2009，24（3）：1469-147.

[42] KOTTICK D，BALU M，EDELSTEIN D. Battery Energy Storage for Frequency Regulation in an Island Power System［J］. IEEE Transactions on Energy Conversion，1993，8（3）：455-459.

[43] 胡泽春，谢旭，张放，等. 含储能资源参与的自动发电控制策略研究［J］. 中国电机工程学报，2014，34（29）：5080-5087.

[44] OUDALOV A，CHARTOUNI D. Optimizing a Battery Energy Storage System for Primary Frequency Control［J］. IEEE Transactions on power systems，2007，22（3）：1259-1266.

[45] 洪峰，贾欣怡，梁璐，等. 面向风电场频率支撑的混合储能层次化容量优化配置［J］. 中国电机工程学报，2024，44（14）：5596-5607.

[46] MEREIER P，CHERKAOUI R，OUDALOV A. Optimizing a battery energy storage system for frequency control application in an isolated power system［J］. IEEE Transactions on Power Systems. 2009，24（3）：1469-147.

[47] 冯红霞，梁军，张峰，等. 考虑调度计划和运行经济性的风电场储能容量优化计算［J］. 电力系统自动化，2013，37（1）：90-95.

[48] ALMEIDA P M R，PEÇAS LOPES J A，SOARES F J. Electric vehicles participating in frequency control：Operating islanded systems with large penetration of renewable power sources［C］. IEEE Power Tech. ，Trondheim，2011：1-6.

[49] OTA Y，TANIGUCHI H，NAKAJIMA T，et al. Autonomous distributed V2G（vehicle-to-grid）considering charging request and battery condition［C］. IEEE PES Innovative Smart Grid Technol. Conf. Europe. 2010：1-6.

[50] OTA Y, TANIGUCHI H, NAKAJIMA T, et al. Autonomous distributed V2G（vehicle-to-grid）satisfying scheduled charging [J]. IEEE Transactions Smart Grid. 2012, 3（1）: 559-564.

[51] LIU H, HU Z, SONG Y H, et al. Decentralized vehicle-to-grid control for primary frequency regulation considering charging demands [J]. IEEE Transactions on Power Systems. 2013, 28（3）: 3480-3489.

[52] LIU H, HU Z H, SONG Y H, et al. Decentralized vehicle-to-grid control for primary frequency regulation considering charging demands [J]. IEEE Transactions on Power Systems. 2013, 28（3）: 3480-3489.

[53] LU N, WEIMAR M R, MAKAROV Y V, et al. An evaluation of the NaS battery storage potential for providing regulation service in California [C]//Power Systems Conference and Exposition. Phonex, IEEE, 2011: 1-9.

[54] LU N, WEIMAR M R, MAKAROV Y V, et al. The Wide-area energy storage and management system-battery storage evaluation [J]. Injury-international Journal of the Care of the Injured, 2009, 30（6）: 407-415.

[55] FOOLADIVANDA D, ROSENBERG C, GARG S. Energy Storage and regulation: an analysis [J]. IEEE Transactions on Smart Grid, 2016, 7（4）: 1813-1823.

[56] KIM Y J. Experimental study of battery energy storage systems participating in grid frequency regulation [C]//Transmission and Distribution Conference and Exposition. Dallas, IEEE, 2016: 1-5.

[57] KEYHANI A, CHATTERJEE A. Automatic Generation Control Structure for Smart Power Grids [J]. IEEE Transactions on Smart Grid, 2012, 3（3）: 1310-1316.

[58] AVRAMIOTIS-FALIREAS I, HARING T, ANDERSSON G, et al. Redesign of the automatic generation control scheme in the Swiss power system [C]//PES General Meeting | Conference & Exposition. National Harbor, IEEE, 2014: 1-5.

[59] BISWAS S, BERA P. GA Application to Optimization of AGC in Two-Area Power System Using Battery Energy Storage [C]//International Conference on Communications, Devices and Intelligent Systems, Kolkata, IEEE, 2013: 341-344.

[60] XIE X, GUO Y, WANG B, et al. Improving AGC performance of coal-fueled thermal generators using multi-mw scale BESS: a practical application [J]. IEEE Transactions on Smart Grid, 2016（99）: 1-1.

[61] MAKAROV Y V, DU P, KINTNER-MEYER M C W, et al. Sizing energy storage to accommodate high penetration of variable energy resources [J]. IEEE Transactions on Sustainable Energy, 2012, 3（1）: 34-40.

[62] MILLER N, MANZ D, ROEDEL J, et al. Utility scale Battery Energy Storage Systems [C]//Power and Energy Society General Meeting. Minneapolis, IEEE, 2010: 1-7.

[63] SUVIRE G O, MERCADO P E. Combined control of a distribution static synchronous compensator/flywheel energy storage system for wind energy applications [J]. Generation Transmission & Distribution Iet, 2012, 6（6）: 483-492.

［64］ LAZAREWICZ M L, RYAN T M. Integration of flywheel-based energy storage for frequency regulation in deregulated markets ［C］//Power and Energy Society General Meeting. Minneapolis, IEEE, 2010：1-6.

［65］ CHEN Y, KEYSER M, TACKETT M H, et al. Incorporating short-term stored energy resource into midwest ISO energy and ancillary service market ［J］. IEEE Transactions on Power Systems, 2011, 26（2）：829-838.

［66］ 胡泽春, 谢旭, 张放, 等. 含储能资源参与的自动发电控制策略研究 ［J］. 中国电机工程学报, 2014, 34（29）：5080-5087.

［67］ 柯飞, 李欣然, 黄际元, 等. 储能系统参与电网调频服务的动态分配系数研究 ［J］. 电器与能效管理技术, 2016, 14：41-45, 84.

［68］ 牛阳, 张峰, 张辉, 等. 提升火电机组 AGC 性能的混合储能优化控制与容量规划 ［J］. 电力系统自动化, 2016, 40（10）：38-45.

［69］ 丁勇, 华新强, 蒋顺平, 等. 大容量电池储能系统一次调频控制策略 ［J］. 电力电子技术, 2020, 54（11）：38-41, 46.

［70］ 李林高. 电池储能系统辅助火电机组参与电网调频的控制策略优化 ［D］. 太原：山西大学, 2020.

［71］ 于雷. 电池储能系统参与电网调频的控制策略研究 ［D］. 乌鲁木齐：新疆大学, 2020.

［72］ 焦盘龙. 储能辅助火电机组二次调频控制策略及容量优化配置研究 ［D］. 吉林：东北电力大学, 2020.

［73］ 吕力行, 陈少华, 张小白, 等. 考虑规模化电池储能 SOC 一致性的电力系统二次调频控制策略 ［J］. 热力发电, 2021, 50（7）：108-117.

［74］ 李若, 李欣然, 谭庄熙, 等. 考虑储能电池参与二次调频的综合控制策略 ［J］. 电力系统自动化, 2018, 42（8）：74-82.

［75］ 汤杰, 李欣然, 黄际元, 等. 以净效益最大为目标的储能电池参与二次调频的容量配置方法 ［J］. 电工技术学报, 2019, 34（5）：963-972.

［76］ 胡泽春, 夏睿, 吴林林, 等. 考虑储能参与调频的风储联合运行优化策略 ［J］. 电网技术, 2016, 40（8）：2251-2257.

［77］ 崔红芬, 杨波, 蒋叶, 等. 基于模糊控制和 SOC 自恢复储能参与二次调频控制策略 ［J］. 电力系统保护与控制, 2019, 47（22）：89-97.

［78］ Y. WANG et al. Aggregated energy storage for power system frequency control：A finite-time consensus approach ［J］. IEEE Transactions on Smart Grid, 2019, 10（4）：3675-3686.

［79］ 刘起兴, 和识之, 卢伟辉, 等. 电池储能辅助二次调频的模型预测控制方法 ［J］. 电测与仪表, 2020, 57（23）：119-125.

［80］ HUI LIU, ZECHUN HU, YONGHUA SONG, et al. Decentralized vehicle-to-grid control for primary frequency regulation considering charging demands ［J］. IEEE Transactions on Power Systems. 2013, 28（3）：3480-3489.

［81］ 吴珊, 边晓燕, 张菁娴, 等. 面向新型电力系统灵活性提升的国内外辅助服务市场研究综述 ［J］. 电工技术学报, 2023, 38（6）：1662-1677.

［82］ N LU, M R WEIMAR, Y V MAKAROV, et al. The Wide-Area Energy Storage and Manage-ment System-Battery Storage Evaluation ［R］. Richland, 2009: 15-16.

［83］ 杨裕生，程杰，曹高萍. 规模储能装置经济效益的判据 ［J］. 电池, 2011, 41（1）: 19-21.

［84］ 李丹，梁吉，孙荣富，等. 并网电厂管理考核系统中 AGC 调节性能补偿措施 ［J］. 电力系统自动化, 2010, 34（4）: 107-111.

［85］ LIANG L, LI J L, HUI D, et al. An optimal energy storage capacity calculation method for 100MW wind farm ［R］. International Conference on Power System Technology（POWER-CON）. Hangzhou, 2010: 1-4.

［86］ BREKKEN T K A, YOKOCHI A, VON JOUANNE A, et al. Optimal Energy Storage Sizing and Control for Wind Power Applications ［J］. IEEE Transactions on Sustainable Energy, 2011, 2（1）: 69-77.

［87］ 曾杰. 可再生能源发电与微网中储能系统的构建与控制研究 ［D］. 武汉: 华中科技大学, 2009.

［88］ 王承民，孙伟卿，衣涛，等. 智能电网中储能技术应用规划及其效益评估方法综述 ［J］. 中国电机工程学报, 2013, 33（7）: 33-41.

［89］ YANG H X, ZHOU W, LOU C Z. Optimal design and techno-economic analysis of a hybrid solar-wind power generation system ［J］. Applied Energy, 2009, 86（2）: 163-169.

［90］ YANG H X, ZHOU W, LU L, et al. Optimal sizing method for stand-alone hybrid solar-wind system with LPSP technology by using genetic algorithm ［J］. Solar Energy, 2008, 82（4）: 354-367.

［91］ ASANO H, WATANABE H, BANDO S. Methodology to design the capacity of a microgrid ［C］. IEEE International Conference on System of Systems Engineering（SoSE）. San An-tonio, 2007: 1-6.

［92］ Li Q, Choi S S, Yuan Y, et al. On the determination of battery energy storage capacity and short-term power dispatch of a wind farm ［J］. IEEE Transactions on Sustainable Energy, 2011, 2（2）: 148-158.

［93］ 向育鹏，卫志农，孙国强，等. 基于全寿命周期成本的配电网蓄电池储能系统的优化配置 ［J］. 电网技术, 2015, 39（1）: 264-270.

［94］ HOLMBERG M T, LAHTINEN M, MCDOWALL J, et al. SVC light with energy storage for frequency regulation ［C］. IEEE Innovative Technologies for an Efficient and Reliable Elec-tricity Supply. Waltham, 2010: 317-324.

［95］ BORSCHE T, ULBIG A, KOLLER M, et al. Power and energy capacity requirements of stor-ages providing frequency control reserves ［C］. IEEE Power and Energy Society General Meet-ing. Vancouver, 2013: 1-5.

［96］ OTA Y, TANIGUCHI H, NAKAJIMA T, et al. Effect of autonomous distributed vehicle-to-grid（V2G）on power system frequency control ［C］. IEEE 5th International Conference on Industrial and Information System. Mangalore, 2010: 481-485.

［97］　LEITERMANN O. Energy storage for frequency regulation on electric grid ［D］. Cambridge：Massachusetts Institute of Technology，2012.

［98］　LIANG L，ZHONG J，JIAO Z B. Frequency regulation for a power system with wind power and battery energy storage ［C］. IEEE International Conference on Power System Technology. Auckland，2012：1-6.

［99］　FARES R L，MEYERS J P，WEBBER M E. A dynamic model-based estimate of the value of a vanadium redox flow battery for frequency regulation in Texas ［J］. Applied Energy，2014，113：189-198.

［100］　陆凌蓉，文福拴，薛禹胜，等. 电动汽车提供辅助服务的经济性分析 ［J］. 电力系统自动化，2013，37（14）：43-49.

［101］　雷博. 电池储能参与电力系统调频研究 ［D］. 长沙：湖南大学，2014.

［102］　高明杰，惠东，高宗和，等. 国家风光储输示范工程介绍及其典型运行模式分析 ［J］. 电力系统自动化，2013，37（1）：59-64.

［103］　刘维烈. 电力系统调频与自动发电控制 ［M］. 北京：中国电力出版社，2006.

［104］　FARES R L，MEYERS J P，WEBBER M E. A dynamic model-based estimate of the value of a vanadium redox flow battery for frequency regulation in Texas ［J］. Applied Energy，2014，113：189-198.

［105］　MOSAAD M I，SALEM F. LFC based adaptive PID controller using ANN and ANFIS techniques ［J］. Journal of Electrical Systems and Information Technology，2014，1（3）：212-222.

［106］　吴云亮，孙元章，徐箭，等. 基于多变量广义预测理论的互联电力系统负荷-频率协调控制体系 ［J］. 电工技术学报，2012，27（9）：101-107.

［107］　姚伟，文劲宇，孙海顺，等. 考虑通信延迟的分散网络化预测负荷频率控制 ［J］. 中国电机工程学报，2013，33（1）：84-92.

［108］　PRAKASH S，SINHA S K. Simulation based neuro-fuzzy hybrid intelligent PI control approach in four-area load frequency control of interconnected power system ［J］. Applied Soft Computing，2014，23：152-164.

［109］　SAXENA S，HOTE Y V. Load frequency control in power system via internal model control scheme and model-order reduction ［J］. IEEE Transactions on Power System，2013，28（3）：2749-2757.

［110］　YOUSEF H A，AL-KHARUSI K，ALBADI M H，et al. Load frequency control of a multi-Area power system：an adaptive fuzzy logic approach ［J］. IEEE Transactions on Power Systems，2014，29（4）：1822-1830.

［111］　叶荣，陈皓勇，娄二军. 基于微分博弈理论的频率协调控制方法 ［J］. 电网系统自动化，2011，35（20）：41-46.

［112］　HAN Y，YOUNG P M，JAIN A，et al. Robust control for microgrid frequency deviation reduction with attached storage system ［J］. IEEE Transactions on Smart Grid，2015，6（2）：557-565.

[113] GOYA T, OMINE E, KINJYO Y, et al. Frequency control in isolated island by using parallel operated battery systems applying H∞ control theory based on droop characteristics [J]. Renewable Power Generation Iet, 2011, 5 (2): 160-166.

[114] ZHU D H, HUG-GLANZMANN G. Coordination of storage and generation in power system frequency control using an H∞ approach [J]. IET Generation, Transmission & Distribution, 2013, 7 (11): 1263-1271.

[115] 丁冬, 刘宗歧, 杨水丽, 等. 基于模糊控制的电池储能系统辅助 AGC 调频方法 [J]. 电力系统保护与控制, 2015, 43 (8): 81-87.

[116] KHALID M, SAVKIN A V. An optimal operation of wind energy storage system for frequency control based on model predictive control [J]. Renewable Energy, 2012, 48: 127-132.

[117] 刘力静, 安向阳, 唐早, 等. 考虑分布式发电增长模式的电池储能系统多阶段容量配置方法 [J]. 南方电网技术, 2016, 10 (6): 54-61.

[118] 李振文, 颜伟, 刘伟良, 等. 变电站扩容和电池储能系统容量配置的协调规划方法 [J]. 电力系统保护与控制, 2013 (15): 89-96.

[119] 马美婷, 袁铁江, 陈广宇, 等. 储能参与风电辅助服务综合经济效益分析 [J]. 电网技术, 2016, 40 (11): 3362-3367.

[120] JIANG Q, GONG Y, WANG H. A battery energy storage system dual-layer control strategy for mitigating wind farm fluctuations [C]. 2014 IEEE PES General Meeting, 2014.

[121] 陈根军, 唐国庆. 基于禁忌搜索与蚁群最优结合算法的配电网规划 [J]. 电网技术, 2005, 29 (2): 23-27.

[122] 盛四清, 王浩. 用于配电网规划的改进遗传算法 [J]. 电网技术, 2008, 32 (17): 69-72.

[123] 王健, 王昆, 陈全世. 风力发电和飞轮储能联合系统的模糊神经网络控制策略 [J]. 系统仿真学报, 2007, 19 (17): 4017-4020.

[124] 高炜欣, 罗先觉, 朱颖. 贪心算法结合 Hopfield 神经网络优化配电变电站规划 [J]. 电网技术, 2004, 28 (7): 73-76.

[125] 吴小刚, 刘宗歧, 田立亭, 等. 基于改进多目标粒子群算法的配电网储能选址定容 [J]. 电网技术, 2014, 38 (12): 3405-3411.

[126] JIN C L, LU N, LU S, et al. A coordinating algorithm for dispatching regulation services between slow and fast power regulating resources [J]. IEEE Transactions on Smart Grid, 2014, 5 (2): 1043-1050.

[127] LU Q Y, HU W, MIN Y, et al. Wide-area coordinated control of large scale energy storage system [C]. IEEE International Conference Power System Technology (POWERCON). Auckland, 2012: 1-5.

[128] 田培根, 肖曦, 丁若星, 等. 自治型微电网群多元复合储能容量配置方法 [J]. 电力系统自动化, 2013, 37 (1): 168-173.

[129] 熊雄, 王江波, 杨仁刚, 等. 微电网中混合储能模糊自适应控制策略 [J]. 电网技术, 2015, 39 (3): 677-681.

［130］ 吴振威，蒋小平，马会萌，等. 用于混合储能平抑光伏波动的小波包-模糊控制［J］. 中国电机工程学报，2014，34（3）：317-324.

［131］ CHIA Y Y, LEE L H, SHAFIABADY N, et al. A load predictive energy management system for supercapacitor-battery hybrid energy storage system in solar application using the Support Vector Machine［J］. Applied Energy, 2015, 137：588-602.

［132］ DANG J, SEUSS J, SUNEJA L, et al. SOC feedback control for wind and ESS hybrid power system frequency regulation［J］. IEEE Journal of Emerging and Selected Topics in Power E-lectronics, 2014, 2（1）：79-86.

［133］ DATTA M, SENJYU T. Fuzzy control of distributed PV inverters/energy storage systems/e-lectric vehicles for frequency regulation in a large power system［J］. IEEE Transactions on Smart Grid, 2013, 4（1）：479-488.

［134］ KENNEL F, GORGES D, LIU S. Energy management for smart grids with electric vehicles based on hierarchical MPC［J］. IEEE Transactions on Industrial Informatics, 2013, 9（3）：1528-1537.

［135］ ROCHA ALMEIDA P, PEÇAS LOPES J, SOARES F, et al. Electric vehicles participating in frequency control：operating islanded systems with large penetration of renewable power sources［C］. Powertech, Trondheim, 2011：1-6.

［136］ OTA Y, TANIGUCHI H, NAKAJIMAET T, et al. Autonomous distributed V2G（vehicle-to-grid）satisfying scheduled charging［J］. IEEE Transactions on Smart Grid. 2012, 3（1）：559-564.

［137］ 刘巨，姚伟，文劲宇. 一种基于储能技术的风电场虚拟惯量补偿策略［J］. 中国电机工程学报，2015，35（7）：1596-1605.

［138］ 娄素华，易林，吴耀武，等. 基于可变寿命模型的电池储能容量优化配置［J］. 电工技术学报，2015，30（4）：265-271.

［139］ 胡寿松. 自动控制原理［M］. 5版. 北京：科学出版社，2007：71-73.

［140］ AGHAMOHAMMADI M R, ABDOLAHINIA H. A new approach for optimal sizing of battery energy system for primary frequency control of islanded Microgrid［J］. Electrical Power and Energy Systems, 2014, 54：325-333.

［141］ 滕贤亮，高宗和，朱斌，等. 智能电网调度控制系统 AGC 需求分析及关键技术［J］. 电力系统自动化，2015，39：81-87.

［142］ 黄镐，王坚，南方电网频率控制性能标准考核方法探讨［J］. 南方电网技术，2012，6：34-37.

［143］ 谈超，戴则梅，滕贤亮，等. 北美频率控制性能标准发展分析及其对中国的启示［J］. 电力系统自动化，2015，39：1-7.

［144］ 王坚，张坤，张昆，等. 南方电网现时自动发电控制模式分析［J］. 南方电网技术，2010，6：40-44.

［145］ NERC. Control Performance Criteria Training Document［Z］. NERC, 1994.

［146］ 中国南方电网有限责任公司. 南方电网联络线功率与系统频率偏差控制与考核管理办

法（南方电网调〔2005〕6 号）〔Z〕. 2005.

［147］ ELECTRIC POWER RESEARCH INSTITUTE . Electrical energy storage technology options ［R］. Report 1020676, Electric Power Research Institute, Palo Alto, 2010.

［148］ LIANG L, HOU Y, HILL D J. Design guidelines for MPC-based frequency regulation for islanded microgrids with storage, voltage, and ramping constraints ［J］. IET Renewable Power Generation, 2017, 11：1200-1210.

［149］ Manwell J F, McGowan J G . Lead acid battery storage model for hybrid energy systems ［J］. Solar Energy, 1993, 50 (5)：399-405.

［150］ Rawlings J B, Mayne D Q. Model predictive control：Theory and design ［M］. Santa Barbara：Nob Hill Publishing, 2009.

［151］ 陈达鹏, 荆朝霞. 美国调频辅助服务市场的调频补偿机制分析 ［J］. 电力系统自动化, 2017, 41：1-9.

［152］ 孙冰莹, 刘宗歧, 杨水丽, 等. 补偿度实时优化的储能-火电联合 AGC 策略 ［J］. 电网技术, 2018, 42 (2)：426-436.

［153］ FERC. Order No. 755, USA, Frequency regulation compensation in the organized wholesale power markets ［EB/OL］. (2011-03-01) ［2025-03-20］. https：//www. federalregister. gov/documents/2011/03/01/2011-4267/frequency-regulation-compensation-in-the-organized-wholesale-power-markets.

［154］ 陈中飞, 荆朝霞, 陈达鹏, 等. 美国调频辅助服务市场的定价机制分析 ［J］. 电力系统自动化, 2018, 42 (12)：1-10.

［155］ 高鹏. 推荐系统中信息相似度的研究及其应用 ［D］. 上海：上海交通大学, 2013.

［156］ Department Of Energy. Global energy storage database projects ［EB/OL］ ［2025-03-20］. https：//gesdb. sandia. gov/projects. html.

［157］ XU Y, LI C, WANG Z, et al. Load frequency control of a novel renewable energy integrated micro-grid containing pumped hydropower energy storage ［J］. IEEE Access, 2018, 6 (2)：9067-9077.

［158］ XU B, WANG Y, DVORKIN Y, et al. Scalable planning for energy storage in energy and reserve markets ［J］. IEEE Transactions on Power Systems, 2017, 32 (6)：4515-27.

［159］ 李华东, 李蕾, 王国卉, 等. 适用于 PMSG 背靠背变流器的新型电压矢量控制 ［J］. 电源学报, 2022, 20 (6)：155-164.

［160］ 刘英培, 田仕杰, 梁海平, 等. 考虑 SOC 的电池储能系统一次调频策略研究 ［J］. 电力系统保护与控制, 2022, 50 (13)：107-118.

［161］ SAHA A, SAIKIA L. Utilisation of ultra-capacitor in load frequency control under restructured STPP-thermal power systems using WOA optimised PIDN-FOPD controller ［J］. IET Generation, Transmission & Distribution, 2017, 11 (13)：3318-3331.

［162］ 陈俊涛, 王亚军, 宋顺一, 等. 飞轮储能辅助风电一次调频仿真分析 ［J］. 储能科学与技术, 2023, 12 (1)：172-179.

［163］ 石荣亮, 张烈平, 王文成, 等. 基于频率微分原理的储能变换器虚拟惯量控制策略研

究 [J]. 中国电机工程学报, 2021, 41 (6): 2088-2101.

[164] 王育飞, 程伟, 薛花, 等. 基于串级 PI-(1+PD) 算法的含飞轮储能互联电网 AGC 控制器设计 [J]. 电力系统保护与控制, 2023, 51 (14): 127-138.

[165] 王成山, 于波, 肖峻, 等. 平滑可再生能源发电系统输出波动的储能系统容量优化方法 [J]. 中国电机工程学报, 2012, 32 (16): 1-8.

[166] ASAO T, TAKAHASHI R, MURATA T, et al. Evaluation method of power rating and energy capacity of Superconducting magnetic energy storage system for output smoothing control of wind farm [C]. Proc of 18th International Conference on Electrical Machines (ICEM). Vilamoura, 2008: 1-6.

[167] 李军徽, 张嘉辉, 胡达理, 等. 多属性多目标储能系统工况适用性对比分析方法 [J]. 电力建设, 2018, 39 (4): 2-8.

[168] 李建林, 郭斌琪, 牛萌, 等. 风光储系统储能容量优化配置策略 [J]. 电工技术学报, 2018, 33 (6): 1189-1196.

[169] 杨水丽, 侯朝勇, 许守平, 等. 基于时间序列关联聚类的储能电池典型工况曲线提炼 [J]. 电力系统自动化, 2018, 42 (9): 188-194.

[170] 杨锡运, 张璜, 修晓青, 等. 基于商业园区源/储/荷协同运行的储能系统多目标优化配置 [J]. 电网技术, 2017, 41 (12): 3996-4003.

[171] 刘大贺, 韩晓娟, 李建林. 基于光伏电站场景下的梯次电池储能经济性分析 [J]. 电力工程技术, 2017, 36 (6): 27-31, 77.

[172] 孙冰莹, 刘宗歧, 杨水丽, 等. 补偿度实时优化的储能-火电联合 AGC 策略 [J]. 电网技术, 2018, 42 (2): 426-436.

[173] 马会萌, 李蓓, 李建林, 等. 面向经济评估的电池储能系统工况特征量嵌入性研究 [J]. 电力系统保护与控制, 2017, 45 (22): 70-77.

[174] 李建林, 靳文涛, 徐少华, 等. 用户侧分布式储能系统接入方式及控制策略分析 [J]. 储能科学与技术, 2018, 7 (1): 80-89.

[175] 李建林, 马会萌, 袁晓冬, 等. 规模化分布式储能的关键应用技术研究综述 [J]. 电网技术, 2017, 41 (10): 3365-3375.

[176] 修晓青, 唐巍, 李建林, 等. 计及电池健康状态的源储荷协同配置方法 [J]. 高电压技术, 2017, 43 (9): 3118-3126.

[177] 杨锡运, 刘玉奇, 李建林. 基于四分位法的含储能光伏电站可靠性置信区间计算方法 [J]. 电工技术学报, 2017, 32 (15): 136-144.

[178] 孙冰莹, 杨水丽, 刘宗歧, 等. 国内外兆瓦级储能调频示范应用现状分析与启示 [J]. 电力系统自动化, 2017, 41 (11): 8-16, 38.

[179] 李建林, 修晓青. 能源互联网中储能系统发展趋势分析 [J]. 电气应用, 2016, 35 (16): 18-23.

[180] 张德隆, 李建林, 惠东. 基于模型预测控制的储能平抑光伏波动的控制策略 [J]. 电器与能效管理技术, 2016 (14): 34-40.

[181] 李建林, 徐少华, 惠东. 百 MW 级储能电站用 PCS 多机并联稳定性分析及其控制策略

综述 [J]. 中国电机工程学报, 2016, 36 (15)：4034-4047.

[182] 韩晓娟, 赵泽昆, 谢志佳, 等. 基于 Butterfly 算法的大容量储能系统成组技术 [J]. 储能科学与技术, 2016, 5 (4)：551-557.

[183] 李建林, 田立亭, 来小康. 能源互联网背景下的电力储能技术展望 [J]. 电力系统自动化, 2015, 39 (23)：15-25.

[184] 李建林, 籍天明, 孔令达, 等. 光伏发电数据挖掘中的跨度选取 [J]. 电工技术学报, 2015, 30 (14)：450-456.

[185] 李建林, 杨水丽, 高凯. 大规模储能系统辅助常规机组调频技术分析 [J]. 电力建设, 2015, 36 (5)：105-110.

[186] 丁冬, 刘宗歧, 杨水丽, 等. 基于模糊控制的电池储能系统辅助 AGC 调频方法 [J]. 电力系统保护与控制, 2015, 43 (8)：81-87.

[187] 胡娟, 杨水丽, 侯朝勇, 等. 规模化储能技术典型示范应用的现状分析与启示 [J]. 电网技术, 2015, 39 (4)：879-885.

[188] 吴小刚, 刘宗歧, 田立亭, 等. 基于改进多目标粒子群算法的配电网储能选址定容 [J]. 电网技术, 2014, 38 (12)：3405-3411.

[189] 熊雄, 杨仁刚, 李建林. 多元复合储能系统在含微电网配电网中的容量配比 [J]. 电力自动化设备, 2014, 34 (10)：40-47.

[190] 杨水丽, 李建林, 惠东, 等. 用于跟踪风电场计划出力的电池储能系统容量优化配置 [J]. 电网技术, 2014, 38 (6)：1485-1491.

[191] 丁冬, 杨水丽, 李建林, 等. 辅助火电机组参与电网调频的 BESS 容量配置 [J]. 储能科学与技术, 2014, 3 (4)：302-307.

[192] 马会萌, 李蓓, 李建林, 等. 适用于集中式可再生能源的储容配置敏感因素分析 [J]. 电网技术, 2014, 38 (2)：328-334.

[193] 靳文涛, 马会萌, 李建林, 等. 电池储能系统平抑光伏功率波动控制方法研究 [J]. 现代电力, 2013, 30 (6)：21-26.

[194] 徐少华, 李建林. 光储微网系统并网/孤岛运行控制策略 [J]. 中国电机工程学报, 2013, 33 (34)：25-33, 6.

[195] 熊雄, 杨仁刚, 叶林, 等. 电力需求侧大规模储能系统经济性评估 [J]. 电工技术学报, 2013, 28 (9)：224-230.

[196] 靳文涛, 李建林. 电池储能系统用于风电功率部分"削峰填谷"控制及容量配置 [J]. 中国电力, 2013, 46 (8)：16-21.

[197] 杨水丽, 李建林, 李蓓, 等. 电池储能系统参与电网调频的优势分析 [J]. 电网与清洁能源, 2013, 29 (2)：43-47.

[198] 修晓青, 李建林, 惠东. 用于电网削峰填谷的储能系统容量配置及经济性评估 [J]. 电力建设, 2013, 34 (2)：1-5.

[199] 李建林. 电池储能技术控制方法研究 [J]. 电网与清洁能源, 2012, 28 (12)：61-65.

[200] 孔飞飞, 晁勤, 袁铁江, 等. 用于短期电网调度的风电场储能容量估算法 [J]. 电力自动化设备, 2012, 32 (7)：21-24.

［201］ 熊雄，袁铁江，杨水丽，等. 基于电压稳定与限值的风/储系统容量配置［J］. 电网与清洁能源，2012，28（4）：63-68.

［202］ 骆妮，李建林. 储能技术在电力系统中的研究进展［J］. 电网与清洁能源，2012，28（2）：71-79.

［203］ 李建林，徐少华. 直接驱动型风力发电系统低电压穿越控制策略［J］. 电力自动化设备，2012，32（1）：29-33.

［204］ 梁亮，李建林，惠东. 光伏-储能联合发电系统运行机理及控制策略［J］. 电力自动化设备，2011，31（8）：20-23.

［205］ 梁亮，李建林，惠东. 大型风电场用储能装置容量的优化配置［J］. 高电压技术，2011，37（4）：930-936.

［206］ 杨水丽，惠东，李建林，等. 适用于风电场的最佳电池容量选取的方法［J］. 电力建设，2010，31（9）：1-4.

［207］ 李嘉文，余涛，张孝顺，等. 基于改进深度确定性梯度算法的 AGC 发电功率指令分配方法［J］. 中国电机工程学报，2021，41（21）：7198-7212.

［208］ 徐晓颖，吴继平，滕贤亮，等. 带频率-电压死区的 VSC-HVDC 系统一次调频控制策略［J］. 电力工程技术，2020，39（3）：8-14.